5일 완성

유기농업 기능사 필기

KB215112

시대에듀

5일 투자하여 자격증 따기!

자격증이 필요해서 따려고 마음먹어도 시간을 내서 공부하기란 참 어렵습니다.

특히, 필기보다 실기가 중요한데 필기에만 집중투자할 수도 없습니다.

어떻게 하면 필기시험을 합격할 수 있을까요?

기능사시험은 대부분 문제은행식이어서 기존의 기출문제를 변형한 문제가 많이 출제되는 편이고,

고득점이 아니라도 평균 60점만 넘으면 합격입니다.

결국 기능사시험은 기출문제를 풀어 보는 것이 합격으로 가는 가장 빠른 지름길입니다.

많은 기출문제를 풀어 보고, 문제와 답을 열심히 외워 출제경향을 파악한다면 충분히 합격할 수 있습니다.

본 도서는 5일만 투자하면 필기시험에 거뜬히 합격할 수 있도록 기출문제 위주로 구성하였습니다.

4일간은 핵심이론과 다양한 과년도 기출문제를 풀어 봄으로써 실제 기출문제와 유사하거나 변형되어 출제되는 문제에

적극적으로 대비할 수 있도록 하였고, 마지막 5일차에는 최근 기출복원문제를 수록하여 수험생 스스로 최신의

출제경향을 충분히 파악할 수 있도록 하였습니다.

또한 시험 당일 학습한 내용을 총정리할 수 있도록 핵심 키워드를 부록으로 추가하였습니다.

짧은 시간 동안 확실히 기출문제를 마스터하여 필기시험에 합격할 수 있기를 바랍니다.

편저자 씀

개 요

유기농업이란 화학비료, 유기합성농약(농약, 생장조절제, 제초제 등), 가축사료첨가제 등 일체의 합성화학물질을 사용하지 않고 유기물과 자연광석, 미생물 등 자연적인 자재만을 사용하는 농법을 말한다. 이러한 유기농업은 단순히 자연보호 및 농가소득 증대라는 소극적 중요성을 떠나, WTO에 대응하여 자국농업을 보호하는 수단이 되며, 아울러 국민의 보건복지 증진이라는 의미에서도 매우 중요하다. 이러한 유기농업의 중요성에 따라, 전문 유기농업인력을 육성 · 공급할 수 있는 자격 신설이 필요하게 되었다.

시험요강

❶ 시행처 : 한국산업인력공단(www.q-net.or.kr)
❷ 시험과목
 ㉠ 필기 : 1. 유기작물재배 2. 토양관리 3. 유기농업 일반
 ㉡ 실기 : 유기농산물재배 실무
❸ 검정방법
 ㉠ 필기 : 객관식 60문항(1시간)
 ㉡ 실기 : 필답형(2시간)
❹ 합격기준(필기 · 실기) : 100점을 만점으로 하여 60점 이상
❺ 응시자격 : 제한 없음

시험일정

구 분	필기원서접수 (인터넷)	필기 시험	필기합격 (예정자)발표	실기원서접수	실기 시험	최종 합격자 발표일
제1회	1.6~1.9	1.21~1.25	2.6	2.10~2.13	3.15~4.2	4.18
제2회	3.17~ 3.21	4.5~4.10	4.16	4.21~4.24	5.31~6.15	7.4
제3회	6.9~6.12	6.28~7.3	7.16	7.28~7.31	8.30~9.17	9.30
제4회	8.25~8.28	9.20~9.25	10.15	10.20~10.23	11.22~12.10	12.24

※ 상기 시험일정은 시행처의 사정에 따라 변경될 수 있으니, www.q-net.or.kr에서 확인하시기 바랍니다.

출제기준

필기 과목명	주요항목	세부항목	
유기작물재배, 토양관리, 유기농업 일반	유기재배 준비	• 유기농업 환경 분석 • 생산체계 수립	• 생산계획 수립 • 영농일지
	유기재배 토양관리	• 토양의 특성 • 퇴비 제조 • 토양 보전관리	• 토양 검정 • 토양관리
	유기생육관리	• 비배관리 • 재배환경관리	• 생육단계별 관리 • 생육진단 처방
	유기재배 잡초관리	• 잡초관리	
	유기재배 병충해관리	• 병충해관리	
	유기재배 수확관리	• 수확 및 저장	• 판매 관리
	유기재배 농자재 제조관리	• 유기농업 허용물질 관리 • 제조 및 이용 방법	
	유기축산	• 유기축산 일반 • 유기축산의 질병 예방 및 관리 • 유기축산 품질인증관리	• 유기축산의 사료 생산 및 급여 • 유기축산의 사육시설

5일 완성
유기농업기능사

★★★

1/일

핵심만 콕!콕!

핵심만 콕!콕!

출제유형 뽀개기 100선

정답 및 해설

★ ★ ★

5일 완성
유기농업기능사

★ ★ ★

1일 | 핵심만 콕!콕!

01 유기재배 준비

1. 유기농업의 정의와 목적

① 유기농업의 정의 및 의의
  ㉠ 비료, 농약 등 합성된 화학자재를 일체 사용하지 않고 유기물, 미생물 등 천연자원을 사용하여 안전한 농산물 생산과 농업생태계를 유지 보전하는 농업이다.
    ※ 유기농업의 정의(친환경농어업 육성 및 유기식품 등의 관리·지원에 관한 법률 제2조) : '친환경농어업'이란 생물의 다양성을 증진하고, 토양에서의 생물적 순환과 활동을 촉진하며, 농어업 생태계를 건강하게 보전하기 위하여 합성농약, 화학비료, 항생제 및 항균제 등 화학자재를 사용하지 아니하거나 사용을 최소화한 건강한 환경에서 농산물·수산물·축산물·임산물(이하 '농수산물')을 생산하는 산업을 말한다.
  ㉡ 국제유기농업운동연맹(IFOAM ; International Federation of Organic Agriculture Movements)은 유기농업을 농업 생태계의 건강을 증진하고 생물들의 다양성을 유지하며, 물질의 순환과 생물의 활성을 높이는 총체적인 농업이라고 정의하고 있다.
    ※ 국제유기농업운동연맹의 유기농업 4원칙 : 건강의 원칙, 생태의 원칙, 공정의 원칙, 배려의 원칙
    ※ 우리나라 실정에 맞게 제안된 유기농업 3원칙 : 가족농 단위 원칙, 순환의 원칙, 협동의 원칙
  ㉢ 유기농업은 생물의 다양성, 생물학적 순환, 토양의 생물학적 활성을 포함하여 농업 생태계의 건강을 증진, 향상시키려는 총체적인 생산관리 체계를 말한다.

② 유기농업의 목적
  ㉠ 경제적 목적 : 저비용으로 외부자원을 최소화하는 것이다.
  ㉡ 사회적 목적 : 공정한 교역과 우수한 맛과 품질의 농산물 공급이다.
  ㉢ 생태적 목적 : 화학적 오염방지와 토양비옥도 유지, 자연보존과 생물학적 다양성의 회복이다.
    ※ 유기농업의 세부적 목적
      • 가능한 한 폐쇄적인 농업시스템 속에서 적당한 것을 취하고, 지역 내 자원에 의존하는 것
      • 장기적으로 토양 비옥도를 유지하는 것
      • 현대 농업기술이 가져온 심각한 오염을 회피하는 것
      • 영양가 높은 음식을 충분히 생산하는 것
      • 농업에 화석연료의 사용을 최소화하는 것
      • 전체 가축에 대하여 그 심리적 필요성과 윤리적 원칙에 적합한 사양조건을 만들어 주는 것
      • 농업 생산자에 대해서 정당한 보수를 받을 수 있도록 하는 것과 더불어 일에 대해 만족감을 느낄 수 있도록 하는 것
      • 전체적으로 자연환경과의 관계에서 공생·보호적인 자세를 견지하는 것

2. 유기농산물의 생산, 저장, 유통, 판매 현황

① 유기농산물의 생산 및 저장
  ㉠ 국내 친환경농업 경작 면적과 농가 수는 2012년 정점을 찍은 이후 더 성장하지 못하고 현상 유지에도 벅찬 상황인 데 반해 친환경농산물에 대한 수요와 수입은 증가하고 있다.
  ㉡ 무농약 인증 농가 수와 인증 면적이 감소함에 따라 친환경농산물 인증 실적은 2012년부터 2015년까지 크게 줄어들었다.
  ㉢ 친환경농산물 생산감소는 2010년 저농약농산물 신규 인증 중단, 2016년 저농약인증제도 폐지에 따라 큰 폭으로 감소하면서 나타난 현상과 무농약농산물의 지속적인 감소세가 결합하여 나타난 현상이다.

② 유기농산물의 유통 및 판매
  ㉠ 농산물 유통의 특성
    • 공급자는 영세하고 다수이다.
    • 수요·공급이 비탄력적이다.
    • 표준화 및 규격화가 어렵다.
    • 생산 장소 및 토양환경에 따라 변동성이 크다.
    • 부패·손상되기 쉬우며, 부피가 크고 무거워 수송·저장·보관 시 많은 비용과 공간을 차지한다.
    • 다양하고 긴 유통경로가 다양하고 복잡하여 유통비용이 많이 든다.
  ㉡ 유기농산물 유통의 특성
    • 유통경로는 일반적으로 수집·중계·분산 과정의 단계로 구분한다.
    • 유통과정에서 발생하는 물리적 위험 : 파손, 부패, 감모, 화재, 동해, 풍수해, 열해, 지진 등
    • 일반 농산물에 비해 외관상의 품질이 떨어지고 낮은 수량과 많은 노동력을 투입한다.
    • 일상 필수품으로 구매 빈도가 낮고 일반매장에서 판매가 어렵다.
    • 유기농산물은 주로 다품목 소량으로 가격이 상대적으로 높다.
  ㉢ 친환경농산물 유통경로
    • 생산자 출하단계 : 생산자가 친환경농산물을 생산하여 판매하는 단계
    • 중간 유통단계 : 중간 유통업체, 지역농협, 도매시장, 가공업체
    • 소매단계 : 생협, 친환경전문점, 대형유통업체, 학교급식, 일반소매점, 직거래 등

3. 유기재배 입지 선택 및 재배 방법

① 벼의 유기재배
  ㉠ 우리나라는 고온 다습한 장마철로 인해 병해충의 발생이 쉽고 농업의 일손이 부족하여 일손이 많이 필요한 유기재배의 노동력을 조달하기가 쉽지 않아 우리나라의 기후와 농업 여건은 유기재배에 적합하지 않다.

ⓛ 담수 상태로 재배하는 벼는 잡초 관리에 용이하고, 공공 기관의 연구 성과와 민간에서의 연구 덕분에 벼의 유기재배 기술은 발전하고 있다.

② 원예작물의 유기재배

ⓐ 유기재배에 적합한 채소류는 생육기간이 짧다.

ⓛ 높은 온도를 좋아하는 호온성 작물과 온도가 낮아도 괜찮은 호냉성 작물로 구분하는데 호냉성 작물은 유기재배가 용이하나 호온성 작물은 유기재배가 쉽지 않다.

호온성 채소	고추, 토마토, 가지, 오이, 참외, 호박, 수박 등
호냉성 채소	배추, 상추, 시금치, 무, 당근, 딸기 등

ⓒ 작물 선정은 지역에 적합한 기후조건과 재배 작물의 적온을 고려해야 한다.

③ 시설재배와 노지재배

ⓐ 우리나라의 농작물은 과도하게 시설재배로 편중되어 있다.

ⓛ 유기농업 선진국에서는 화학제품인 비닐의 사용을 엄격하게 제한하고 있으나 우리나라에서는 무분별하게 사용하고 있다.

ⓒ 우리나라는 겨울철이 있어 비닐하우스 재배가 불가피하나 유기재배의 원칙에 따라 지역 기후에 맞는 작물을 유기재배하여야 한다.

ⓛ 노지의 자연 상태에서 제철에 키운 채소 작물은 고유한 향과 맛이 살아 있으며, 영양학적으로도 시설 작물에 비해 월등하며 오랜 세월 동안 자연환경에 적응해 왔기 때문에 기상재해는 물론 병해충에 대한 저항력도 우수하다.

④ 특용작물의 유기재배

ⓐ 인삼과 각종 약용 식물에 대한 수요도 늘어나고 있어 유기재배를 시도하는 농가들이 늘고 있다.

ⓛ 조, 수수, 기장 등 잡곡류들은 노지에서 제철에 재배해 왔기 때문에 유기재배에 적용하기가 수월하며 웰빙 수요에 따라 잡곡류의 유기재배 작물에 대한 수요가 증가하고 있다.

4. 생육 특성과 기상 특성

① 생육 특성

ⓐ 토양환경 : 작물 생산의 기본이 되는 토양은 살아 있는 생물이며 특히 유기재배에서의 토양은 생육 특성에 아주 중요한 조건이다.

ⓛ 물 환경

• 물 환경의 이해 : 기후 변화로 인해 가뭄이 일상화되고 지나친 관개 시설과 지하수 남용으로 물이 고갈되어 가고 있다.

• 지역의 물 환경 : 물 관련 기관(한국농어촌공사, 환경부, 한국수자원공사 등)의 홈페이지를 통해 생활 하수, 산업 폐수 등에 의해 수질이 크게 나빠졌을 지역의 수질을 다양한 기준을 이용하여 오염 여부를 판별해야 한다.

② 기상 특성

ⓐ 우리나라의 기후의 특징

• 우리나라는 지리적으로 온대성 기후대에 속하여 사계절이 뚜렷하다.

• 여름(고온·다습)과 겨울(한랭한 대륙 고기압의 영향으로 한파와 건조)의 기후적 특성이 뚜렷하고 봄과 가을에는 이동성 고기압의 영향으로 건조한 날이 많다.

• 최근에는 봄과 가을에 미세 먼지의 영향이 심해지고 있으며 전 지구적인 기상 이변이 심하게 발생하고 있다.

ⓛ 지역의 기후 환경

• 기후 변화로 인하여 지역적인 기후 변동의 폭이 커지고 있다.

• 유기재배를 위해서는 지역의 기상 환경을 미리 조사하여 파악해야 한다.

• 농업과 관련된 상세한 기상 정보는 농촌진흥청 농업 기상정보시스템에서 검색할 수 있다.

• 농업 기상정보시스템은 농업 기상 관측, 농업 기상 응용, 농업 기상재해지도, 기상 상황 및 농사 정보로 이루어져 있다.

5. 오염원 파악 및 관리

① 오염원 파악

ⓐ 점오염원 : 오염원의 유출 경로를 확인할 수 있어 오염물질 유출 제어가 쉽다.

• 폐기물매립지, 대단위 가축사육장, 산업지역, 건설지역, 운영 중인 광산, 송유관, 유류, 하수구, 도랑, 공장폐수, 방류구, 공장, 폐수배출시설 등

• 오염물질 : BTEX, LNAPL, DNAPL, 유기화학물질, 중금속, 유기물, TCE, PCE, 암모니아성 질소, 박테리아

ⓛ 비점오염원 : 정확한 오염원의 유출 경로 파악이 힘든 넓은 지역적 범위를 갖는 오염원

• 농촌 지역에 살포된 농약 및 비료, 산성비 등

• 오염물질 : 방사성 물질, 질산성 질소, 도로 제설제, 알루미늄 등

② 환경정화 관리 기술

ⓐ 물리적 방법 : 열 탈착 또는 가열 처리, 증기 추출에 의한 오염물질 제거

ⓛ 화학적 방법 : 토양 세척, 고형화 및 안정화 처리, 탈할로젠화법, 산화 및 환원법, 가수분해, 광분해, 열수처리 등으로 오염물질을 제거

ⓒ 생물학적 방법 : 생물 반응기, 퇴비화 공정, 생물학적 처리, 미생물 복원법, 식물 복원법 등으로 오염물질을 분해 혹은 흡수 저감

6. 유기농업 전환기 계획

① 유기농업 전환계획의 의의

ⓐ 관행농업에서 유기농업으로의 전환은 쉽지 않다. 즉, 단순히 합성 농약이나 화학비료를 천연 물질로 대체하는 것만을 의미하지 않기 때문이다.

ⓛ 정부에서는 유기농산물 생산을 위한 전환기간을 3년으로 지정하고 있다. 따라서 유기농업 실천의 실천을 위해서는 기본 3~5년, 길게는 10년을 내다보고 준비하는 것이 필요하다.

② 유기농산물의 전환기간(유기식품 및 무농약농산물 등의 인증에 관한 세부실시요령 [별표 1])

ⓐ 재배포장은 인증받기 전에 다음의 전환기간이 필요하다.

• 다년생 작물 : 최초 수확 전 3년의 기간

• 다년생 작물 외의 작물 및 목초 : 파종 또는 재식 전 2년의 기간

ⓛ 재배포장의 전환기간 : 인증기관의 감독이 시작된 시점부터

ⓒ 전환기간을 생략하거나 그 일부를 단축 또는 연장하는 대상

• 생략 대상

– 산림 등 식용식물의 자생지

– 싹을 틔워 직접 먹는 농산물

- 어린잎채소(토양재배 제외)
- 버섯류의 재배 시설 및 포장
- 인증 유효기간 종료 후 경과 기간이 3개월 이내로 재배 방법을 지속적으로 준수한 것이 객관적으로 인정되는 경우
- IFOAM의 유기 기준에 따라 인증받은 경우로 국립농산물품질관리원장 또는 인증기관장 확인 결과 다목의 재배 방법을 준수한 것으로 인정되는 경우

• 단축 대상 : 재배포장에 최근 2년간 유기합성농약과 화학비료를 사용하지 않은 것이 객관적으로 인정되는 경우로 토양 검정 결과 염류가 적정범위를 벗어나지 않는 경우(전환기간을 단축하여도 최소 1년 이상이 되어야 한다)

• 연장 대상 : 재배포장에 과거에 사용한 유기합성농약과 화학비료의 영향이 지속되고 있는 것이 객관적으로 인정되는 경우

※ 유기재배 전환 설계 흐름도
경영목표 설정 → 농지확보 계획 → 유기농전환계획 → 작부체계 설정 → 실천 상세 계획 → 수입·지출 계획 → 손익계산서

③ 유기재배 전환 경영목표를 설정할 때 고려해야 할 사항
㉠ 이윤 및 투자 수익을 극대화하고 일정 수준 이상의 소득을 확보한다.
㉡ 경작 규모를 적정 수준까지 확대한다.
㉢ 농업 자산과 자기 자본 비중을 동시에 제고한다.
㉣ 부채를 점차적으로 축소하고 궁극적으로 무차입 경영을 실현한다.
㉤ 구체적인 경영 목표(경작 규모, 생산량, 투입 노동력 등)를 설정한다.

④ 유기농업 전환 방식
㉠ 부분별 전환 방식 : 구획으로 나누어 한 구간씩 관행농업에서 유기농업으로 전환하는 것으로 한 농장에서 두 가지 방식으로 농장을 운영하면 복잡하고 번거로울 수 있으나 점진적으로 전환시킴으로써 위험을 경감시킬 수 있다. 또 이전 농장이 전환되는 데는 수년이 걸리기 때문에 이익을 내는 데도 그만큼 많은 시간이 소요된다.
㉡ 단계별 전환 방식 : 유기 농장으로 만들기 위해서 농장 전체를 단계별로 유기 농장화하는 것이다. 첫해에는 저농약을 하고, 2년차에는 무농약과 토양 비옥도 증진(두과 재배 및 유기 퇴비 투입), 3년차는 무화학비료와 무농약으로 유기농산물 전환 생산을 하여 완전히 전환시키는 것이다.

7. 종자관리

① 유기종자 선택하기
㉠ 유기종자 : 유기적으로 재배된 농작물에서 채종된 종자
㉡ 유기종자의 국내 현황
• 국내는 아직 유기종자에 대한 인증(표시)제도가 확립되지 않았으며, 국제기준(IFOAM, Codex)을 준용하고 있다.
• GMO 종자나 화학적으로 처리한 종자를 사용할 수 없다. 다만 일반적인 방법으로 유기종자를 구할 수 없을 때는 예외로 하지만 GMO 종자는 국내외를 막론하고 항상 금지된다.

• 우리나라의 유기농산물 인증 체계에서는 유기종자를 구하기 어려워 시판되는 무처리 종자(관행 생산 후 미소독 종자) 또는 일반 종자(관행 생산 후 소독된 종자)에 대해 인증기관으로부터 '종자 사용 승인'을 받아서 사용할 수 있다.

② 유기종자의 조건
㉠ 병충해 저항성이 높은 종자
㉡ 1년간 유기농법으로 재배한 작물에서 채종한 종자
㉢ 화학적 소독을 거치지 않은 종자
㉣ 상업용 종자가 아닌 것
㉤ 유전적으로 순수하고 이형 종자가 섞이지 않은 종자
㉥ 유기농산물 인증기준에 맞게 생산 및 관리된 종자
㉦ 잡초 경합력이 높은 품종
㉧ 우량품종에 속하는 종자
㉨ 절화의 수명이 길고, 수송·저장력이 좋은 종자

③ 좋은 종자의 조건
㉠ 유전적으로 우수한 종자
㉡ 균일한 종자
㉢ 신선한 종자
㉣ 완숙 종자
㉤ 통통한 종자

※ 우량 묘의 조건
• 품종 고유의 특성이 있어야 한다.
• 도장하지 않고 뿌리가 잘 내려 있어야 한다.
• 생육이 균질하고 노화되지 않아야 한다.
• 병이나 해충에 감염되어 있지 않아야 한다.
• 농약이나 합성 물질이 잔류하지 않아야 한다.

④ 유기종자의 소독
㉠ 종자 정선 시 유의사항 : 바이러스 감염을 예방하기 위하여 흡연자는 반드시 고무장갑을 착용하고, 종자 작업 시에는 절대로 흡연을 하지 않도록 한다.
㉡ 유기종자의 소독 원칙
• 물리적 소독(열처리) : 병원균이나 종자 전염 해충을 구제할 수 있는 처리 온도와 처리 시간을 설정하여 소독하는 방법으로, 습열 처리와 건열 처리가 있으며 볍씨의 경우에는 온탕 처리가 가장 일반적이다. 종자의 활력에 영향을 주지 않는다.
• 허용물질에 의한 소독 : 법령에 준하는 허용물질(석회 유황과 목초액 등)로의 소독이 가능하다.
• 생물학적 소독
  - 토양미생물 중 유해 미생물에 대한 길항 미생물과 유도 저항성을 촉진시키는 미생물로 소독이 가능하다.
  - 최근에는 간균(*Bacillus* sp.)나 트리코데르마(*Trichoderma* sp.) 등이 길항 미생물로 많이 이용되고 있다.

⑤ 자가채종을 위한 자식성·타식성 종자
㉠ 자식성(자가수정) 작물
• 교잡율 4% 이하인 것을 자식성 작물이라 한다.
• 자가수분에 의한 수정을 자가수정이라 한다.
• 자가수정 작물은 자연 상태에서 개화시키고 방임하여 증식(채종)해도 무방하다.
• 벼, 보리, 밀, 콩, 강낭콩, 완두, 깨, 상추, 토마토 등
※ 간혹 타가수정을 하는 자식성 작물 : 가지, 양파, 고추, 셀러리, 수수 등

ⓛ 타식성(타가수정) 작물
- 품종의 특성 유지와 개체 증식을 병행하기가 매우 어려운 작물
- 개화 시에 봉지 씌우기나 망실에 격리시켜 교잡을 막아 인공수분을 해 주어야 한다.
  – 자웅동주 : 옥수수, 수박, 오이, 호박 등
  – 자웅이주 : 시금치, 아스파라거스 등

⑥ 종자의 퇴화
  ㉠ 퇴화의 원인
  - 유전적 퇴화 : 자연교잡, 돌연변이, 이형유전자형의 분리로 퇴화
  - 생리적 퇴화 : 기후, 토양, 재배환경 등에 따라 퇴화
  - 병리적 퇴화 : 종자 전염성 병해, 바이러스 등에 의한 퇴화 (씨감자)
  ㉡ 채종 재배에서 종자의 퇴화를 방지하기 위한 대책
  - 감자의 경우 고랭지에서 씨감자를 생산한다.
  - 옥수수, 배추과 작물은 유전적 퇴화를 막기 위해 격리포장에서 생산한다.
  - 벼, 맥류는 과도하게 비옥하거나 척박한 토양을 피한다.
  - 채종포에서 공용되는 종자는 원종포에서 생산된 신용있는 우수한 종자여야 한다.
  - 밀식 및 질소비료의 과다를 막아 도복 및 병해를 막는다.
  - 종자의 오염을 막기 위해 종자소독을 통해 종자전염 및 병해충을 방지한다.

⑦ 주요 종자별 채종 시기
  ㉠ 벼과 : 벼나 보리는 황숙기인 수분함량 17~23%, 밀은 16~19%, 귀리는 19~21%가 수확적기이다.
  ㉡ 콩 : 수분함량 14~16%일 때가 수확 적기이다.
  ㉢ 옥수수 : 포엽이 황변하고 종실이 단단하게 되어 깨지지 않게 되었을 때, 즉 수분함량 20~25%에서 수확적기이다.

⑧ 유기종자의 저장
  ㉠ 종자에서 곰팡이가 자라는 수분함량은 14% 이상일 때, 18% 이상일 때에는 열이 발생하며, 특히 21~27℃에서 해충의 활동력이 가장 왕성하다. 수분함량은 단기 저장보다 2~3% 더 낮게 건조한다.
  ㉡ 안전한 장기 저장을 위한 수분의 최대함량

구 분	수분함량
보리・귀리・옥수수	13%
벼・밀・수수 12%	12%
콩	11%
시금치	8%
비트・근대	7.5%
강낭콩・완두・당근	7%
가 지	6%
토마토	5.5%
배추과	5%
고 추	4.5%

※ 종자의 저장은 수분함량을 낮추고, 온도를 낮추는 것이 가장 중요하다.

㉢ 종자의 저장수명

단명종자(1~2년)	메밀, 양파, 고추, 파, 당근, 땅콩, 콩, 상추 등
상명종자(2~3년)	벼, 보리, 완두, 당근, 양배추, 밀, 옥수수, 귀리, 수수 등
장명종자(4~6년)	클로버, 알팔파, 잠두, 수박, 오이, 박, 무, 가지, 토마토 등

⑨ 식물학상의 종자
  ㉠ 두류(콩, 팥, 완두, 녹두 등), 평지(유채), 담배, 아마, 목화, 참깨 등
  ㉡ 식물학상의 과실
  - 과실이 나출된 것 : 밀, 쌀보리, 옥수수, 메밀, 호프, 삼, 차조기, 박하 등
  - 과실이 이삭(영)에 싸여 있는 것 : 벼, 겉보리, 귀리 등
  - 과실이 내과피에 싸여 있는 것 : 복숭아, 자두, 앵두 등
  ㉢ 배유의 유무에 따른 분류
  - 배유종자 : 가지과, 벼과, 백합과 등
  - 무배유종자 : 배추과, 박과, 콩과 등
  ㉣ 종자의 품질 : 종자의 품질을 결정하는 조건
  - 외적 조건 : 순도, 크기와 중량, 빛깔, 냄새, 수분 함량 등
  - 내적 조건 : 유전성, 발아력, 병충해 등

⑩ 광에 따른 종자의 분류

호광성 종자	담배, 상추, 피튜니아, 베고니아, 금어초, 잡초, 대부분의 목초 종자 등
혐광성 종자	토마토, 가지, 오이, 호박, 대부분의 백합과 작물 등
광무관계 종자	시금치, 근대, 화곡류, 옥수수, 콩과 작물

⑪ 종자의 발아
  ㉠ 발아 순서 : 물의 흡수 → 효소의 활성화 → 씨눈의 생장 개시 → 껍질의 열림 → 어린싹, 어린뿌리의 출현
  ㉡ 발아 조사
  - 발아율 : 파종한 개체 수 중 발아한 종자 백분율
  - 발아세 : 일정한 시일 내의 발아율
  - 발아시 : 파종된 종자 중 최초의 1개체가 발아한 날
  - 발아기 : 전체 종자 수의 약 50%가 발아한 날
  - 발아전 : 종자의 대부분(약 80%)이 발아한 날
  - 발아일수 : 파종기부터 발아기까지의 일수

⑫ 종자의 휴면
  ㉠ 휴면의 형태
  - 자발적 휴면 : 외적 조건이 생육에 적당할 때에도 내적 원인에 의해 발생하는 휴면
  - 타발적 휴면(강제 휴면) : 온도, 빛 등 외적 조건에 의해 유발되는 휴면
  ㉡ 종자 휴면의 원인 : 경실, 종피의 산소 흡수 저해, 종피의 기계적 저항, 배의 미숙, 발아억제물질
  ㉢ 휴면타파 방법
  - 물리적 휴면타파 : 기계적 처리, 온도처리, 수세 및 침지 처리
  - 화학적 휴면타파 : 화학약품, 생장조절제
  ㉣ 휴면연장과 발아 억제 : 온도조절(저온저장), 약제처리(감자 : MH-30), 방사선 조사(당근, 감자, 양파 등)

8. 작부체계 수립

① 작부체계의 의의 : 일정한 토지에서 몇 종류의 작물을 순차적 재배 또는 조합·배열하여 함께 재배하는 방식을 의미한다.

간작 (사이짓기)	• 한 가지 작물이 생육하고 있는 줄 사이에 다른 작물을 재배한다. 예 맥류의 줄 사이에 콩의 재배 • 생육의 일부 기간만 같이 자라게 된다.
혼작 (섞어짓기)	• 생육기간이 거의 같은 두 종류 이상의 작물을 동시에 같은 포장에 섞어서 재배한다. 예 콩밭에 옥수수 재배 등 • 두 작물의 여러 가지 생태적 특성에 의해 혼작하는 것이 따로따로 재배하는 것보다 전체 수량이 많을 때 혼작의 의미가 있다. • 병해충 방제와 기계화가 어려운 단점이 있다.
주위작 (둘레짓기)	• 포장 주위에 포장 내의 작물과 다른 작물들을 재배한다. 예 벼를 재배하는 논두렁 주위에 콩을 심는다. • 포장 주위의 공간을 생산에 이용하는 것이 주목적이며 방풍효과 및 토양보호의 효과가 있다.
교호작 (번갈아짓기)	• 생육기간이 비슷한 작물들로 교호로 재배한다. 예 콩 두 이랑에 옥수수 한 이랑 재배 등 • 공간의 이용률을 향상시키고 지력을 유지하며 생산물을 다양화할 수 있다.

※ 콩은 간작, 혼작(섞어짓기), 교호작(엇갈아짓기), 주위작 등의 작부체계에 적합한 대표적인 작물이다.

② 작부체계의 중요성(효과)
ㄱ 지력의 유지와 증강
ㄴ 병충해 및 잡초 발생의 감소
ㄷ 농업 노동의 효율적 배분과 잉여 노동의 활용
ㄹ 경지이용도 제고
ㅁ 종합적인 수익성 향상 및 안정화 도모
ㅂ 농업 생산성 향상 및 생산의 안정화

③ 작부체계 발달순서 : 대전법(이동경작) → 휴한농법 → 삼포식 → 개량삼포식(포장의 1/3에 콩과 작물을 심는 윤작방식) → 자유작 → 답전윤환

④ 연작과 기지현상
ㄱ 연작(이어짓기) : 동일한 밭에서 같은 종류의 작물을 계속해서 재배하는 것
ㄴ 기지현상 : 연작을 할 경우 생육장해가 나타나는 현상

⑤ 작물의 기지 정도

연작(이어짓기)의 해가 적은 작물	벼, 맥류, 조, 수수, 옥수수, 고구마, 삼, 담배, 무, 당근, 양파, 호박, 연, 순무, 뽕나무, 아스파라거스, 토당귀, 미나리, 딸기, 양배추, 사탕수수, 꽃양배추, 목화 등
1년 휴작 작물	시금치, 생강, 콩, 파, 쪽파 등
2년 휴작 작물	마, 오이, 감자, 땅콩, 잠두 등
3년 휴작 작물	참외, 토란, 쑥갓, 강낭콩 등
5~7년 휴작 작물	수박, 토마토, 가지, 고추, 완두, 사탕무, 레드클로버, 우엉 등
10년 이상 휴작 작물	인삼, 아마 등

⑥ 기지의 원인
ㄱ 토양 비료분의 소모(미량요소의 결핍)
ㄴ 염류집적
ㄷ 토양 물리성 악화
ㄹ 토양 전염성 병해 : 아마와 목화·완두·백합(잘록병), 가지와 토마토(풋마름병), 사탕무(뿌리썩음병 및 갈색무늬병), 강낭콩(탄저병), 인삼(뿌리썩음병), 수박(덩굴쪼김병) 등
ㅁ 토양선충의 피해
ㅂ 유독물질의 축적
ㅅ 잡초의 번성

⑦ 기지의 대책 : 윤작, 담수, 저항성 품종의 재배 및 저장성 대목을 이용한 접목, 유독물질의 흘려보내기, 객토 및 환토, 접목, 합리적 시비, 토양소독

⑧ 윤작과 답전윤환
ㄱ 윤작(돌려짓기)
• 몇 가지 작물을 특정한 순서에 따라 규칙적으로 반복하여 재배하는 경작법이다.
• 윤작의 효과
－ 지력유지 증강 : 질소고정, 잔비량의 증가, 토양구조의 개선, 토양유기물 증대, 구비(廐肥)생산의 증대
－ 병충해 및 잡초의 경감
－ 토양 보호
－ 기지의 회피
－ 토지이용도의 향상
－ 수량증대
－ 노력분배의 합리화
－ 농업경영의 안정성 증대 등
ㄴ 답전윤환
• 논을 몇 해마다 담수한 논 상태와 배수한 밭 상태로 돌려가면서 이용하는 것
• 답전윤환의 효과 : 지력증강, 기지의 회피, 잡초의 감소, 벼수확량 증가, 노동력의 절감 등

⑨ 혼파의 장단점

장 점	단 점
• 가축영양상의 이점 • 공간의 효율적 이용 • 비료성분의 효율적 이용 • 질소질 비료의 절약 • 잡초의 경감 • 재해에 대한 안정성 증대 • 산초량의 평준화 • 건초제조상의 이점	• 작물의 종류가 제한적이라 파종작업이 곤란하다. • 목초별로 생장이 달라 생육 중 시비, 병충해 방제, 수확작업이 불편하다. • 채종이 곤란하고 기계화가 어렵다.

9. 재배환경관리

① 지력을 향상시키기 위한 토양조건
ㄱ 토성 : 토성은 양토를 중심으로 하여 사양토~식양토가 알맞다. 사토는 토양수분과 비료 성분이 부족하고, 식토는 토양공기가 부족하다.
ㄴ 토양구조 : 입단구조가 조성될수록 토양의 수분과 공기 상태가 좋아진다.
ㄷ 토층 : 작토가 깊고 양호하며, 심토도 투수·투기가 알맞아야 한다.
ㄹ 토양반응 : 중성이나 약산성이 좋고 강산성이나 알칼리성이면 작물생육이 저해된다.
ㅁ 무기성분 : 필요한 무기성분이 풍부하고 균형있게 포함되어 있어야 한다.
ㅂ 유기물 : 유기물 함량이 증대될수록 지력이 향상되나 습답 등에서는 유기물 함량이 많은 것이 해가 되기도 한다.
ㅅ 토양수분 : 토양수분이 부족하면 한해가 발생하고, 과다하면 습해·수해가 유발된다.

◎ 토양공기 : 토양 중의 공기가 적거나 산소가 부족하고 이산화
탄소가 많거나 하면 작물 뿌리의 생장과 기능을 저해한다.

㉧ 토양미생물 : 유용한 미생물이 번식하기 좋은 상태에 있는 것
이 유리하다.

㉨ 유해물질 : 유해물질로 인해 토양이 오염되면 작물의 생육을
저해, 생육 불가능을 초래한다.

② 입단구조 형성과 파괴요인

형 성	파 괴
• 유기물과 석회의 사용	• 경운
• 콩과 작물의 재배	• 입단의 팽창 및 수축의 반복
• 토양개량제의 사용	• 비와 바람
• 토양피복 등의 방법	• 나트륨이온 첨가 등

③ 토양생성에 관여하는 주요 5가지 요인 : 모재, 지형, 기후, 식생,
시간 등

④ 토양의 생성작용

㉠ 포드졸(podzol)화 작용 : 일반적으로 한냉습윤지대의 침엽수
림 식생환경에서 생성되는 작용

㉡ 라트졸(latsol)화 작용 : 표층에 철과 알루미늄이 집적되어 토
양반응이 중성이나 염기성 반응을 나타내는 작용

㉢ 글레이(glei)화 작용 : 지하수위 높은 저습지나 배수 불량한
곳에서 나타나므로 지하수의 영향을 가장 많이 받는 토양생
성작용

㉣ 석회화 작용 : 우량이 적은 건조, 반건조하에서 $CaCO_3$ 집적
대가 진행되는 토양생성작용

㉤ 염류화 작용 : 건조기후하에서 가용성의 염류(탄산염, 황산
염, 질산염, 염화물)가 토양에 집적되는 것

㉥ 점토화 작용 : 토양물질의 점토화, 즉 2차적인 점토광물의 생
성작용(대표적인 토양 : 갈색 삼림토)

㉦ 부식 및 이탄 집적 작용 : 지대가 낮은 습한 곳이나 물속에서
유기물의 분해가 억제되어 부식이 집적되는 작용

10. 품종의 개념 및 유지 방법

① 품종의 개념

㉠ 작물의 기본단위이면서 재배적 단위로서 특성이 균일한 농산
물을 생산하는 집단(개체군)이다.

㉡ 각 품종마다 고유한 이름을 갖는다.

② 우량품종의 조건

㉠ 우수성 : 품종이 가진 양적, 질적형질이 일반품종에 비해 우
수해야 한다.

㉡ 균일성 : 품종 고유의 특성이 고르게 발현되어야 한다.

㉢ 영속성 : 우수한 특성과 균일성이 당대에 그치지 않고 영속적
으로 이어져야 우량품종이라 할 수 있다.

※ 신품종의 구비조건 : 구별성, 균일성, 안정성

③ 품종의 특성 유지 방법

㉠ 영양번식 : 영양번식은 유전적 퇴화를 막을 수 있다.

㉡ 격리재배 : 격리재배로 자연교잡이 억제된다.

㉢ 저온저장 : 종자는 건조·밀폐·냉장 보관해야 퇴화를 억제
할 수 있다.

㉣ 종자갱신 : 퇴화를 방지하면서 채종한 새로운 종자를 농가에
보급한다.

④ 종자 증식 체계

기본식물		원원종		원종
농촌진흥청 신품종의 기본종자 양성포에서 생산	→	농업기술원 기본식물을 증식 원원종포에서 생산	→	원종 생산 기관 원종을 재배 원종포에서 생산

기본식물
→ 농촌진흥청 신품종의 기본종자 양성포에서 생산

11. 육종 방법

① 작물육종의 목표

㉠ 육종목표 설정 : 기존 품종이 지닌 결점의 보완, 농업인과 소
비자의 요구, 미래의 수요 등에 부합하는 형질의 특성을 구체
적으로 정한다.

㉡ 육종목표 : 생산성의 증대, 고품질의 생산, 생산의 안정화,
경영의 합리화, 새로운 종의 창성

② 작물의 육종 방법

※ 육종 과정

육종목표 설정 → 육종재료 및 육종 방법 결정 → 변이 작성
→ 우량계통 육성 → 생산성 검정 → 지역 적응성 검정 →
신품종 결정 및 등록 → 종자 증식 → 신품종 보급

㉠ 자식성 작물 : 개체선발(벼, 보리, 밀, 콩)

• 분리육종 : 재래종 집단에서 우량한 유전자형을 분리하여
품종으로 육성하는 것

• 교배육종 : 계통육종, 집단육종, 파생계통육종, 1개체 1계통

※ 계통육종 : 인공교배를 한 번 하여 F_1을 만들고 F_2부터
매세대 개체선발과 선발 개체의 계통재배 및 계통선발을
반복하면서 우량한 유전자형의 순계를 육성하는 방법

• 여교잡육종 : 우량품종에 한두 가지 결점이 있을 때 이를
보완하는 데 효과적인 육종 방법

㉡ 타식성 작물 : 자식약세, 잡종강세

• 집단선발 : 집단선발이나 계통집단선발하여 잡종강세 유지

• 순환선발 : 우량 개체를 선발하고 상호교배 함으로써 집단
내에 우량유전자의 빈도를 높여가는 육종 방법이다(단순순
환선발, 상호순환선발).

• 합성품종 : 우량한 5~6개의 자식계통을 다계교배

• 1대 잡종육종 : 잡종강세가 큰 교배조합의 1대 잡종

㉢ 기타 : 배수성 육종(비멘델식 육종), 돌연변이 육종(비멘델식
육종), 형질전환 육종 등

※ 선발육종법과 교잡육종법

• 선발육종법

– 교배를 하지 않고 재래종에서 우수한 특성을 가진 개체
를 골라 품종으로 만드는 방법이다.

– 마늘같이 전혀 종자가 형성되지 않는 경우에 품종 개량
방법으로 이용하고 있다.

• 교잡육종법

– 교잡을 통해서 육종의 소재가 되는 변이를 얻는 방법이다.

– 자기 꽃가루받이를 하는 자가수정작물의 개량에 가장 많
이 쓰이는 방법이다.

– 우수한 유전 물질을 가지고 있는 양친을 구하여 양친 간
에 교잡이 이루어진 다음 다시 한쪽 어버이와 교잡을 하
는 여교잡법이 이용되고 있다.

③ 교배양식

단교배	• A × B • 서로 다른 두 품종(계통)교배로 세포질의 유전 여부를 알 수 있다.
3원교배	• (A × B) × C • F_1과 제3의 품종(계통)을 교배하는 것이다.
검정교배	• A가 열성친일 때 (A × B) × A 또는 A × (A × B) • 여교배 중에서 양친 중 열성친과 교배하는 경우로, 검정교배를 하면 F_1의 유전자형을 알 수 있다.
복교배	• (A × B) × (C × D) • 서로 다른 교배조합의 F1끼리 교배하는 것으로 서로 다른 4개의 품종(계통)이 관여한다.
다계교배	• [(A × B) × (C × D)] × E × F … • 여러 개의 품종(계통)이 참여하는 경우를 말한다.

12. 영농일지 필수 기록 항목

① 기록의 법적 근거 및 기재 사항(친환경농어업 육성 및 유기식품 등의 관리·지원에 관한 법률 시행규칙 [별표 5])

구 분		경영 관련 자료
	농림 산물	• 재배포장의 재배 사항을 기록한 자료(품목명, 파종·식재일, 수확일) • 농림산물 재배포장에 투입된 토양개량용·작물생육용 자재, 병해충 관리용 자재 등 농자재 사용 내용을 기록한 자료(자재명, 일자별 사용량, 사용 목적, 사용 가능한 자재임을 증명하는 서류) • 농림산물의 생산량 및 출하처별 판매량을 기록한 자료(품목명, 생산량, 출하처별 판매량) • 유기 합성 농약 및 화학비료의 구매·사용·보관에 관한 사항을 기록한 자료(자재명, 일자별 구매량, 사용처별 사용량·보관량, 구매 영수증)
생산자	축산물	• 가축 입식 등 구입 사항과 번식에 관한 기록(일자별 가축 구입 마릿수·번식) • 사료의 생산·구입 및 공급에 관한 사항을 기록한 자료 : 사료명, 사료의 종류, 일자별 생산량·구입량·공급량, 사용 가능한 사료임을 증명하는 서류 • 예방 또는 치료 목적의 질병 관리에 관한 사항을 기록한 자료 : 자재명, 일자별 사용량, 사용 목적, 자재구매 영수증 • 동물용 의약품·동물용 의약외품 등 자재의 구매·사용·보관에 관한 사항을 기록한 자료 : 약품명, 일자별 구매·사용량·보관량, 구매 영수증 • 질병의 진단 및 처방에 관한 자료 : 수의사법에 따라 발급받은 진단서 또는 발급·등록된 처방전 • 퇴비·액비의 발생·처리 사항을 기록한 자료 : 기간별 발생량·처리량, 처리 방법 • 축산물의 생산량·출하량, 출하처별 거래 내용 및 도축·가공업체에 관하여 기록한 자료 : 일자별 생산량, 일자별·출하처별 출하량, 일자별 도축·가공량, 도축·가공업체명
제조·가공 및 취급자		• 원료·재료로 사용한 농축산물·가공식품·비식용 가공품의 입고·사용·보관에 관한 사항을 기록한 자료 : 원료·재료명, 일자별 입고량·사용량·보관량, 공급자 증명서 • 제조·가공 및 취급에 사용된 식품첨가물 및 가공보조제 사용 내용을 기록한 자료 : 자재명, 일자별 사용량, 사용 목적, 사용 가능한 물질임을 증명하는 서류 • 인증품의 생산 및 출하처별 판매량 : 품목명, 일자별 생산량, 일자별·거래처별 판매량 • 인증품의 취급(저장, 포장, 운송, 수입 또는 판매) 과정에 대한 자료

② 세부 정보 기록 사항

㉠ 재배 필지 정보 : 소재지와 지번, 각 필지별 면적 등을 기록

㉡ 토양관리 정보 : 윤작 계획을 수립하고 실천, 토양관리를 위한 콩과 작물, 녹비작물 등의 파종량과 파종 시기 및 콩과 작물, 녹비작물 등을 토양에 환원하는 방법과 시기를 기록

㉢ 대표 작물 및 종자(묘) 정보 : 인증 신청을 위해서는 각 필지별 품목명을 정확히 기록해야 한다. 인증 신청 시 기재한 작물명 이외의 품목은 동일한 필지에 생산하여도 인증 농산물로 인정받을 수 없다. 동일 필지에서 인증 신청 시 기재한 품목이 아닌 작물을 재배하고자 하는 경우 인증기관에 품목 추가 신청을 해야 한다. 종자는 원칙적으로 유기종자를 사용하여야 하지만, 유기종자를 구할 수 없는 상황이 인정되는 경우 일반 종자를 사용할 수 있다.

13. 영농일지 기록 보존 기간

① 농림산물 : 인증 신청을 하려는 농지에서 인증기준에 적합한 재배 관리를 했다는 것을 증빙할 수 있도록 기록·관리를 하며 생산 연도 다음 해부터 2년간 보관해야 한다.

㉠ 유기농산물 : 2년

㉡ 무농약농산물 : 1년

② 축산물 : 자료의 기록 기간은 최근 1년간으로 하되, 가축의 종류별 전환기간 등을 고려하여 국립농산물품질관리원장이 정한 바에 따라 그 기간을 단축하거나 연장할 수 있다.

③ 제조·가공 및 취급자 : 자료의 기록 기간은 최근 1년간으로 한다. 다만, 신설된 사업장으로서 농축산물·가공식품·비식용가공품의 취급 기간이 1년 미만은 인증심사가 가능한 범위(1개월 이상의 기간을 말한다)에서 기록 기간을 단축하거나 연장할 수 있다.

02 유기재배 토양관리

1. 토양의 물리적 성질

① 토성

㉠ 이상적인 토양의 3상의 분포는 고상 50% : 액상 25% : 기상 25%이다.

㉡ 점토 함량에 따른 토성의 분류 : 식토 > 식양토 > 양토 > 사양토

㉢ 토성을 구분하는 기준 : 모래, 미사, 점토의 함량 비율

㉣ 일본농학회

토성의 명칭	세토 중의 점토 함량(%)
사토(sand)	12.5 이하
사양토(sandy loam)	12.5~25
양토(loam)	25~37.5
식양토(clay loam)	37.5~50
식토(clay)	50 이상

ⓜ 토성삼각도(미국농무성법)

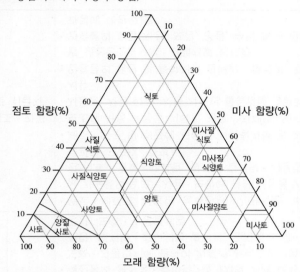

② **토양구조** : 입단의 크기, 모양, 배열방식에 따라 달라지는 물리적 구성상태를 말한다.

㉠ 입상구조 : 토양입자가 구상체를 이루고 있으나 인접 집합체와 결합하지 못하고 있어 형성이 좋지 않은 토양으로, 유기물이 많은 작토층에 많이 생산된다.

㉡ 괴상구조 : 다면체를 이루고 각도가 비교적 둥글며, 밭토양과 산림의 하층토에 많고, 여러 토양의 B층에서 흔히 볼 수 있다.

㉢ 주상구조 : 가로, 세로 크기가 다른 외관이 각주상, 원주상으로 중점토양, 알칼리의 심토에서 발견되는데 우리나라의 경우 해성토의 심토에서 발견된다.

㉣ 판상구조 : 접시와 같은 모양이거나 수평배열의 토괴로 구성된 구조로 토양생성과정 중에 발달하거나 인위적인 요인에 의하여 만들어지며, 모재의 특성을 그대로 간직하고 있다.

ⓜ 과립상 : 단괴가 작고, 입단 사이의 간격이 좁아서 물에 젖으면 부풀어 내부의 큰 틈이 막힌다.

ⓗ 발달 정도에 따른 분류

• 단립구조
  – 토양입자들이 하나하나 흩어져 있는 상태이다.
  – 일반적으로 대공극이 많다.
  – 통기성·투수성이 우수하다.
  – 양분과 수분보유력이 낮다.

• 입단구조
  – 작은 단일 입자가 모인 2차입자가 집합해 하나의 입단으로 만들어진 구조이다.
  – 대공극과 소공극이 고르게 분포한다.
  – 투수성·통기성이 양호하다.
  – 양분과 수분의 유지·보유력이 우수하다.

③ **토양공극**

㉠ 공극률(%) $= \left(1 - \dfrac{\text{가비중}}{\text{진비중}}\right) \times 100 = \left(1 - \dfrac{\text{용적밀도}}{\text{입자밀도}}\right) \times 100$

㉡ 토성별 용적밀도 및 공극량

토 성	용적밀도	공극량	토 성	용적밀도	공극량
사 토	1.6	40	미사질양토	1.3	50
사양토	1.5	43	식양토	1.2	55
양 토	1.4	47	식 토	1.1	58

※ 토양공극량 : 식토 > 식양토 > 양토 > 사양토 > 사토
  용적밀도 : 사토 > 사양토 > 양토 > 식양토 > 식토

④ **토양온도**

㉠ 토양의 열원은 주로 태양광선이며, 습윤열, 유기물 분해열 등이 있다.

㉡ 토양온도가 높아지면 토양유기물의 분해가 가속화되어 토양의 유기탄소 함량이 감소하고, 토양 내 영양소의 가용성이 증가한다.

㉢ 토양 비열은 토양 1g을 1℃ 올리는 데 소요되는 열량으로 물이 1이고 무기성분은 이것보다 더 낮다.

⑤ **토양색**

㉠ 토양색의 지배인자 : 유기물(부식화), 철(탈수되면 적색), 망간의 산화·환원 상태, 수분함량, 통기성, 모암, 조암광물, 풍화정도 등

㉡ 토양의 색(soil color)을 나타내는 색의 3속성 : 색상, 명도, 채도

㉢ 고도로 분해된 유기물을 많이 함유한 토양은 흑색/갈색을 띠고, 산화철 광물이 풍부하면 적색을 띤다.

㉣ 토양색 표시 방법(Munsell 표기법) : 색상 명도/채도
  예 5YR 3/3
  Yellow와 Red가 5 : 5로 섞였으며, 명도가 3, 채도가 3 정도의 토양색을 띤다.

2. 토양의 화학적 성질

① **필수원소(16종)**

다량원소(9종)	탄소(C), 수소(H), 산소(O), 질소(N), 인(P), 칼륨(K), 칼슘(Ca), 마그네슘(Mg), 황(S)
미량원소(7종)	철(Fe), 구리(Cu), 아연(Zn), 망가니즈(Mn), 붕소(B), 몰리브덴(Mo), 염소(Cl)

㉠ 칼륨(K) : 작물에 광합성과 수분상실의 제어 역할을 하고, 결핍되면 생장점이 말라죽고 줄기가 약해지며 조기 낙엽 현상을 일으키는 필수원소

㉡ 식물의 양분흡수 및 이용능력에 직접적으로 영향을 주는 요인 : 식물 뿌리의 표면적, 뿌리의 치환용량, 뿌리의 호흡작용과 뿌리의 양분개발을 위한 분비물의 생성량 등

② **점토광물**

㉠ 입자가 크고 표면 전하가 없는 자갈, 모래, 미사 등의 1차 광물과 입자가 작고 표면 전하가 있는 점토인 2차 광물로 구분한다.

㉡ 2차 광물의 점토를 점토광물이라 하며 암석이 풍화되는 과정에서 규소와 알루미늄 등과 재결합한다.

1 : 1 격자형 광물	카올리나이트(kaolinite), 할로이사이트(halloysite), 하이드로할로이사이트(hydrated halloysite)
2 : 1 격자형 광물	• 비팽창형 : 일라이트(illite) • 팽창형 : 버미큘라이트(vermiculite), 몬모릴로나이트(montmorillonite), 바이델라이트(beidellite), 사포나이트(saponite), 논트로나이트(nontronite)
2 : 2 격자형 광물	클로라이트(chlorite)

㉢ 카올리나이트
  • 규소 4면체층과 알루미늄 8면체층이 1 : 1 격자로 결합된 광물이다.
  • 우리나라 토양에 가장 많이 분포한다고 알려져 있다.

　　ㄹ 일라이트 : 점토광물의 규소판에 있는 규소가 알루미늄으로
　　　　가장 많이 치환되어 있다.

③ 양이온치환능력(CEC)

　　ㄱ 토양이 음전하에 의하여 양이온을 흡착할 수 있는 용량

　　ㄴ 단위 : $1me/100g = 1cmol_c/kg = cmol_c \cdot kg^{-1}$

　　ㄷ CEC가 클수록 pH에 저항하는 완충력이 크며 양분을 보유하
　　　는 보비력이 크므로 비옥한 토양이다.

　　ㄹ 토성의 CEC 정도 : 식토 > 식양토 > 양토 > 사양토 > 사토

　　ㅁ 점토광물의 CEC 정도 : 부식 > 몬모릴로나이트 > 카올리나
　　　이트 > 일라이트

　　ㅂ 양이온치환능력이 높은 순서 : $H^+ \geq Ca^{2+} > Mg^{2+} > NH_4^+$
　　　$> Na^+ > Li^+$

　　ㅅ CEC를 높이는 관리 대책

　　　• 유기물 시용

　　　• 점토 함량이 높은 토양으로 개량

　　　• 석회질 비료의 사용, 근류균의 첨가 등

④ 염기포화도

　　ㄱ 토양에 흡착된 염기성 양이온이 차지하는 비를 말한다.

　　ㄴ 교환성 염기는 토양을 알칼리화하는 경향이 있고, 교환성 수
　　　소이온은 토양을 산성화하는 경향이 있다.

　　ㄷ 토양의 염기포화도가 높을수록 알칼리성, 낮을수록 산성이
　　　된다.

　　ㄹ pH와 비례적인 상관관계가 있으며 염기포화도가 증가하면
　　　완충력도 증가한다.

　　ㅁ 우리나라 논토양의 염기포화도는 평균 52%, 양이온치환용량
　　　은 11me/100g 정도이다.

　　ㅂ 염기포화도 $= \dfrac{\text{치환성양이온}(H^+\text{와 } Al^{3+}\text{을 제외한 양이온})}{\text{양이온치환용량}(CEC)} \times 100$

⑤ 토양반응(pH)

　　ㄱ 특징

　　　• 토양의 수용액이 나타내는 산성, 중성 또는 알칼리성을 의
　　　　미한다.

　　　• 토양의 pH는 토양 중 양분의 가급도, 양분의 흡수, 미생물
　　　　의 활동 등에 영향을 준다.

　　　• 작물생육에 적합한 pH는 6~7 범위(약산성~중성)이다.

　　　• pH가 낮을수록 H이 많이 결합된 상태로 분포하며 pH가 높
　　　　아지면 수소가 해리되어 H가 적게 결합된 인산 형태로 많이
　　　　분포한다.

　　ㄴ 토양산성의 분류

　　　• 활산성 : 유리 수소이온(H^+) 농도에 의한 산성

　　　• 잠산성(또는 치환산성) : 토양입자에 흡착되어있는 교환성
　　　　수소와 교환성 알루미늄에 의한 것으로서 중성염(KCl)을
　　　　가하여 용출된 수소이온에 의한 산성

　　　• 가수산성 : 식초산 석회와 같은 약산 염으로 용출되는 수소
　　　　이온에 기인한 토양의 산성

　　ㄷ 산성토양에서 작물생육이 불량해지는 원인과 연관성

　　　• 알루미늄, 망간, 철 등의 용해도가 증가로 인한 독성 발현

　　　• 수소이온 과다로 식물체 내 단백질의 변형과 효소 활성
　　　　저하

　　　• 칼슘과 마그네슘 등의 유효도 감소에 의한 토양 이화학성
　　　　악화

　　　• 유용 토양미생물 활성 저하

　　ㄹ 산성토양의 개량대책

　　　• 석회질 비료 및 유기물 시용

　　　• 근류균 첨가

　　　• 토양개량제 시용

　　　• 산성비료 등을 계속해서 쓰지 않도록 한다.

　　　• 산성에 강한 작물을 재배한다.

3. 토양의 생물학적 성질

① 토양생물의 분류 : 대형동물군은 폭이 2mm보다 큰 것이고, 중형
　동물군은 0.2~2mm인 것, 미소동물군은 0.2mm보다 작은 것
　이다.

동물	대형동물군	두더지, 지렁이, 노래기, 지네, 거미, 개미 등
	중형동물군	진드기, 톡토기
	미소동물군	• 선형동물 : 선충 • 원생동물 : 아메바, 편모충, 섬모충
식물	대형식물군	식물뿌리, 이끼류
	미소식물군	• 독립영양생물 : 녹조류, 규조류 • 종속영양생물 : 사상균(효모, 곰팡이, 버섯 등), 방선균 • 독립, 종속영양생물 : 세균, 남조류

② 토양미생물의 종류

　　ㄱ 사상균 : 호기성이며, 산성·중성·알칼리성의 어떠한 반응
　　　에서도 잘 생육하지만, 특히 세균이나 방사상균이 생육하지
　　　못하는 산성에서도 잘 생육한다.

　　ㄴ 방선균(방사상균) : 산성을 좋아하지 않고 그 활동력은 활성
　　　석회의 양에 따라 다르며, 알맞은 pH는 6.0~7.5이고, pH
　　　5.0 이하에서는 그 생육이 크게 떨어진다.

　　ㄷ 세균 : 통기성이 좋은 상태에서 잘 생육하는 호기성 세균과
　　　그렇지 않은 혐기성 세균으로 나눌 수 있다.

　　ㄹ 조류 : 토양 중에서 유기물의 생성, 질소의 고정, 양분의 동
　　　화, 산소의 공급, 질소균과의 공생 작용을 한다.

③ 토양미생물의 작용

　　ㄱ 토양미생물의 유익작용

　　　• 탄소순환

　　　• 미생물에 의한 무기성분의 변화

　　　• 암모니아화성 작용

　　　• 미생물 간의 길항작용

　　　• 질산화 작용

　　　• 토양구조 입단화

　　　• 유리질소의 고정

　　　• 생장 촉진 물질 분비

　　　• 가용성 무기성분의 동화

　　ㄴ 토양미생물의 유해작용

　　　• 질산염의 환원과 탈질작용

　　　• 황산염의 환원작용으로 황화수소 발생

　　　• 환원성 유해물질 생성 및 집적

　　　• 작물과의 양분 경합으로 질소기아현상 유발

　　　• 병해 및 선충해 발생

ⓒ 암모니아화 작용
- 토양 속의 유기질소화합물이 토양미생물에 의해서 분해되어 무기태 질소(NO_3^-, NH_4^+)로 변형되는 작용
- 암모니아 생성균 : 대부분의 유기영양 미생물(세균, 방선균, 사상균 등)

ⓔ 질산화 작용 : 암모니아(NH_4^+)가 호기적 조건에서 아질산(NO_2^-)을 거쳐 질산(NO_3^-)으로 되는 작용
- 1단계
  - 암모니아(NH_4^+) → 아질산(NO_2^-)
  - 아질산균(*Nitrosomonas, Nitrosococcus, Nitrosospira* 등)
- 2단계
  - 아질산(NO_2^-) → 질산(NO_3^-)
  - 질산균(*Nitrobacter, Nitrospina, Nitrococcus* 등)

ⓜ 질소고정작용 : N_2 → 식물체내 질소화합물
- 단독질소고정균
  - 호기성 세균 : *Azotobacter, Beijerinckia, Derxia*
  - 혐기성 세균 : *Achromobacter, Clostridium, Pseudomonas*
  - 통성혐기성 세균 : *Klebsiella*
- 공생질소고정균 : 근류균(*Rhizobium*), *Bradyrhizobium*속
- 남조류

ⓗ 질소동화작용(유기화 작용) : 무기태 질소가 식물에 흡수되어 유기질소화합물(단백질)로 되는 작용

ⓢ 질산환원작용
- 질산(NO_3^-) → 아질산(NO_2^-) → 암모니아(NH_4^+)
- 혐기상태에서 일어난다.
- 질산환원균 : 유기영양 미생물

ⓞ 탈질작용
- 질산(NO_3^-) → 아질산(NO_2^-) → N_2O(아산화질소), NO(산화질소), N_2(질소가스)
- 탈질세균 : *Achromobactor, Alcaligenes, Bacillus, Chromobacterium, Corynebacterium, Micrococcus, Pseudomonas, Thiobacillus* 등

4. 토양시료 채취 및 분석

① 토양시료 채취 시기
ⓐ 시비량 결정을 위한 토양검정 : 작물 수확 후부터 다음 작물 재배 전에 퇴비, 토양개량제 및 비료를 시용하지 않은 상태에서 토양시료를 채취한다.
ⓑ 토양 양분 함량의 연차 간 변화 비교 : 매년 토양 분석 결과를 비교하고자 할 경우 몇몇 분석 항목은 시기에 따라 달라지기 때문에 매년 같은 시기에 시료를 채취해야 한다.

② 토양시료 채취 방법
ⓐ 토양시료 채취 지점 선정
- 평탄지 : 평지는 필지를 대표하는 시료를 채취하기 위하여 Z자형이나 W자형으로 지점 선정
- 경사지 : 경사지에서는 상부, 중부, 하부로 나누어 2점 또는 그 이상의 지점 선정
ⓑ 토양시료 채취기를 이용한 시료 채취
- 토양시료 채취기 : 15cm 깊이까지 균일하게 채취할 수 있다.
- 토양시료 채취기를 이용하여 표토를 1cm 정도 걷어 내고 10지점 이상을 선정하여 채토량이 1~2kg 정도가 되도록 한다.

- 논과 밭토양 : 일년생 작물(벼, 고추, 토마토, 감자 등)은 뿌리가 대부분 토심 0~15cm 내외의 경작층에 분포하므로 이를 부피 비율로 균등하게 채취한다.
- 과수원 토양 : 뿌리 분포가 가장 많은 0~30cm의 흙을 채취하며 토양시료 채취 깊이를 표토(0~20cm)와 심토(21~40cm)로 구분하여 시료를 각각 채취하기도 한다.
ⓒ 삽을 활용한 간편한 토양시료 채취
- 두 삽을 이용하여 작물 뿌리가 주로 분포하는 깊이(약 15cm)와 일정한 두께(약 5~7cm)의 토양시료를 채취
- 채취한 토양의 가장자리를 잘라내고 지점별 토양시료를 선별
- 토양시료를 봉투에 넣어 잘게 부수고, 공기를 넣어 밀봉 후 흔들어 복합시료 조제

③ 토양시료 분석 의뢰
ⓐ 그늘에서 자연 상태로 건조하며 이물질이 혼입되지 않도록 주의해야 한다.
ⓑ 신속하고 골고루 마르게 하려면 1~2일에 한 번씩 뒤집어 준다.
ⓒ 밭토양은 봄·가을 기온 조건에서 7일 정도 건조한다.
ⓓ 건조된 시료는 나무 또는 고무망치(금속성 망치 사용 금지)를 이용하여 잘게 부순 후 2mm 체를 통과한 것으로 사용한다.
ⓔ 조제된 시료는 깨끗한 비닐에 500g 정도 담고 시료 봉투에는 경작자, 필지의 지번, 재배 작물명, 시료 채취 날짜 등을 상세히 기록해서 분석을 의뢰한다.

④ 토양 검정 결과
ⓐ 토양 pH
- pH는 0에서 14까지의 범위로 측정되며, 7은 중성을 나타낸다.
- 대부분 작물은 pH 6.0~7.5에서 잘 자라며 pH가 적절하지 않으면 특정 영양소의 흡수가 방해될 수 있다.
- 필요에 따라 석회(알칼리성 증가)나 황(산성화제)을 사용하여 pH를 조절할 수 있다.
ⓑ 유기물 함량
- 유기물은 토양의 비옥도와 구조를 개선하는 데 중요한 역할을 한다.
- 유기물 함량이 높으면 토양의 보수력, 통기성, 영양소 공급 능력이 향상되며 퇴비나 녹비작물을 사용하여 유기물 함량을 높일 수 있다.
ⓒ 토양 내 무기양분 분석 : N, P, K 등 주요 무기양분을 측정하여 작물이 필요로 하는 양분을 확인하고 적절한 비료나 퇴비를 추가할 수 있다.
ⓓ CEC : 토양이 양이온을 유지할 수 있는 능력을 측정한다. CEC가 높으면 토양이 영양소를 더 잘 보유할 수 있어 작물에 필요한 양분 공급이 원활해진다.
ⓔ 토양구조와 질감 : 토양의 입자 크기(모래, 실트, 점토 비율)를 분석하여 토양 질감을 평가한다. 질감에 따라 물 빠짐, 보수력, 통기성 등이 달라지므로, 이를 기반으로 토양개량 방법을 결정할 수 있다.
ⓕ 토양미생물 활동 : 토양 내 미생물의 활동을 평가하여 토양의 생물학적 건강 상태를 확인한다. 미생물 활동이 활발하면 유기물 분해와 양분 순환이 원활히 이루어지는데 미생물 활성을 높이기 위해 퇴비, 녹비작물, 미생물제 등을 사용할 수 있다.

ⓐ 염류 농도
- 토양에 집적된 염류 농도를 측정한다.
- 토양에 집적된 염류는 토양용액 중 이온 상태로 녹아 있게 되며, 이를 전기전도도 기기(EC 미터)로 측정하여 양분 집적 정도를 가늠할 수 있다.
- 양분이 집적되어 염류 농도가 상승할수록 전기 전도도 측정 값은 커지며, 염류 농도의 민감성 정도는 작물 종류에 따라 다르고, 작물의 생육 정도에 따라 달라질 수 있다.

5. 토양 특성 평가

① 논토양과 밭토양의 특성 비교

항 목	논토양	밭토양
토양 pH	약산성	강산성
환경 조건	혐기성	호기성
천연 양분 공급량	관개수에 의한 공급	용탈·침식으로 손실
질소고정 능력	높 음	낮 음
유효 인산 함량	높 음	낮 음
미량요소 결핍	거의 없음	많 음
환원성 유해물질	많 음	적 음
토양 중의 산소	미량 또는 없음	풍 부
무기화율	높 음	낮 음
토 성	점 토	식양토-사양토
양분 유실	유출수	토양침식
토양침식	적 음	많 음
잡초피해	적 음	많 음
연 작	가 능	불가능

② 토양평가
ⓐ 토양조건 평가
- 물리적 특성 : 질감, 구조, 압축, 부피밀도
- 화학적 특성 : pH, 영양소 함량, 유기물 함량, 오염물질 수준
- 생물학적 특성 : 미생물 활동, 토양동물군
- 수 분
ⓑ 토양의 단면 특성 조사내용 : 토양층위의 측정, 토색, 반문, 토성, 토양구조, 토양의 견결도, 토양단면 내의 특수생성물, 토양반응, 유기물과 식물의 뿌리, 토양 중의 동물, 공극 등

6. 토양검정시스템 활용

① 토양환경정보시스템(http://soil.rda.go.kr)의 비료 사용 처방 서 체험 분석
② 화학비료와 유기자재 시용량 산출하기
ⓐ 관행농업의 비료 시용량을 산출한다.
- 표준 시비량을 확인한다.
- 토양검정 시비량을 확인한다.
ⓑ 비료의 성분량과 실량을 확인한다.

$$비료\ 성분량(kg) = \frac{보증성분\ 함량(\%)}{비료\ 실량} \times 100$$

- 질소질 비료 : 요소와 유안(황산암모늄)이 있으며 요소가 함유한 질소 성분은 46%, 유안은 21%의 질소를 함유하고 있다.
- 인산질 비료 : 용성인비와 용과린이 가장 많이 사용되며, 인산 함량은 각각 21%를 함유하고 있다.
- 칼리질 비료 : 염화칼리와 황산칼리가 대표적이며 염화칼리 는 60%, 황산칼리는 45%의 칼륨 성분을 함유하고 있다.

ⓒ 비료 주는 시기와 방법을 확인한다.
- 비료는 밑거름과 웃거름으로 나눠서 주며 밑거름은 퇴비를 비롯한 유기질 비료를 작물 파종 최소 2주 전에 토양 전면에 살포하고 경운 또는 로터리 작업을 한다.
- 토양 pH 교정을 위하여 석회 비료를 살포하려면 작물 재배 1~2개월 이전에 미리 살포하고 경운하여 퇴비, 유기질 비 료 및 질소질 비료와 혼합되지 않도록 해야 한다.
- 인산질 비료는 전량 밑거름으로 주며, 웃거름은 질소질과 칼리질 비료 위주로 준다.
- 습해 등 기상 이변으로 인해 작물의 양분 결핍 증상이 나타 나면 질소를 비롯한 미량원소를 엽면시비한다.
ⓓ 유기농업의 유기자재 시비량 산출
- 현재 유기농 벼 재배를 위한 유기자재 처방서는 다음과 같 이 유기자재의 탄질비와 질소 함량을 주요 인자로 하고, 이 를 토대로 유기물의 분해 특성과 질소 무기화 양을 추정하 여 유기자재 시용량을 산출한다.

유기자원의 종류	질소함량(%)	탄질비(C/N)	수분함량(%)
가축분 퇴비	1.7	20.7	48.5
유 박	5.2	7.9	10.8
헤어리베치	2.9	13.0	77.0
호 밀	0.8	61.8	62.7

- 유기농업에서는 자가 제조한 유기 액비 위주로 양분을 보충 하며, 시중에 유통되고 있는 유기재배용 자재를 이용할 경 우에는 양분의 공급 특성을 고려하여 양질의 제품을 선택할 필요가 있다. 작물이 필요로 하는 질소량을 전량 퇴비로 대 체하고자 할 때 적용할 수 있는 퇴비 시용량 산출 방법은 다음과 같다.

$$퇴비\ 시용량(kg/10a) = \frac{질소\ 시비량(kg/10a)}{퇴비\ 중\ 질소\ 함량(\%)} \times 100$$

③ 토양조사의 목적
ⓐ 지대별 영농계획 수립
ⓑ 토양조건의 우열에 따른 합리적인 토지 이용
ⓒ 토양개량 및 토양보존 계획 수립
ⓓ 농업용수개발에 따른 용수량의 책정
ⓔ 농지개발을 위한 유휴구릉지 분포파악
ⓕ 주택·도시·도로 및 지역개발계획의 수립
ⓖ 토양특성에 적합한 재배 작물 선정
ⓗ 토지 생산성 관리
④ 정밀토양조사 : 군단위 정도의 범위 또는 개개의 농장, 목장 등에 이용하고자 실시하는 조사로서 분류단위는 토양통이 사용되며 1 : 25,000 축척도를 사용하는 토양조사

7. 퇴비 원료 선택

① 퇴비의 기능
ⓐ 흙의 구조 개량
ⓑ 보습 능력 향상 및 완충작용 증진
ⓒ 미생물의 활발한 활동으로 작물에 영양분 공급
ⓓ 작물 생장 토양의 이화학성 개선
ⓔ 토양 내 생물의 활성 유지 및 증진
ⓕ 햇빛을 흡수하여 땅을 따뜻하게 유지

② 퇴비 원료의 종류

ⓐ 농산 부산물
- 곡류(볏짚, 왕겨, 쌀겨, 보리짚, 밀짚, 싸라기), 두류 및 유지류(콩대, 깻대, 땅콩대, 참깨, 들깨, 유박 등), 기타(옥수수대, 고춧대, 전정 가지, 버섯 배지 등) 등이 있다.
- 비료 성분의 가치는 낮고 탄질비(C/N비)는 높은 편이다.
- 볏짚의 특징
  - 탄질비는 60~70 정도이며 퇴비화 과정없이 토양에 직접 시용하면 작물의 정식 초기에 일시적 질소기아 현상이 나타날 수 있다.
  - 토양의 물리성을 개선하며 시설재배지에서 염류 집적 피해를 경감시킨다.
- 왕겨의 특징 : 수분흡수가 어렵고, 미생물에 의한 분해속도가 늦으므로 마쇄 또는 팽연화 가공 과정을 거쳐서 부드럽게 하여 사용한다.

ⓑ 임산 부산물
- 톱밥이 대표적이며 나뭇재, 낙엽, 수피, 부엽토, 야생초, 이탄, 토탄, 갈탄 등이 있다.
- 톱밥의 특징
  - 흡습성, 통기성 등이 좋아서 퇴비 보조제로 많이 사용된다.
  - 탄질비가 500~1,000으로 높아서 분해가 늦고 비료 성분도 매우 낮다.
  - 퇴비 원료의 수분 조절제 및 탄소 공급원으로 사용된다.

ⓒ 가축 분뇨
- 가축 분뇨는 옛날부터 퇴비 원료로 널리 활용되어 온 유용한 유기 자원이다.
- 농산 부산물 및 임산 부산물에 비해 비료 성분이 많고, 탄질비도 낮은 편이다.
- 양분 함량이 높은 가축 분뇨 순 : 계분 〉 돈분 〉 우분 순

ⓓ 수산 부산물
- 어분, 해초 찌꺼기, 게 껍데기 등이 있다.
- 생선을 말리거나 기름을 짠 찌꺼기를 말려서 거름으로 사용한다.
- 생선거름은 질소, 인산, 칼륨 3요소를 함유하고 있으며, 밑거름으로 사용된다.

ⓔ 골분
- 동물의 생뼈를 분쇄하거나 증기로 찐 다음 분쇄한 가루이다.
- 모든 작물에 좋으나 칼륨이 거의 없는 것이 특징이다.

8. 퇴비 제조

① 유기퇴비 제조

ⓐ 유기물원(볏짚, 수피, 쌀겨, 깻묵 등) 수집 → 혼합 및 야적 → 퇴적 → 후숙
ⓑ 퇴비화 과정에서 미생물이 활동하는 가장 적당한 온도 : 55~60℃
ⓒ 퇴비 생산 시 퇴비 부숙기간(15일 정도) 중 필요한 최소온도 : 55℃
ⓓ 암모니아화 작용이 원활한 시기 : pH 8.0 이상

② 퇴비화의 3단계 : 이분해성 물질(당질, 단백질, 전분) → 헤미셀룰로스 → 셀룰로스 → 리그린의 순으로 분해된다.

발열단계	• 퇴비더미를 쌓은 후 박테리아에 의하여 유기물 분해가 시작되고, 그 과정에서 방출되는 에너지로 온도가 상승하게 된다. • 온도가 60~70℃까지 상승하면 2~3주 지속된다. • 분해 과정의 대부분이 이 시기에 이루어진다.
감열단계	• 유기물의 분해가 어느 정도 진행되면 퇴비더미의 온도는 서서히 낮아져 25~45℃를 유지하게 된다. • 리그닌과 같은 난분해성 유기물만 남게 되어 분해 속도가 느려지고 온도는 더이상 올라가지 않는다.
숙성단계	• 무기물과 부식산, 항생물질로 구성되며, 붉은두엄벌레 등의 토양생물이 서식하게 된다. • 퇴비화가 완료되면 퇴비는 처음 부피의 반으로 줄어들고 어두운 빛깔(암갈색 또는 흑갈색)을 띤다.

③ 퇴비 제조 시 수분 조절을 위한 재료 순[톱밥 대비 상대적 수분 흡수율(%)] : 볏짚 절단(119) > 톱밥(100) > 팽화 왕겨(96) > 버미큘라이트(81) > 왕겨(49)

9. 퇴비 품질 평가

① 퇴비를 판정하는 검사방법

ⓐ 기계적 측정 방법 : 콤백(CoMMe-100) 측정법, 솔비타(solvita) 측정법
ⓑ 화학적인 방법 : 탄질률 측정, pH 측정, 질산태 질소 측정
ⓒ 생물학적인 방법 : 종자 발아 시험법, 지렁이법, 유식물 시험법
ⓓ 물리적인 방법 : 온도 측정 방법, 돈모장력법
ⓔ 관능검사 : 퇴비의 형태, 수분, 냄새, 색깔, 촉감 등

평가항목	평가내용		
색깔 &형상 (20점)	축분과 유사한 색깔 및 형상(2점)	축분과 퇴비의 중간 색깔 및 형상(3~11점)	갈색 또는 흑색을 띠고 축분의 형상이 완전 소멸(12~20점)
냄새 (20점)	아주 강한 축분 냄새를 느낄 정도(2점)	• (5점) 축분 냄새 식별 • (8점) 약간의 축분 냄새 • (11점) 미세한 축분 냄새	축분 냄새 완전 소멸 및 흙냄새 등 퇴비 냄새(12~20점)
수분 (15점)	70% 이상(2점) : 손으로 움켜쥐면 손가락사이로 물기가 많이 나옴	60% 전후(3~9점) : 손으로 움켜쥐면 손가락사이로 물기가 약간 나옴	50% 전후(10~15점) : 손으로 움켜쥐면 손가락사이로 물기가 스미지 않음, 부스러기가 털어질 정도

② 경축 순환농업으로 사육하지 않은 농장에서 유래한 퇴비를 유기농업에 사용할 수 있는 충족 조건

ⓐ 경축순환농법 : 농가에서 논농사·밭농사의 부산물로 가축을 키우고 가축 분뇨를 퇴비화하여 다시 땅에 뿌려 작물을 키워내는 농업이다.
ⓑ 퇴비 더미가 55~75℃를 유지하는 기간이 15일 이상 되어야하고, 이 기간에 5회 이상 뒤집어야 한다.
ⓒ 퇴비에 유해 성분 함량은 비료관리법에 따른 비료공정규격 중 퇴비 규격의 1/2을 초과하지 아니하여야 하고 항생물질이 포함되지 않을 것

10. 퇴비 보관 및 관리

① 올바른 퇴비 보관 방법

　㉠ 주의사항 : 하천변, 제방, 농·배수로 주변이나 공공부지 등에 보관금지

　㉡ 축사 내 : 빗물이 유입하지 않도록 완전히 밀폐된 공간에서 관리

　㉢ 외부 보관 : 비닐 덮개나 천막 등으로 완전히 덮어두고, 바람에 날아가지 않도록 철저히 고정

② 퇴비 살포 요령

　㉠ 살포 전 : 퇴비를 충분히 부숙 시킨 후 부숙도 검사

　㉡ 살포 시 : 적정한 양을 균일하게 살포, 살포 후 바로 경운 및 로터리 작업 실시, 퇴비 반출 또는 살포 후 퇴비·액비 관리대장 작성

11. 토양 양분, 비옥도 및 수분관리

① 토양유기물의 특징

　㉠ 토양유기물은 미생물의 작용을 통하여 직접 또는 간접적으로 토양입단 형성에 기여한다.

　㉡ 부식 함량 증대는 지력이 증대된다는 뜻이다.

　㉢ 유기물 주요 공급원은 퇴비, 구비, 녹비, 고간류, 녹비작물(호밀, 자운영, 헤어리베치 등)이 있다.

　㉣ 토양유기물은 질소고정과 질소순환에 기여하는 미생물의 활동을 위한 탄소원이다.

　㉤ 토양유기물은 완충능력이 크고 전체 양이온교환용량의 30~70%를 기여한다.

② 유기물의 기능

　㉠ 토양입단의 형성(떼알 조직화)

　㉡ 킬레이트 작용

　　• 활성 알루미늄 생성 억제

　　• 인산의 고정 방지 및 토양 인산의 유효화

　　• 불가급태 양분의 유효화

　㉢ 양이온치환능력 증대, 완충능 증대

　㉣ 유해물질의 분해 제거

　㉤ 다량요소 및 미량요소 공급원

　㉥ 완효적, 지속적, 누적적 양분 공급 효과

　㉦ 성장 촉진물질 공급 및 이산화탄소의 공급원

　㉧ 중소생물, 미생물 증가 및 안정화

　㉨ 물질 순환능 증대, 생물적 완충능 증대

　※ 토양의 보비력, 보수력의 크기 순서
　　식토 > 식양토 > 양토 > 사양토 > 사토

③ 토양비옥도

　㉠ 비옥도 향상 방법 : 토양의 비옥도는 토양 내에 얼마나 많은 양분이 있느냐의 문제가 아니라 토양의 양분상태, 물리성 및 토양생물 간의 상호작용에 의해서 결정된다.

　　• 담수, 세척, 객토, 환토

　　• 피복작물의 재배

　　• 작물윤작(합리적인 윤작 체계 운영)

　　• 두과 및 녹비작물의 재배

　　• 발효액비 사용 및 미량요소의 보급

　　• 최소경운 또는 무경운

　　• 완숙퇴비에 의한 토양미생물의 증진

　　• 비료의 선택과 시비량의 적정화

　　• 대상재배와 간작

　　• 작물잔재와 축산분뇨의 재활용

　　• 가축의 순환적 방목

　㉡ 토양비옥도 평가방법

　　• 토양검정을 통한 유효양분 분석

　　• 시비권장량 결정을 위한 재배시험

　　• 작물요구 영양소 결정을 위한 식물체 분석

④ 토양수분

　㉠ 수주 높이의 대수를 취하여 pF(Potential Force)로 표시한다($pF = \log H$, H 는 수주의 높이).

　㉡ 토양수분의 종류

결합수 (pF 7.0 이상)	점토광물에 결합되어 있어 작물 사용이 불가능한 수분
흡습수 (pF4.5~7)	토양 입자 표면에 피막 상으로 흡착된 수분으로 작물 흡수 안되는 수분
모관수 (pF 2.7~4.5)	표면장력에 의해 토양공극 내에서 중력에 저항하여 유지되는 수분으로, 작물이 주로 사용하는 수분
중력수 (pF 0~2.7)	중력에 의해서 비모관공극에 스며 흘러내리는 수분으로 작물 이용 가능한 수분
지하수	모관수의 근원이 되는 물

　㉢ 토양의 수분항수

최대용수량 (pF 0) (= 포화용수량)	토양 입자들 사이의 모든 공극이 물로 채워진 상태의 수분함량으로 모관수가 최대로 포함된 상태
포장용수량 (pF 2.5~2.7) (= 최소용수량)	최대용수량 상태에서 중력수가 완전히 제거된 후 남아있는 수분함량
초기위조점 (pF 3.9)	생육이 정지하고 하엽이 위조하기 시작하는 토양수분
영구위조점 (pF 4.2)	영구위조점에서의 토양 함수율, 즉 토양 건조 중에 대한 수분의 중량비
흡습계수 (pF 4.5)	상대습도 98% 공기 중에서 건조토양이 흡수하는 수분상태

　㉣ 토양의 유효수분 : 포장용수량~영구위조점 사이의 수분

　　• 작물생육의 최적함수량 : 최대용수량의 60~80% 범위(포장용수량)

　　• 생장유효수분 : pF 1.8~3.0

　　• 초기위조점 이하의 수분은 작물생육을 돕지 못한다.

　㉤ 작물생육에 대한 수분의 기본 역할

　　• 화학반응의 용매

　　• 유기물 및 무기물의 용질 이동

　　• 작물 세포의 팽압 유지(팽압은 작물 세포의 신장, 작물 구조 및 잎의 전개를 촉진)

　　• 효소 구조의 유지와 촉매 기능

　　• 작물의 광합성, 가수분해 과정 및 다른 화학 반응의 재료로 이용

　　• 작물의 증산작용

　㉥ 관수 방법

　　• 지표관수 : 지표면에 물을 흘려보내어 공급

　　• 지하관수 : 땅속에 작은 구멍이 있는 송수관을 묻어서 공급

　　• 살수(스프링클러)관수 : 노즐을 설치하여 물을 뿌리는 방법

　　• 점적관수 : 물을 천천히 조금씩 흘러나오게 하여 필요 부위에 집중적으로 관수하는 방법(관개방법 중 가장 발전된 방법)

• 저면관수 : 배수구멍을 물에 잠기게 하여 물이 위로 스며 올라가게 하는 방법

12. 토양생물의 종류, 특성, 기능 및 활용

① 토양생물의 종류

토양 동물상	육안적 인 것	식물질 이용	소형 포유류	다람쥐, 땅쥐, 들쥐 등
			곤충	개미, 딱정벌레, 굼벵이, 유충 등
			지렁이	
			기타 동물	노래기, 쥐며느리, 달팽이 등
		동물질 이용	두더지, 곤충류, 지네, 거미 등	
	현미경 적인 것	식육성	선충류, 원생 동물, 윤충류 등	
		기생성		
토양 식물상	고등 식물의 뿌리			
	조류	녹조류, 염녹조류, 규조류 등		
	균류	사상균, 효모, 방사균류 등		
	세균류	호기성, 혐기성, 자양성, 타양성 등		

※ 지렁이의 특징
  • 토양 소동물 중 작물생육에 적합한 토양조건의 지표로 볼 수 있다.
  • 토양에 서식하고 토양으로부터 양분과 에너지원을 얻으며 특히 배설물이 토양입단 증가에 영향을 준다.
  • 통기성이 양호하고 분해가 잘 된 유기물 토양에서 잘 생육한다.
  • 신선하거나 거의 분해되지 않은 유기물의 시용은 개체수를 증가시킨다.
  • 공기가 잘 통하는 습한 지역을 좋아하지만 몸이 빠지지 않는 과습한 지역은 개체수를 감소시킨다.

② 토양생물 개체수(/m²) : 세균 > 방선균 > 사상균(곰팡이) > 조류

③ 토양생물과 작물생육과의 관계
  ㉠ 광합성생물(식물, 조류, 세균) : 이산화탄소 고정에 태양에너지를 이용하며 토양에 유기물을 공급
  ㉡ 분해자(세균, 곰팡이) : 잔재물 분해하여 생물 총량 내에 양분을 고정시키고, 새로운 유기복합물(세포구성물, 배출물)을 생산하며 곰팡이균사로 토양을 입단화, 질소고정세균과 탈질세균에 의한 질소형태의 변화, 병원성 생물의 억제와 경쟁 등을 한다.
  ㉢ 공생생물(세균, 곰팡이) : 병원성 생물로부터 식물뿌리를 보호하고, 질소를 고정, 균근을 형성, 식물생장을 촉진한다.

13. 토양침식의 원인 및 대책

① 물에 의한 토양침식의 종류 : 우적침식, 비옥도(표면)침식, 우곡침식, 계곡(협곡)침식, 평면(면상)침식, 유수침식, 빙식작용 등
  ※ 우적침식(입단파괴침식) : 지표면이 타격을 입으면 빗방울에 의해 토양의 입단이 파괴되고, 토양 입자는 분산되어 침식되는 것이다.

② 토양침식에 영향을 미치는 요인
  ㉠ 수식에 관여하는 인자
    • 지형(경사도와 경사장) : 경사도가 크고 경사길이가 길수록 침식이 많이 일어난다.
    • 기상 조건(강우 속도와 강우량) : 강우강도가 강우량보다 토양침식에 대한 영향이 크다.

• 토양의 성질 : 내수성 입단이 적고 투수성이 나쁜 토양이 침식되기 쉽다.
• 식물생육(토양표면의 피복 상태) : 작물의 종류, 경운시기와 방법에 따라 침식량이 다르다.
※ 토양유실예측공식 $A = R \cdot K \cdot LS \cdot C \cdot P$
  여기서, A : 연간 평균토양유실량(t/ha/yr)
    R : 강우인자
    K : 토양의 수식성인자
    LS : 경사인자
    C : 작부인자
    P : 토양관리인자
  ㉡ 풍식에 관여하는 인자 : 풍속, 토양의 성질, 토양표면의 피복 상태, 인위적 작용 등
  • 풍식이란 바람에 의한 토양침식 작용이다.
  • 풍식은 건조 또는 반건조 지방의 평원에서 일어나기 쉽다.
  • 우리나라에서의 풍식은 해안의 모래 바닥, 특히 동해안과 제주도에서 일어난다.
  • 피해가 가장 심한 풍식은 토양입자가 도약(跳躍), 운반(運搬)되는 것이다.
  • 매년 5월 초순에 만주와 몽고에서 우리나라로 날아오는 모래 먼지는 풍식의 대표적인 모형이다.
  • 풍식의 정도는 풍속(세기)에 의해 결정된다.

③ 토양침식의 방지 대책
  ㉠ 수식의 대책
  • 삼림 조성과 자연 초지의 개량
  • 토양의 피복
    – 토양피복 방법 : 부초법, 인공피복법, 내식성 작물의 선택과 합리적 작부체계(간작, 교호작) 개선 등
    – 토양피복의 효과 : 토양의 침식 방지, 지온 조절, 토양오염 방지, 수분 유지, 토양 전염성 병의 감염 방지, 잡초 종자의 발아 억제 및 출아하는 잡초의 생장 억제
  ㉡ 풍식의 대책
  • 방풍림, 방풍 울타리 설치
  • 피복작물을 재배하여 토사의 이동 방지
  • 토양개량
  • 관개를 통해 토양이 젖어 있게 한다(비산 방지).
  • 이랑을 풍향과 직각으로 낸다.
  • 토양 진압

14. 토양오염의 원인 및 대책

① 토양오염
  ㉠ 토양오염의 정의 : 인간의 활동에 의하여 만들어지는 여러 가지 물질이 토양에 들어감으로써 그 성분이 변화되어 환경 구성 요소로서의 토양이 그 기능에 악영향을 미치는 것
  ㉡ 토양오염의 원인 물질 : 유기물, 무기염류, 중금속류, 합성화합물 등
  ㉢ 오염 경로 : 비료 과다 사용에 의한 염류집적, 유류, 유독 물질, 광산 폐기물, 대기 및 수질 오염물질, 폐기물(쓰레기)에 의한 토양오염

※ 산업에 의한 토양오염
- 광산 폐수(금속광산 폐수, 석탄 광산 폐수)
- 금속공장 및 공단 폐수
- 도시 하수
- 제련소의 분진
- 고속 및 산업도로
- 폐기물

② 피해 대책
- ㉠ 물리·화학적 방법 : 토양 세정 및 세척, 토양 증기 추출법, 화학적 산화와 환원, 고형화 및 안정화
- ㉡ 생물학적 방법 : 생물학적 복원, 생물학적 통풍, 바이오 파일, 퇴비화, 토양 경작법, 식물 복원
- ㉢ 열적 방법 : 유리화, 소각, 열탈착

03 유기생육관리

1. 비배관리
① 밑거름 선택 및 사용법
- ㉠ 역할 : 기초영양 공급, 토양 개선, 유해성분 제거
- ㉡ 사용법
  - 작물 심기 2~4주 전 땅을 갈고, 비료를 흙과 골고루 섞어 준다.
  - 땅을 갈 때 비료가 땅속 깊이 들어가도록 충분히 섞어야 한다.
  - 밑거름을 넣은 후에는 2~4주 동안 발효기간을 가져야 하며, 이 기간 동안 물을 주어 발효가 잘되도록 한다.
- ㉢ 주의사항
  - 발효 여부 확인 : 완숙되지 않은 퇴비는 작물에 해로울 수 있기 때문에 미리 넣어 발효가 완료되도록 해야 한다.
  - 적정량 사용

② 유기재배 시 밑거름의 종류
- ㉠ 퇴비 : 식물 잔재물, 음식물 쓰레기, 잔디 깎기 등 유기물을 발효시켜 만든 것
- ㉡ 우분 비료 : 가축의 배설물을 발효시켜 만든 것
- ㉢ 녹비작물 : 특정 작물(특히 콩과 작물)을 재배한 후 이를 갈아엎어 토양에 질소를 고정하는 능력이 있어 토양에 질소를 공급
- ㉣ 골분 : 동물의 뼈를 갈아 만든 것
- ㉤ 어분 : 생선으로 만든 것
- ㉥ 해조비료 : 해조류를 가공하여 만든 것
- ㉦ 닭분 : 닭똥과 깔짚을 혼합하여 발효시킨 것
- ㉧ 작물 잔재 : 수확 후 남은 작물의 잔재로 만든 것

③ 녹비작물
- ㉠ 녹비작물의 종류
  - 두과 녹비작물 : 자운영, 헤어리베치, 울리포드베치, 동부, 토끼풀, 풋베기콩, 풋베기완두 등
  - 화본과 녹비작물 : 옥수수, 귀리, 쌀보리, 호밀 등
  - 경관 겸용 녹비작물 : 황화초, 루핀, 파셀리아, 화이트클로버, 메밀, 해바라기, 크림슨클로버, 크로타라리아 등

- ㉡ 겨울 녹비작물 : 헤어리베치, 호밀, 자운영, 클로버, 보리 등
- ㉢ 여름 녹비작물 : 수단그라스, 크로타라리아 등
- ㉣ 녹비작물이 갖추어야 할 조건
  - 재배하는 데 노력이 적게 들어야 한다.
  - 비료의 요구가 적어야 하며 파종이 용이하고 종자의 가격이 저렴해야 한다.
  - 생육기간이 짧고 휴한기간을 이용할 수 있어야 한다.
  - 영년생 작물의 빈 공간의 이용에 편리해야 한다.
  - 비료 성분의 함유량이 높으며, 유리 질소의 고정력이 강해야 한다.
  - 심근성으로 하층의 양분을 이용할 수 있어야 한다.
  - 병해충, 한해, 습해, 냉해 등 재해에 강해야 한다.
  - 줄기, 잎이 유연하여 토양 중에서 분해가 빠른 것이어야 한다.

④ 웃거름 선택 및 사용법
- ㉠ 역할 : 추가 영양 공급, 생육 촉진, 수확량 증가
- ㉡ 사용법
  - 웃거름을 줄 때는 작물의 뿌리에 직접 닿지 않도록 한다.
  - 뿌리에서 약간 떨어진 곳에 구덩이를 파고 비료를 넣은 후 흙으로 덮어준다.
  - 질소와 칼리 성분이 많은 비료를 사용하는 것이 좋다.
- ㉢ 주의사항
  - 적정량 사용
  - 생장 상태 확인하여 필요할 때만 사용

⑤ 유기재배 시 웃거름의 종류
- ㉠ 액비 : 어분 액비, 우분 액비, 해조 추출물 등
- ㉡ 퇴비 차 : 퇴비를 물에 우려내어 만든 액체
- ㉢ 식물성 비료 : 알팔파, 콩 등을 갈아 만든 것
- ㉣ 퇴비, 우분, 녹비작물
- ㉤ 기타 미량원소 비료 : 해조 분말, 천연 광물질 돌가루 등

※ 반응에 따른 비료의 분류

화학적 반응	• 산성비료 : 과인산석회, 중과인산석회 등 • 중성비료 : 황산암모늄(유안), 질산암모늄(초안), 황산칼륨, 염화칼륨, 콩깻묵, 어박 등 • 염기성비료 : 재, 석회질소, 용성인비 등
생리적 반응	• 산성비료 : 작물이 음이온보다 양이온을 많이 흡수하여 토양반응을 산성화시키는 비료 예 황산암모늄, 황산칼륨, 염화칼륨 등 • 중성비료 : 질산암모늄과 같이 양이온과 음이온이 거의 같은 정도로 흡수되는 비료 예 질산암모늄, 요소, 과인산석회, 중과인석회, 석회질소 등 • 염기성비료 : 작물이 음이온인 질산이온을 나트륨인 양이온 보다 더 많이 흡수하여 토양을 알칼리화시키는 비료 예 퇴구비, 용성인비, 재, 칠레초석 등

⑥ 웃거름 선택 시 고려 사항
- ㉠ 작물의 성장 단계 : 초기 성장 단계에서는 질소비료, 개화 및 결실 단계에서는 인과 칼륨 비료가 중요하다.
- ㉡ 토양 검사 결과 : 토양에 부족한 영양소를 보충할 수 있는 비료를 선택한다.
- ㉢ 환경 영향 : 유기질 비료는 환경친화적이지만 효과가 느릴 수 있으며, 화학비료는 빠른 효과를 볼 수 있지만 과다 사용 시 환경에 해를 끼칠 수 있다.

② 비료의 사용 편의성 : 복합 비료는 한 번에 여러 영양소를 공급할 수 있어 편리하다.

⑩ 작물의 요구사항 : 작물의 특성에 맞는 비료를 선택한다.

⑪ 벼, 보리, 잡곡 등의 곡식 작물은 밑거름에 중점을 두고, 채소 등의 잎채소는 밑거름과 덧거름 모두 중점을 두어야 한다. 또한 사질토는 비료의 유실이 많으므로 덧거름으로 여러 번 나누어 준다.

⑦ 시비량과 시비법

㉠ 시비의 시기 : 기비(밑거름)와 추비(웃거름)

㉡ 토양 시비

• 표층시비 : 생육 중 시비

• 심층시비 : 과수

• 전층시비 : 작토전층에 골고루 혼합되도록 하는 논에서의 심층시비

㉢ 엽면시비 : 비료를 물에 타거나 액체 비료를 식물체에 뿌려주는 것

• 뿌리가 정상적인 흡수를 못할 때, 동상해·풍수해·병해충 또는 침수 피해를 당했을 때, 이식한 후 활착이 좋지 못할 때 등 급속한 영양 회복이 필요할 경우에 사용한다.

• 규정 농도를 잘 지켜 시비한다(비료 농도는 대개 0.1~0.3% 정도).

2. 수분관리

① 수분의 이동(흡수의 기구)

㉠ 삼투압 : 식물 세포의 원형질막은 반투막으로 되어 있어 세포 외액이 내액보다 농도가 낮으면 외액의 수분이 이 막을 통하여 세포 속으로 확산해 들어가는 압력

㉡ 팽압 : 삼투에 의해 세포의 수분이 늘면 세포의 크기를 증대시키려는 압력

㉢ 막압 : 팽압에 의해 세포막이 늘어나면 세포막의 탄력성에 의해 다시 안으로 수축하려는 압력

㉣ 흡수압(확산압차) : 삼투압(세포내로 수분이 들어가는 압력)과 막압(세포외로 수분을 배출하는 압력)의 차이에 의한 압력

② 양분의 흡수 과정

㉠ 수동적 흡수(소극적 흡수) : 증산작용(확산압차), 모세관력(물관의 부압), 뿌리 표면에서 이온의 흡착, 교환, 확산 작용에 의한 흡수 등 ATP(에너지)를 소모하지 않고 흡수한다.
※ 증산에 영향을 주는 환경요인 : 빛의 세기, 상대습도, 온도, 바람

㉡ 능동적 흡수(적극적 흡수) : 세포의 삼투압에 기인하는 흡수, 일액현상, 일비현상 등 호흡작용에 장해가 일어났을 때 흡수가 방해된다.

• 일비현상 : 수세미의 줄기를 절단하면 잘린 부위에서 수분이 솟아나는 현상, 또는 고로쇠처럼 식물체의 줄기를 자른 곳에서 물이 배출되는 현상으로 뿌리세포의 근압에 의한 능동적 흡수이다.

• 일액현상 : 근압(根壓)에 의하여 일어나는 현상으로 수분이 위쪽으로 상승하여 잎의 가장자리에 있는 수공에서 물이 나온다.

③ 작물의 요수량

㉠ 요수량 : 작물이 건물 1g을 생산하는 데 소비된 수분량

㉡ 요수량의 크기 : 기장 < 옥수수 < 보리 < 알팔파 < 클로버 < 흰명아주

㉢ 조, 수수, 옥수수 등 밭작물은 적고 오이, 호박, 알팔파, 클로버 등이 크다.

㉣ 요수량의 지배 요인 : 작물의 종류, 생육단계(생육 초기에 크다), 환경(광 부족, 많은 바람, 공기 습도의 저하, 저온·고온, 토양수분의 과다·과소, 척박한 토양 등)

④ 벼의 생육단계별 물 관리

㉠ 물이 많이 필요로 하는 시기순 : 수잉기(이삭 밸 때) > 활착기 > 영화분화기(이삭꽃 생길 때) > 꽃피는 시기

㉡ 물이 적어야 좋은 시기순 : 무효 분얼기(헛새끼칠 때) > 유효 분얼기(참새끼칠 때) 및 등숙기(이삭이 여물 때)

⑤ 관개 방법

㉠ 지표관개

• 고랑에 물을 대거나 토지 전면에 물을 대는 방법이다.

• 전체적으로 물을 충분히 줄 수 있는 장점이 있으나, 땅이 고르지 않으면 일부는 물에 잠기고 일부는 물이 닿지 않는 경우가 생긴다.

• 물 빠짐이 나쁜 토양에서는 오히려 습해를 입는다.

• 전면관개, 일류관개, 보더법 등이 있다.

– 일류관개 : 등고선에 따라 물을 흘려 대는 방법

– 보더관개 : 포장된 경사표면에 물을 흘려 펼쳐서 대는 방법

– 고랑관개 : 이랑을 세우고 고랑에 물을 흘려서 대는 방법

㉡ 살수관개 : 다공관관개, 스프링클러관개, 물방울관개

㉢ 지하관개

• 개거법 : 개방된 수로에 투수하여 모관상승을 통해 근권에 공급되게 하는 방법(사질토 지대에 이용)

• 암거법 : 지하에 토관·목관·콘크리트관 등을 배치하여 통수하고, 간극으로부터 스며 오르게 하는 방법
※ 점적관개 : 작은 호스 구멍으로 소량씩 물을 주는 방법

• 압입법 : 뿌리 깊은 과수 주변에 구멍을 뚫고 기계적으로 주입

3. 정지 및 적과

① 정지의 개념

㉠ 정지(Training) : 나무의 골격을 구성하고 있는 가지를 유인하거나 절단하여 목적하는 수형을 완성시켜 가는 작업

㉡ 전정(Pruning) : 가지를 절단하거나 솎아 주어 나무의 생장과 결실을 조절해주는 작업

단초전정	주로 포도나무에서 이루어지는데, 결과 모지를 전정할 때 남기는 마디 수는 대개 4~6개이다.
세부전정	생장이 느리고 연약한 가지·품질이 불량한 과실을 착생시키는 가지를 제거하는 방법이다.
큰 가지 전정	생장이 느리고 외부에 가지가 과다하게 밀생하며 가지가 오래되어 생산이 감소할 때 제거하는 방법이다.
갱신전정	과수의 세력을 회복시키기 위해 영양생장을 하는 튼튼한 새 가지가 나도록 실시하는 가지치기로 나무가 노쇠하여 생산성이 떨어질 때 한다.

② 정지와 전정의 목적

  ㉠ 수형의 구성 및 유지 : 수체 각 부분의 기능을 유지하며 주어진 공간을 최대한 활용

  ㉡ 수세 조절 : 강전정은 새가지 생산량을 증가시키나 탄소동화량을 감소시킴

  ㉢ 꽃눈 분화 조절 : 전정은 질소질비료를 공급하는 것과 같은 효과

  ㉣ 결실 조절 및 해거리 방지

   • 강전정 : 영양생장이 많아져 착과량 감소

   • 약전정 : 개화와 결실을 촉진

   • 해거리 : 과실의 수량이 많았던 이듬해에 수량이 현저히 줄어드는 현상을 말한다.

  ㉤ 과실의 품질 향상 : 수체 내 광투과율 향상

  ㉥ 병충해 방제 : 광 투과 및 통풍 개선, 살포 약제 침투 용이

③ 정지(整枝)의 종류

  ㉠ 원추형(폐심형, 주간형)

   • 주지수가 많고 주간과 결합이 강하다는 장점이 있으나 나무 높이가 너무 높아 작업관리가 불편하다.

   • 과실의 품질도 불량해지기 쉽다.

   • 적용과수 : 양앵두 등

  ㉡ 배상형(개심형)

   • 술잔을 뒤집어 놓은 형태로 주간을 일찍 자르고, 3~4본 정도의 주지를 발달시켜 수형을 잡는 정지법이다.

   • 수관 내로 통풍, 통광이 좋으며 관리하기 쉽다.

   • 주지의 부담이 커서 가지가 늘어지기 쉽고 결과수도 적어진다는 단점이 있다.

   • 적용과수 : 복숭아, 배, 자두 등

  ㉢ 개심자연형

   • 배상형의 단점을 개선한 수형으로 원줄기가 수직으로 자라지 않고 개장형인 복숭아 등에 적합한 수형이다.

   • 짧은 원줄기에 2~4개의 원가지를 배치하고, 원가지 간 15cm 정도의 간격을 두어 바퀴살가지가 되는 것을 피하고 결과지를 배상형보다 입체적으로 배치할 수 있다.

   • 수관 내부가 완전히 열려 있으므로 광 투과가 양호하고, 품질향상과 높이가 낮아 관리가 편하다.

   • 적용과수 : 복숭아

  ㉣ 변칙주간형

   • 원추형과 배상형의 장점을 모아, 초기 수년간 원추형으로 기르다가 뒤에는 주간의 선단부를 잘라 주지가 바깥쪽으로 벌어지도록 하는 정지법이다.

   • 높은 수고와 수관 내부에 광 부족을 개선하는 데 의의가 있다.

   • 적용과수 : 사과, 서양배, 감, 밤 등

  ㉤ 덕식

   • 1.8m 정도의 높이에 철사 등을 수평으로 가로, 세로로 치고 과수의 가지를 수평으로 유인하는 정지법이다.

   • 품질과 수량이 증가하고 과수의 수명도 연장되지만 시설비가 많이 드는 단점이 있다.

   • 정지·전정이 소홀하면 오히려 품질이 저하되고 병해충의 발생도 증가할 수 있다.

   • 적용과수 : 포도, 배, 키위 등

  ㉥ 울타리형

   • 가지의 2단을 직선으로 친 철사에 유인하는 정지법이다.

   • 덕식에 비해 시설비가 절감되고 관리가 편리하지만 수명이 짧다.

   • 적용과수 : 포도, 배, 자두 등

  ㉦ 방추형 : 왜성사과에서 축소된 원추형과 비슷하다.

④ 적과(열매솎기)

  ㉠ 적과의 뜻과 범위

   • 뜻 : 어느 정도 자란 과실을 솎아 주는 것

   • 기준 : 잎과 과실 수의 비율(엽과비)을 기준

   • 범위 : 겨울 전정시 결과모지의 솎음 전정. 적뢰(꽃봉오리 솎기), 적화(꽃솎기), 적장(송이솎기), 적립(알솎기)

  ㉡ 적과의 목적

   • 과잉착과에 의한 가지 무게 경감

   • 유목기 수관 확대 촉진

   • 과실 비대 촉진, 품질과 착색 증진

   • 크기와 모양이 일정한 규격과 생산

   • 해거리 방지

   ※ 꽃눈 크기와 과실 크기가 밀접한 상관관계가 있다. 꽃눈 정리는 적과의 노력을 줄일 수 있다.

⑤ 그 외 생장 조절 기술

  ㉠ 적심 : 생육 중인 작물의 생장점을 잘라 주는 것(토마토, 수박, 참외, 오이 등)

  ㉡ 적아 : 곁순을 따 주는 것(오이, 토마토 등)

  ㉢ 적엽 : 오래된 아래 잎을 적절하게 제거하는 것(오이, 토마토, 파프리카 등)

4. 파종·육묘 및 이식

① 파종 시기

  ㉠ 추파맥류에서 추파성 정도가 높은 품종은 조파를, 추파성 정도가 낮은 품종은 만파하는 것이 좋다.

  ㉡ 동일 품종의 감자라도 평지에서는 이른 봄에 파종하나, 고랭지는 늦봄에 파종한다.

② 파종 양식

산파 (흩어뿌림)	• 노동력이 절감되나 파종 후 재배 과정에서 상대적으로 노력이 가장 많이 요구된다. • 목초, 자운영 등
조파 (줄뿌림)	• 뿌림골을 만들고 그곳에 줄지어 종자를 뿌리는 방법 • 개체가 차지하는 평면 공간이 넓지 않은 작물에 적용 • 맥류 등
점파 (점뿌림)	• 개체가 평면 공간으로 퍼지는 작물에 적용하는 방법 • 종자량이 적게 들고 생육 중 통풍 및 수광이 좋다. • 콩류, 감자 등
적 파	• 점파할 때 한 곳에 여러 개의 종자를 파종하는 방법 • 조파나 산파보다 노력이 많이 들지만 환경 조건이 좋아지므로 생육이 양호 • 목초, 맥류 등
혼 파	• 두 가지 이상의 작물 종자를 혼합해서 파종하는 방법 • 가축 영양상의 이점, 공간의 효율적 이용, 비료 성분의 효율적 이용, 질소비료의 절약, 잡초의 경감, 재해에 대한 안정성 증대, 산초량의 평준화 등의 이점이 있다. • 기계화 곤란하고, 작물과 토양의 정밀한 관리가 어렵다.

③ 파종량

　㉠ 산파(흩어뿌림) > 조파(줄뿌림) > 적파(포기당 4~5립) >
　　점파(포기당 1~2립)

　㉡ 파종량 결정 시 고려사항

　　• 작물의 종류

　　• 종자 크기

　　• 파종 시기

　　• 재배 지역

　　• 토양 및 시비

　　• 재배 방법

　　• 종자 조건 등

④ 파종 깊이

　㉠ 얕게 심어야 하는 조건 : 작은 종자, 광발아성 종자, 습한 토
　　양, 점질 토양

　㉡ 깊게 심어야 하는 조건 : 큰 종자, 혐광성 종자, 덥거나 추운
　　곳(지표면에 가까울수록 온도 변화가 심하다), 건조한 토양,
　　사질 토양

⑤ 파종 순서

　㉠ 정지 → 작조(골타기) → 시비 → 간토(비료 섞기) → 파종
　　→ 복토 → 진압 → 관수

　㉡ 정지(整地) : 파종과 이식에 알맞은 토양상태를 조성하기 위
　　하여 가해지는 처리로 경운(쟁기작업), 쇄토(흙부수기), 작휴
　　(두둑만들기), 진압(다져주기) 등이 있다.

　㉢ 진압 : 토양을 긴밀하게 하고 파종된 종자가 토양에 밀착되
　　며, 모관수가 상승하여 종자가 흡수하는 데 알맞게 되어 발아
　　가 조장된다. 경사지 또는 바람이 센 곳은 우식 및 풍식을 경
　　감하는 효과가 있다.

⑥ 육 묘

　㉠ 육묘의 필요성 : 직파가 불리할 경우(딸기, 고구마, 과수 등),
　　증수, 조기 수확, 토지이용도의 증대, 재해 방지, 용수 절약,
　　노력 절감, 추대 방지, 종자 절약 등

　㉡ 묘상의 설치 장소

　　• 본포에서 멀지 않은 곳

　　• 집에서 멀지 않은 곳

　　• 우물이 가깝거나 관개수를 얻기가 편리한 곳

　　• 서북 한풍이 막힌 곳

　　• 배수가 잘 되거나(온상) 오수・냉수가 침입하지 않는 곳(못
　　자리)

　　• 입축・동물・병충의 피해가 없는 곳

⑦ 이 식

　㉠ 가 식

　　• 의의 : 정식까지 잠시 이식해 두는 것

　　• 효과 : 묘상 절약, 활착 증진, 불량묘 도태, 이식성 향상,
　　웃자람 방지 효과, 재해방지 효과 등

　　※ 정식(아주심기) : 끝까지 그대로 둘 장소에 옮겨 심는 것
　　　을 뜻한다.

　㉡ 이식 시기

　　• 과수, 수목 등의 다년생 목본식물은 춘식(싹이 움트기 이전
　　이론 봄), 추식(가을에 낙엽이 진 뒤)을 해야 활착이 유리
　　하다.

　　• 지온이 넉넉하고 동상해의 우려가 없는 시기에 실시한다.

• 일반적으로 모가 나이가 들수록 몸살이 나고 활착이 어렵다.

• 구름이 있거나 흐린 날 늦은 오후에 실시한다.

• 묘대일수감응도가 적은 품종을 선택하며 육묘한다.

　※ 묘대일수감응도 : 못자리 기간에 따른 불시 출수의 발생
　　정도에 대한 품종의 감응 정도

• 벼 도열병이 많이 발생하는 곳은 조식을 한다.

　㉢ 이식의 효과 : 생육의 촉진 및 수량증대, 토지이용도 제고,
　　숙기 단축, 활착증진

　㉣ 이식 양식

　　• 조식 : 골에 줄지어 이식하는 방법
　　　예 파, 맥류

　　• 혈식 : 포기를 많이 띄어서 구덩이를 파고 이식하는 방법
　　　예 양배추, 토마토, 수박, 호박

　　• 난식 : 일정한 질서 없이 점점이 이식

　　• 점식 : 포기를 일정한 간격을 두고 띄어서 점점이 이식
　　　예 콩, 수수, 조

5. 재식밀도관리

① 재식밀도

　㉠ 파종 시기 : 일찍 파종하면 소식

　㉡ 작물 요소 : 모든 작물 재식밀도 높이면 도복 또는 약해져서
　　결실이 적어진다.

　㉢ 환경 요소 : 토양수분, 비옥도, 광 환경에 따라 재식밀도를
　　다르게 파종한다.

　㉣ 적정 재식밀도 : 작물의 종류, 품종, 재배 목적, 기후, 토질,
　　재배양식 등에 따라 다르다.

　　• 벼 : 유기재배에서는 관행 재배보다 건강하게 자랄 수 있게
　　충분한 공간을 확보한다.

　　• 과채류, 과수 : 과수는 재식밀도에 따라 생육과 수량 및 품
　　질에 대한 차이가 크다.

　　• 유기재배에서는 농업생태계를 고려하여 관행 재배보다 넓
　　게 심는다.

　　• 재식밀도가 과도하게 높으면 대가 약해져서 도복이 유발될
　　우려가 크기 때문에 재식밀도를 적절하게 조절해야 한다.

　　• 맥류의 경우 복토를 깊게 하면 도복이 경감된다.

② 보식과 솎기, 중경과 배토, 멀칭

　㉠ 보식 : 정식 후 결주가 생겼을 때 씨를 다시 파종하거나 모를
　　다시 옮겨심는 것

　㉡ 솎기 : 싹이 튼 후 밀도가 높은 곳의 일부 개체를 제거하여
　　개체의 생육공간을 넓혀 주는 것

③ 중경과 배토

　㉠ 중경 : 씨뿌리기나 옮겨심기를 한 후 작물의 골 사이의 흙을
　　갈거나 쪼아주는 것

장 점	단 점
• 발아 조장 • 토양통기의 조장 • 토양수분의 증발 경감 • 비효 증진 • 잡초 제거	• 단 근 • 풍식의 조장 • 동상해의 조장

ⓛ 배토(북주기)
- 작물의 생육기간 중 골 사이나 포기 사이의 흙을 포기 밑으로 긁어모아 주는 것
- 배토의 효과 : 새 뿌리의 발생을 촉진, 헛가지 발생을 억제, 쓰러짐 방지, 배수 및 잡초 방제 등의 효과가 있다.

ⓒ 멀칭
- 작물이 생육하고 있는 토양의 표면을 덮어주는 것
- 멀칭의 효과 : 지온 조절, 토양의 건조 방지, 토양 및 비료 양분 등의 유실 방지, 잡초 발생 억제, 과실의 착색 증진
- 멀칭의 방법
  - 지온 상승 : 투명 플라스틱 필름 등
  - 지온 하강 : 볏짚, 종이 등
  - 잡초 방제 : 흑색 플라스틱 필름, 종이, 짚 등
  - 과일 및 열매채소의 착색 증진 : 알루미늄 필름 등

④ 경운과 이랑짓기
ㄱ 경운의 필요성(효과) : 토양의 물리성 개선, 파종 및 옮겨심기 작업의 용이, 토양수분 유지에 유리, 잡초와 해충의 발생을 억제, 비료와 농약의 사용 효과 향상 등
ㄴ 무경운의 효과
- 무경운 시 일찍 파종할 수 있고 노력이 절감된다.
- 장기적으로 토양 내 유익생물의 생태계 보전에 유리하다.
- 토양에 작물의 잎줄기가 많이 남아있어야 생육에 유리하다.
- 토양의 압밀을 줄이고 비와 바람에 의한 침식을 줄일 수 있다.
ㄷ 이랑짓기의 종류

구 분		고랑과 두둑 특징	재배작물 및 특징
휴립법	휴립 휴파법	• 두둑 높이 > 고랑 깊이 • 두둑에 파종	• 배수와 토양통기가 양호 • 조, 콩 등을 재배
	휴립 구파법	• 두둑 높이 > 고랑 깊이 • 고랑에 파종	• 한해, 동해 방지 • 맥류 재배
성휴법		• 두둑을 크고 넓게 만듦 • 두둑에 파종	• 중부지방의 맥후작 콩의 파종에 유리 • 답리작 맥류 재배
평휴법		두둑 높이 = 고랑 높이	• 건조해, 습해 동시 완화 • 채소, 벼 재배

6. 대기조성관리

① 공기환경
ㄱ 대기는 질소 약 79%, 산소 약 21%, 이산화탄소 0.03%로 구성되어 있다.
ㄴ 시설 내 대표적인 유해가스로는 암모니아 가스, 아질산가스, 아황산가스, 일산화탄소, 에틸렌, 아세틸렌 등이 있다.
② 대기환경의 특징
ㄱ 생육과 관련하여 탄산가스, 수분, 유해가스 등은 상당한 영향을 준다.
ㄴ 시설 내에서는 바람이 불지 않기 때문에 탄산가스가 부족하기 쉽다.
ㄷ 유해가스의 집적으로 그 피해가 자주 나타나며, 수분 활동이 억제되는 경우가 많다.
③ 탄산시비
ㄱ 대기 중 이산화탄소 농도를 인위적으로 높여 작물의 증수를 꾀하는 방법이다.
ㄴ 효과 : 광합성 촉진으로 수확량 증대, 개화 수 증가 등

④ 대기오염물질

아황산(SO_2) 가스	중유, 연탄이 연소할 때 발생하며 광합성 속도를 크게 떨어뜨리고 줄기나 잎이 퇴색한다.
플루오린화 수소(HF)	독성이 가장 강하여 낮은 농도에서도 피해를 주며, 잎의 끝이나 가장자리가 백변한다.
이산화질소 (NO_2)	질산 제조 등의 화학공업을 통해 배출되며 아황산가스의 피해와 비슷하다.
오존(O_3)	어린잎보다 자란 잎에 피해가 크며 이산화질소가 자외선에 의해 분해될 때 생성된다.
PAN	탄화수소, 오존, 이산화질소가 화합해서 생성되며 초기에 잎 뒷면이 은백색이 되고 심하면 갈색을 띤다. 특히 어린 잎에 피해가 크다.
옥시던트	광화학이라고도 하며 오존 90%, PAN, 이산화질소 10%로 구성되어 있다.
염소(Cl_2) 가스	화학공장에서 배출되며 잎이 퇴색하여 암갈녹색을 띠게 된다.

7. 온도관리

① 온도환경
ㄱ 시설 내의 열은 외부로 어느 정도 차단되어 시설 내에 계속 축적되며 야간에는 거의 같은 수준으로 낮아져 온도교차가 매우 커진다.
ㄴ 구조재에 의한 광 차단, 피복재에 의해 빛 반사 등으로 수광량이 불균일하다.
ㄷ 대류 현상으로 인해 위치에 따라 기온이 달라진다.
② 작물의 주요 온도 : 작물의 생육이 가능한 범위의 온도
ㄱ 최저온도 : 작물의 생육이 가능한 가장 낮은 온도
ㄴ 최고온도 : 작물의 생육이 가능한 가장 높은 온도
ㄷ 최적온도 : 작물이 가장 잘 자랄 수 있는 온도

작물명	최저온도(℃)	최적온도(℃)	최고온도(℃)
벼	10~12	30~32	36~38
완 두	1~2	30	35
담 배	13~14	28	35
오 이	12	33~34	40
담 배	3~4	20	28~30

③ 작물의 생육적온 : 작물이 자라는 데 최적의 온도
④ 온도계수(Q_{10}) : 온도가 10℃ 상승하는 데 따르는 이화학적 반응이나 생리작용의 증가 배수
⑤ 적산온도 : 작물의 발아부터 성숙까지의 생육기간 중 0℃ 이상의 일평균기온을 합산한 온도

작물명	적산온도(℃)	
	최 저	최 고
메 밀	1,000	1,200
감 자	1,300	3,000
봄보리	1,600	1,900
가을보리	1,700	2,075
조	1,800	3,000
벼	3,500	4,500
봄 밀	1,870	2,275
가을밀	1,960	2,250
옥수수	2,370	3,000
콩	2,500	3,000
해바라기	2,600	2,850
담 배	3,200	3,600

⑥ 변온이 작물생육에 미치는 영향 : 발아 촉진, 동화물질의 축적, 덩이뿌리의 발달 촉진, 출수 및 개화 촉진 등

⑦ 고온에 의한 작물의 생육 저해 원인 : 철분의 침전, 증산 과다, 질소대사의 이상, 유기물의 과잉소모

8. 광 관리

① 광 환경

  ㉠ 태양고도가 낮은 겨울에는 동서동으로 지은 광량이 남북동에 비해 많다.

  ㉡ 구조재 또는 피복재에 의한 광선투과율이 낮아 노지에 비해 광량이 감소한다.

  ㉢ 동서동은 남북동에 비해 입사광량이 많다.

  ㉣ 인공광으로 백열등, 형광등이 쓰인다.

② 광합성

  ㉠ 광합성은 태양에너지를 에너지원으로 CO_2와 H_2O를 재료로 하여 포도당($C_6H_{12}O_6$)을 생산하고 그 부산물로 O_2를 얻는 과정이다.

  ㉡ 광합성은 청색광($440\sim480nm$)과 적색광($650\sim700nm$)이 효과적이다.

  ㉢ 광과 작물의 생리작용

    • 청색광 : 굴광현상, 광합성

    • 적색광 : 광합성, 일장효과, 야간조파, 착색

    • 자외선 : 줄기의 신장억제

  ㉣ 포장동화능력 : 포장군락의 단위 면적당 동화능력을 뜻하며 수량을 직접 지배한다.

  ㉤ 최적엽면적 : 건물생산이 최대로 되는 단위 면적당 군락 엽면적을 뜻하며, 일사량과 군락의 수광태세에 따라 크게 변한다.

  ㉥ 작물 광합성 능력의 결정요인 : 잎의 총면적, 광합성 속도, 작물의 수광태세

9. 춘화처리, 일장효과 등 상적발육관리

① 춘화처리(vernalization)

  ㉠ 처리온도에 따른 구분

    • 저온춘화

      – 월동하는 작물의 경우에는 광선의 유무에 관계가 없이 대체로 $1\sim10℃$의 저온에 의해서 춘화가 된다.

      – 일반적으로 저온춘화가 고온춘화에 비해 효과적이고, 춘화처리라 하면 보통은 저온춘화를 의미한다.

    • 고온춘화 : 콩과 같은 단일식물은 비교적 고온인 $10\sim30℃$의 온도처리가 유효하다.

  ㉡ 처리시기에 따른 구분

    • 종자춘화형 : 파종 후 수분흡수 시 저온감응 작물
      예 무, 배추, 순무 등

    • 녹식물춘화형 : 어린식물로 자란 후 저온감응 작물
      예 양배추, 양파, 당근 등

  ㉢ 춘화처리에 관여하는 조건 : 최아, 춘화처리 온도와 기간, 산소, 광선, 건조, 탄수화물

    ※ 화성유도 요인

      • 내적 요인 : 유전적인 요인, 화성호르몬, C/N율

      • 외적 요인 : 광조건(일장효과), 온도조건(춘화처리)

② 일장효과

  ㉠ 일장과 발아

    • 광발아성 식물 : 일정 기간 이상 빛을 쬐어야 발아하는 식물
      예 담배, 상추 등

    • 암발아성 식물 : 빛을 쬐는 시간이 길면 발아하지 않는 식물
      예 파 등의 백합과

    • 발아를 촉진시키는 파장 : 적색광($650\sim700nm$)으로, 그 가운데 670nm에서 가장 촉진되고, 700nm 근처에서 발아가 억제되며, 그다음으로 발아를 억제시키는 파장은 청색광(440nm)이다.

  ㉡ 일장에 따른 작물의 분류

장일식물	장일 상태에서 화성이 유도·촉진되는 식물 예 양귀비, 시금치, 상추 등
단일식물	단일상태에서 화성이 유도·촉진되는 식물 예 국화, 옥수수, 담배, 목화 등
중성식물 (= 중일성 식물)	낮과 밤의 길이와 관계없이 일정 기간 생장하여야 유도·촉진되는 식물 예 강낭콩, 고추, 토마토, 가지 등
정일성 식물	어떤 좁은 범위의 특정한 일장에서만 화성이 유도, 촉진되는 식물 예 사탕수수 등

  ㉢ 일장과 수량 및 품질

    • 일장이 짧으면 가지의 신장과 과실의 비대가 억제되어 낙과되는 것이 많으며, 비교적 낙과가 적은 품종에서도 과실이 작아지고 숙기도 며칠 정도 늦어진다.

    • 과실나무를 재배할 때에는 일조시간이 짧은 골짜기나 그늘진 곳은 피하는 것이 좋다.

  ㉣ 전조재배

    • 장일처리 : 인공조명에 의하여 개화를 억제시키는 방법으로 높이 1m에 100W짜리 백열전등을 달아 해가 진 후부터 보광하여 일장을 $17\sim18$시간으로 연장하는 것이다.

    • 단일처리 : 차광에 의하여 개화를 촉진시키는 방법으로 일장을 $9\sim10$시간으로 단축시키는 것이다.

  ㉤ 식물의 일장감응의 상세구분

명칭	화아분화 전	화아분화 후	종 류
LL식물	장일성	장일성	시금치, 봄보리
LI식물	장일성	중일성	풀 협죽도, 사탕무
LS식물	장일성	단일성	볼토니아, 피소스테기아
IL식물	중일성	장일성	밀
II식물	중일성	중일성	고추, 벼(조생종), 메밀, 토마토
IS식물	중일성	단일성	소빈국
SL식물	단일성	장일성	앵초, 시네라리아, 딸기
SI식물	단일성	중일성	벼(만생종), 도꼬마리
SS식물	단일성	단일성	코스모스, 나팔꽃, 콩(만생종)

  ㉥ 일장효과에 영향을 끼치는 조건

    • 발육 단계 : 본잎이 나온 뒤 어느 정도 발육한 후에 감응한다.

    • 광의 강도 : 명기가 약광이라도 일장 효과는 발생한다. 착화수는 명기의 광이 어느 정도 강해야 증대한다.

    • 광의 파장 : 630nm~680nm의 적색광이 가장 효과가 크며(광합성은 670nm), 다음이 400nm 부근의 청색광이고(광합성은 450nm), 480nm 부근의 청색광은 가장 효과가 적다.

    • 연속 암기 : 장일식물은 24시간 주기가 아니더라도 명암의 주기에서 상대적으로 명기가 암기보다 길면 장일 효과가 나타난다. 밀에서 명기와 암기를 각각 16 : 8, 8 : 4, 4 : 2, 2 : 1로 해도 모두 장일 효과가 나타난다. 그러나 단일 식물에서는 일정 시간 이상의 연속 암기가 있어야만 단일 효과가 나타나는 것이 보통이다.

• 처리 일수
- 도꼬마리나 나팔꽃은 1회의 단일 처리로도 개화한다. 그러나 도꼬마리에서 화성까지의 소요 일수가 단일 처리 1회의 경우에는 64일 정도가 소요되고 연속 단일 처리의 경우에는 13일 정도가 소요된다.
- 코스모스는 5~11회의 단일 처리 후에 장일 조건에 옮기면 일부만 개화하나, 12회 이상 단일 처리하면 장일 조건에 옮겨도 모든 꽃이 개화한다.
• 온도의 영향
- 일장효과의 발현에는 일정 한계의 온도가 필요하다.
- 단일식물인 가을국화는 10~15℃ 이하에서는 일장 여하에 불구하고 개화하며, 장일성인 히요스는 저온하에서는 단일 조건이라도 개화한다.
• 질소 시용의 영향 : 장일식물은 질소가 많지 않아야 영양생장이 억제되어 장일 효과가 더욱 잘 나타나고, 단일식물은 질소의 요구도가 커서 질소가 넉넉해야 생육이 빠르고 단일 효과도 더욱 잘 나타난다.
• 상적발육
- 작물이 순차적인 몇 개의 발육상을 거쳐 발육이 완성되는 현상
- 영양생장에서 생식생장으로 전환하는 데는 일장과 온도가 가장 크게 작용한다.

10. 유기재배 시설관리

① 재배시설의 구비 요건
㉠ 불량한 조건에 견딜 수 있어야 한다.
㉡ 작물의 생육에 적당한 환경조건을 만들어 줄 수 있어야 한다.
㉢ 작업의 편리성과 능률성이 있어야 한다.
㉣ 내구성과 경제성이 있어야 한다.

② 시설의 종류와 특성

유리 온실	골조 재료	목골식, 철골식, 알루미늄합금식 등
	지붕 모양	외쪽 지붕형, 3/4 지붕형(스리쿼터), 양쪽 지붕형, 연동형, 벤로형 등
플라스틱 하우스	피복 자재	• 플라스틱 필름 : 염화비닐(PVC), 아세트산비닐(EVA), 폴리에틸렌(PE) • 플라스틱판 : 유리섬유강화판(FRP), PVC판 온실, 폴리카보네이트판(PC)
	골조 자재	죽재 하우스, 목재 하우스, 철재 하우스
	하우스 형태	터널형, 지붕형(단동형·연동형), 아치형(단동형·연동형) 등

11. 작물별·생육단계별 생육상태 진단

① 생육상태 진단
㉠ 1차 진단
• 사람의 눈으로 쉽게 관찰하여 알 수 있는 것
• 식물의 생육 상태(크기, 잎의 수, 줄기 굵기 등), 분얼, 분지 수, 뿌리의 발육, 특정 부위의 이상 증상, 잎 색의 변화 등으로 판단한다.
㉡ 2차 진단
• 전문가나 전문 기관에 의한 정밀 검사
• 이상 부위를 사진으로 찍어 의뢰
• 사진 자료로 생육 진단이 부족하면 시료를 채취하여 의뢰

• 의뢰할 곳 : 농촌진흥청의 각 연구 기관, 도 농업기술원과 농업기술센터, 대학의 농과 대학이나 사설 연구소 등
② 작물의 생육장애 현상
㉠ 왜화 : 키가 크지 않는 상태, 생육이 느리고 줄기가 늘어나지 않는다.
㉡ 황화 : 작물체의 잎과 줄기가 황색으로 변한다.
㉢ 갈변 : 잎이나 줄기가 갈색으로 변한다.
㉣ 백화 : 잎의 엽록소가 없어져 흰색으로 변한다.
㉤ 위조 : 수분 부족으로 잎과 줄기가 시들시들해진다.
㉥ 고사 : 잎이나 줄기가 수분부족으로 말라 죽는다.
㉦ 괴사 : 작물의 일부가 흐물흐물 죽어 가는 상태이다.
㉧ 반점 : 잎의 군데군데 원래의 잎 색이 아닌 다른 색의 무늬가 나타난다.
㉨ 증상 : 작물의 일부에 이상이 생겨 외부 형태가 변화를 일으킨 상태이다.

12. 양분 결핍에 따른 처방

① 작물의 주요 양분 결핍 증상

질소(N)	• 엽록소, 단백질, 효소의 구성 성분으로 원형질의 건물은 40~50%가 질소이다. • 결핍 시 늙은 부분에서 황백화 현상이 나타난다. • 생육이 저조하다. • 종실의 성숙이 빨라지고 수량이 줄어든다.
인산(P)	• 세포핵, 분열조직 효소 등의 구성 성분으로 어린 조직이나 종자에 많이 함유되어 있다. • 광합성, 호흡 작용, 녹말, 당분의 합성 분해, 질소 동화 등에 관여하며 결핍 시 뿌리의 발육이 나빠지는데 특히 생육 초기에 심하다. • 잎이 암녹색이 되어 둘레에 오점이 생기며 심하면 황화하고 결실이 나빠진다. • 잎의 너비가 좁아지고 줄기나 잎자루가 자색이 된다. • 분얼이 적고 개화와 결실이 나빠져 과실의 성숙이 지연된다.
칼륨(K)	• 이온화하기 쉬운 형태로 잎과 생장점, 뿌리의 선단에 많이 함유되어 있으며 광합성, 탄수화물 및 단백질 형성, 세포 내의 수분공급의 기능에 관여하게 된다. • 결핍 시 생장점이 말라 죽고 줄기가 연약해지며 잎의 끝이나 둘레가 황화하고 아랫잎이 떨어지며 결실이 나쁘다. • 잎의 선단이 황화되기 시작하고 엽맥 사이가 황화된다. • 새잎은 어두운 녹색이 되고 잎이 작아지고 과실이 크지 않고 맛, 외관이 나빠진다.
칼슘(Ca)	• 세포막 중 중간막의 주성분으로 잎에 많이 존재하며 체내의 유독한 유기산을 중화하고 알루미늄의 과잉 흡수를 억제하는 역할을 한다. • 토양 중에 석회가 과다할 경우 Mg, Fe, Zn, Co, B 등의 흡수가 억제된다. • 어린잎의 끝이 황화되고 작아진다. • 생장점 부근의 잎 가장자리가 고사한다.

② 양분 결핍과 병충해 증상의 구별하기

양분 결핍	병해충
• 잎의 앞뒷면에 동시에 나타난다. • 밭 전체에 발생하기 쉽다. • 전염되지 않는다. • 냄새가 나지 않는다. • 도관이 갈변하지 않는다. • 증상 부분이 습하지 않고 건조하다.	• 한쪽 면부터 발생하여 번진다. • 일부에서 발생하여 번진다. • 시간이 지나면 심해진다. • 특이한 냄새가 난다. • 도관이 쉽게 갈변한다. • 증상 부분이 습하다.

13. 생육환경의 변화, 기상재해 대응

① 생육환경의 변화와 식물의 적응

㉠ 환경 요인의 변화에 즉시 나타나는 반응(빛에 대한 광합성 작용)과 수일간 지연되어 일어나는 반응으로 구분할 수 있다.

㉡ 환경으로부터 자극이 있을 때 보이는 유발 반응, 특정한 조건에서만 반응하는 의존 반응, 환경과 무관한 독립 반응으로 나눌 수 있다.

㉢ 환경 변화에 의해 한계와 허용치 사이의 최적 범위에서만 일어나는 반응이다. 온도 변화에 대한 종자 발아가 대표적인 반응이다.

㉣ 작물의 반응의 특징

• 작물의 반응은 환경 변화에 의해서 일어날 뿐 아니라 변화의 정도로 반응의 크기가 결정된다.

• 작물의 반응과 관련하여 식물은 항상성(Homeostasis)을 갖는다.

• 유기재배는 작물의 항상성과 환경에 대한 적응력을 높이는 방향으로 농업 생산을 유지하므로 지속 가능성이 있고 생태적인 농법이라 할 수 있다.

② 기상재해

㉠ 냉해

• 7~8월에 저온 현상이 오면 여름 작물 특히, 논벼가 피해받기 쉽다.

• 여름철 긴 장마와 낮은 온도와 일조가 불량해도 냉해를 받기 쉽다.

• 냉해 대책

– 냉해 저항성 작물 및 품종을 선택하여 적기에 파종, 정식한다.

– 냉해 상습 지역에서는 주변에 방풍림을 조성하여 준다.

– 피복 식물 재배와 유기물 시용으로 토양을 개선하여 서릿발 형성을 경감시킨다.

• 작물의 내동성

– 원형질의 수분투과성이 크면 세포 내 결빙을 적게 하여 내동성을 증대시킨다.

– 원형질 단백질에 –SH기가 많은 것은 –SS기가 많은 것보다 원형질의 파괴가 적고 내동성이 증대한다.

– 점도가 낮고 연도가 높은 것은 기계적 견인력을 덜 받아서 내동성이 크다.

– 원형질의 친수성 콜로이드가 많으면 세포 내의 결합수가 많아지고, 자유수가 적어져서 원형질의 탈수저항성이 커지며, 세포의 결빙이 경감되므로 내동성이 커진다.

– 지유와 수분이 공존할 경우 빙점강하도가 커지므로 지유 함량이 높은 것이 내동성이 강하다.

– 당분 함량이 많으면 세포의 삼투압이 높아지고, 원형질 단백의 변성을 막아서 내동성을 크게 한다.

– 전분립은 원형질의 기계적 견인력에 의한 파괴를 크게 하고, 전분 함량이 많으면 당분 함량이 저하된다. 따라서 전분 함량이 많으면 내동성은 저하된다.

– 친수성 콜로이드가 많고 세포액의 농도가 높으면 조직의 빛에 대한 굴절률이 커지고 내동성이 증대한다.

– 세포의 수분함량이 높아서 자유수가 많아지면 세포의 결빙을 조장하여 내동성이 저하한다.

– 세포 내의 무기 성분[칼슘 이온(Ca^{2+})과 마그네슘 이온(Mg^{2+})]은 세포 내 결빙을 억제하는 작용이 크다.

– 포복성인 것이 입성인 것보다 내동성이 강하다.

– 심파하거나 중경이 신장되지 않은 것이 내동성이 강하다.

– 엽색이 진한 것이 내동성이 강한 경향이 있다.

㉡ 동상해

• 동해 : 추위에 의한 피해가 한해인데 조직이 동결하여 결빙이 생기는 것

• 상해 : 이른 봄의 늦은 서리에 의한 피해

• 겨울철의 보리와 시금치는 –17℃까지 버틸 수 있는데 비해 고구마, 감자, 뽕나무, 포도나무 등의 잎은 –1.85~–0.7℃에서 동사한다.

• 동상해 대책

– 지역의 기후에 맞는 작물과 품종을 선택한다.

– 월동 피복 식물을 이용하여 보온한다.

– 중북부 맥작의 경우 이랑을 높이고 고랑을 깊게 한다.

– 월년생 작물은 적기 파종하고 파종량을 늘린다.

㉢ 고온해

• 생육 적온을 지나 과도한 고온으로 인하여 받는 피해를 말한다.

• 광합성보다 호흡 작용이 우세하고, 유기물의 소모가 많아져 식물체가 약해지며 유해 물질이 축적되어 피해를 일으킨다.

• 고온해 대책

– 동반 피복 식물을 재배하고 완충 지역을 넓혀 재배한다.

– 비닐 멀칭보다는 유기물 멀칭을 이용한다.

– 한낮에는 살수 호스, 스프링클러를 이용하여 두상 관수를 실시한다.

㉣ 습해

• 토양이 과습상태가 지속되어 토양산소가 부족할 때 뿌리가 상하고 심하면 부패하여 지상부가 황화하고 위조, 고사하는 피해

• 습해의 대책

– 배 수

– 정 지

– 토양개량

– 작물 및 품종의 선택(내습성이 큰 작물)

• 작물의 내습성

– 벼는 전작물인 보리보다 잎, 줄기, 뿌리에 통기조직이 잘 발달하여 뿌리로의 산소 공급 능력이 높으므로 잘 생육할 수 있다.

– 뿌리의 피층세포가 직렬되어 있는 것은 세포 간극이 커서 뿌리로의 산소 공급 능력이 크기 때문에 내습성이 강하다.

– 생육초기의 맥류처럼 잎이 지하의 줄기에 착생하고 있는 것은 뿌리로의 산소 공급 능력이 크다.

– 뿌리조직이 목화한 것은 환원성 유해 물질의 침입을 막아서 내습성을 강하게 만든다.

– 근계가 얕게 발달하거나, 습해를 받았을 때 부정근의 발생력이 큰 것은 내습성을 강하게 만든다.

– 뿌리가 환원성 유해물질(황화수소, 아산화철 등)에 대한 저항성이 큰 것은 내습성을 강하게 한다.

㉤ 수 해
- 비가 많이 와서 유발되는 피해
- 관수해 : 식물체가 완전히 물속에 잠기게 되어 받는 피해
- 벼, 옥수수, 수수는 침수에 강하나 대부분의 채소류와 콩과 식물들은 침수에 약하다.
- 벼의 침수피해는 분얼 초기에는 적지만 수잉기~출수개화기에는 커진다.
  ※ 벼에서 관수해(冠水害)에 가장 민감한 시기 : 수잉기
- 수해 대책
  - 농경지 주변의 자연환경을 삼림 생태적으로 보전한다.
  - 배수로와 배수 시설 등을 점검하여 수해 가능성을 줄인다.
  - 수해 상습지에는 수해에 강한 작물과 품종을 선택한다.
  - 파종기와 이식기를 조절해서 수해를 회피하고 작물을 건실하게 키운다.
  ※ 수발아 : 관수피해로 성숙기에 가까운 맥류가 장기간 비를 맞아 젖은 상태로 있거나, 이삭이 젖은 땅에 오래 접촉해 있을 때 발생되는 피해

㉥ 풍 해
- 바람에 의한 피해는 생육 초기보다 등숙기에 발생하기 쉽다.
- 대부분의 화본과 작물은 이삭이 무거운데 강풍이 오면 쉽게 쓰러지거나 상처를 입어 여러 가지 피해를 입는다.
- 풍해 대책
  - 방풍 울타리, 방풍림으로 바람의 세기를 줄인다.
  - 바람이 많은 지역에는 목초, 고구마 등 내풍성 작물을 선택하고 키가 작고 줄기가 강한 품종을 선택한다.
  - 배토 및 지주, 결속, 생육의 건실화 등

04 유기재배 잡초관리

1. 잡초관리

① 잡초의 분류

	1년생	다년생
논잡초	강피, 돌피, 물피, 알방동사니, 올챙이고랭이, 여뀌, 물달개비, 물옥잠, 사마귀풀, 자귀풀, 여뀌바늘, 가막사리 등	나도겨풀, 너도방동사니, 올방개, 쇠털골, 매자기, 가래, 올미, 벗풀, 보풀, 개구리밥, 생이가래 등

	1년생	2년생	다년생
밭잡초	바랭이, 강아지풀, 미국개기장, 돌피, 참방동사니, 금방동사니, 개비름, 명아주, 여뀌, 쇠비름, 깨풀 등	뚝새풀, 냉이, 꽃다지, 속속이풀, 망초, 개망초, 개갓냉이, 별꽃 등	참새피, 띠, 향부자, 쑥, 씀바귀, 민들레, 쇠뜨기, 메꽃, 토끼풀 등

② 잡초의 특성
- ㉠ 잡초는 번식력이 왕성하고 이용 가치가 적다.
- ㉡ 잡초는 불량한 환경 조건에서도 적응력이 뛰어나 잘 자란다.
- ㉢ 잡초의 종자는 바람, 물, 동물에 의해 먼 거리까지 이동이 가능하도록 진화되었으며(공간적 전파) 휴면을 통해 오랜 기간 발아력을 유지할 수 있다(시간적 전파).
- ㉣ 잡초는 발아와 초기 생육이 빨라 공간 점유 능력이 크다.

③ 잡초의 이로운 작용과 해로운 작용
- ㉠ 이로운 작용
  - 토양침식의 방지
  - 잡초의 자원식물화(사료작물, 구황식물, 약료식물 등)
  - 내성식물 육성을 위한 유전자원
  - 토양물리환경 개선
- ㉡ 해로운 작용
  - 작물과의 경쟁
  - 유해물질 분비(타감작용)
  - 병충해 전파
  - 품질 저하
  - 가축피해 저하
  - 미관 손상 등

2. 잡초방제 방법 및 기술

① 예방적 · 경종적 방제
- ㉠ 예방적 방제 : 관개 수로, 논두렁 등을 통해 유입되는 것을 막고, 벼 종자에 혼입되거나 퇴비에 섞여 들어오는 것을 예방한다.
  - 경운, 손이나 농기구를 이용
  - 윤작(돌려짓기), 피복재배, 재식밀도 조절
  - 열을 이용하여 소각
  - 천적, 미생물의 이용
- ㉡ 경종적 방제 : 잡초의 생육 조건을 불리하게 하여 작물과 잡초와의 경합에서 작물이 이기도록 하는 재배법으로 윤작, 이앙 시기, 재식밀도, 시비법 등의 효율화를 높인다.

② 물리적 방제 : 물리적인 힘을 가해 잡초를 억제 · 사멸시키는 방법으로 경운, 정지, 피복, 예취, 심수관개, 화염 제초 등이 있다.

③ 생물적 방제
- ㉠ 동물의 이용
  - 오리농법
    - 이앙 다음 날 분양 받아 2주 정도 길러서 25~30마리/10a 방사한다.
    - 써레질의 효과 : 온몸으로 논바닥을 헤집고 다녀 탁수, 중경의 효과
    - 배설물로 인한 유기질 비료의 효과
    - 잡초 및 해충 경감
  - 왕우렁이농법
    - 이앙 후 7일경 종자 우렁이를 넣어준다.
    - 모포기가 물속에 잠기지 않을 정도로 논에 물을 깊게 대준다.
    - 잡초 및 해충 방제, 농약 사용 절감(토양 및 수질오염 방지)
- ㉡ 미생물 제초제 : 미생물에 병원성을 부여하여 잡초가 방제되는 원리로 일정한 시기에 대량으로 병원균을 투입하여 잡초를 방제
- ㉢ 대립 작용(Allelopathy) : 한 식물종의 화학물질 방출이 가깝게 있는 다른 종의 발아나 생육에 영향을 미치는 것을 잡초 방제 수단으로 이용

④ 종합적 방제법(IWM ; Integrated Weed Management) : 친환경 농업에서 여러 방제법 중 두 가지 이상을 병합하여 사용하는 잡초 방제법이다.

05　유기재배 병충해관리

1. 경종적 방제법

① 병 발생의 3요소(병의 삼각형)

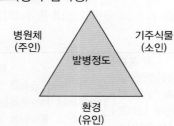

　　병원체　　　　　　　　　기주식물
　　(주인)　　　　　　　　　(소인)
　　　　　　　발병정도
　　　　　　　　환경
　　　　　　　　(유인)

② 경종적 방제법의 특징

　　㉠ 합성농약을 쓸 수 없기 때문에 재배적인 방법에 의해 병해충을 방제하는 것으로 경종적 방제법이 우선되어야 한다(작물의 생태적특성 이용).

　　㉡ 경종적 방제법 : 토지 선정, 내병성·내충성 품종 선택, 종자 선택, 윤작, 재배양식의 변경, 혼식, 생육시기의 조절, 시비법의 개선, 청결한 관리, 수확물의 건조, 중간기주식물 제거

③ 경종적 방제법의 예

　　㉠ 품종의 선택 : 병해충 저항성이 높은 품종을 선택

　　㉡ 돌려짓기 : 해충의 밀도를 크게 낮추어 토양 전염병을 경감

　　㉢ 시비법 개선 : 최적 시비는 작물체의 건강성을 향상시켜 병해충에 대한 저항성 향상

　　㉣ 생육기의 조절 : 밀의 수확기를 당기면 녹병의 피해 감소

　　㉤ 병해충의 월동처 제거 : 볏짚, 그루터기, 잡초 등

2. 병충해 예방의 기계적·물리적·생물학적 방법

① 기계적 방법

병해의 예방	충해의 예방
• 청 결 • 휴 경 • 조기 수확 • 침 수 • 유기퇴비처리 • 감염 식물체 제거 • 정식시기 조절	• 포살 : 맨손이나 기구를 이용하는 해충 방제법 • 밴딩법 : 거적을 만들어 은신처에 모아 불에 태워 죽이는 방제법 • 유살 : 유아등을 이용하여 이화명나방 등을 유인하여 포살

② 충해의 물리적 예방

병해의 예방	충해의 예방
• 열처리 • 태양열 소독 • 밀기울 소독법 • 스팀처리(온탕침법, 전기 처리, 마이크로웨이브 등) • 객토 • 토양 건조 • 토양 깊이갈이	• 차단막을 이용한 격리 • 침 수 • 정식시기 조절 • 온도조절 • 봉지 씌우기

③ 충해의 생물적 예방 : 병해충을 방제하기 위하여 생물적 요인을 도입하는 것

병해의 예방	충해의 예방
원예작물에서 문제시되는 진딧물, 온실가루이, 잎굴파리류 등을 방제하기 위한 천적	해충의 알이나 유충에 기생하는 기생성 천적 • 기생벌(맵시벌·고치벌·수중다리좀벌·혹벌·애배벌) • 기생파리(침파리·왕눈등에) • 기생선충 등

　　㉠ 병들어 죽게 하는 병원성 미생물 천적 : 곤충병원성 세균, 바이러스, 사상균

　　㉡ 해충을 잡아먹는 포식성 천적 : 풀잠자리, 무당벌레, 긴털이리응애, 칠레이리응애, 팔라시스이리응애, 꽃등애, 포식성노린재, 진디혹파리, 황색다리침파리 등

　　※ 해충의 천적

　　　• 나방 – 쌀좀알벌, 곤충기생선충

　　　• 진딧물 – 진디혹파리, 무당벌레, 풀잠자리

　　　• 목화진딧물, 복숭아혹진딧물 – 콜레마니진디벌, 뱅커플랜트

　　　• 온실가루이 – 온실가루이좀벌, 카탈리네무당벌레

　　　• 점박이응애 – 칠레이리응애

　　　• 잎응애류 – 응애혹파리

　　　• 총채벌레 – 남방애꽃노린재, 오이이리응애

　　　• 잎굴파리 – 잎굴파리고치벌, 굴파리좀벌

　　　• 가루깍지벌레 – 가루깍지좀벌

　　　• 작은뿌리파리 – 마일즈응애

　　※ 작물재배에서 천적의 효과를 높이기 위한 방법

　　　• 무병·무충의 종묘를 사용한다.

　　　• 외부 해충의 내부 침입을 막아 준다.

　　　• 천적은 가급적 초기에 투입한다.

　　　• 천적의 활동에 적합한 환경을 조성한다.

3. 병충해 증상 및 진단

① 해충의 종류

　　㉠ 작물에 피해를 주는 곤충 목 : 총채벌레목, 나비목, 파리목, 메뚜기목, 노린재목, 매미목, 딱정벌레목

　　㉡ 작물에 피해를 가장 많이 주는 해충의 종류는 매미목이고, 곤충 중에서 종의 수가 가장 많은 목은 딱정벌레목이다.

② 재배환경의 모니터링을 통한 조기 진단(예찰 방법)

　　㉠ 육안 조사 : 돋보기 등 예찰에 필요한 도구를 사전에 준비하여 발생 빈도가 높은 출입구 주변, 측창 주변 등의 지점부터 조사하며 예찰 도중 해충이 발견되면 색깔 있는 노끈 등을 이용하여 표시한다.

　　㉡ 끈끈이 트랩 : 끈끈이 트랩을 이용 아메리카잎굴파리, 작은뿌리파리, 온실가루이, 진딧물 유시충, 총채벌레류를 예찰 할 수 있으며 가장 발생 빈도가 높은 구역에 10~20m 간격으로 설치한다.

　　㉢ 유아등 : 밤에 활동하는 나방류나 노랜지 등을 불빛에 유인하여 방제할 수 있다.

　　㉣ 페로몬 트랩 : 해충의 암컷이 교미를 위해 발산하는 성페로몬을 인공적으로 합성하여 교미를 교란시키는 방법으로, 포장에서 해충의 발생량, 시기, 방제 적기를 예측할 수 있다.

4. 병충해 방제의 기계적·물리적·생물학적 방법

① 기계적, 물리적 방법의 해충 방제

　　㉠ 물리적 방제란 물리적 힘이나 장치를 이용하여 해충을 직접적으로 제거하거나 억제하는 방법이다.

　　㉡ 과실 봉지 씌우기, 나방 유충의 포살, 유아등 설치, 비가림 시설, 울타리, 방충(조)망 등 설치, 빛·소리 등 기계적 통제, 은백색 필름·자외선 차단 필름 멀칭, 유황훈증기 사용, 열처리, 저온처리, 병든 잎의 소각, 전지 및 전정, 수술적 치료, 유기퇴비, 유기적 방제제 이용

② 생물학적 해충 방제

　㉠ 해충을 제어하기 위해 해충의 천적, 기생자, 병원균 등을 이용하여 해충의 개체 수를 조절하는 방식이다.

　㉡ 생물학적 방제법

　　• 동물 : 오리, 우렁이, 참게, 새우, 달팽이 등

　　• 미생물(Bt제) : 사상균, 세균, 방선균 등

　　• 천적 : 기생성 곤충, 포식성 곤충 등

　　　– 기생성 곤충 : 침파리, 고치벌, 맵시벌, 꼬마벌 등

　　　– 포식성 곤충 : 풀잠자리, 꽃등에, 뒷박벌레, 딱정벌레, 팔라시스이리응애, 무당벌레 등

　※ 화학적 방제 : 살균제, 살충제, 유인제, 기피제, 화학불임제

　※ IPM(병해충 종합관리) : 경종적방제 + 물리적방제 + 화학적 방제 + 생물적방제를 종합하여 경제적 피해수준 이하로 줄이는 병해충관리법

　※ 농약의 조건

　　• 소량으로 확실한 약효와 인축에 대한 독성이 낮아야 한다.

　　• 농작물에 대한 약해가 없어야 한다.

　　• 변질되지 않아야 한다.

　　• 사용법이 간단해야 한다.

　　• 농약값이 저렴해야 한다.

06 유기재배 수확관리

1. 수확시기 결정

① 수확시기 결정 시 고려사항

　㉠ 유기농산물의 수확시기는 작물의 상태와 저장 여부, 유통 환경, 기상 여건 등을 고려하여 결정한다.

　㉡ 원예작물의 수확시기는 빛깔과 크기와 같은 외관과 당도 등 작물의 상태와 관계된 요인에 따라 정한다.

　　• 시기별 간이 검사 : 당도 검사를 통한 결정

　　• 재배 이력에 따른 결정 : 파종 또는 수정 후 일자에 따른 결정

　　• 감각에 의한 판단 : 크기와 모양, 외관과 색상, 표면 형태 등에 따라 주로 시각에 의한 판단

② 수확시기의 결정 방법

　㉠ 적숙 일수에 의한 성숙도 결정 : 만개기 또는 착과기에 따른 수확시기에 이르기까지 경과 일수에 따라 수확시기를 결정

　㉡ 당도 및 맛 측정에 의한 성숙도 결정 : 품종 특성에 알맞은 당도가 되었을 때 수확

　㉢ 착색에 의한 성숙도 결정 : 고유의 색깔이 날 때를 적숙기로 판정

　　※ 따뜻한 지역에서는 착색보다 과실 내부 성숙이 빠르고, 서늘한 지역에서는 내부 성숙보다 착색이 빠르다. 저지대나 기상이 좋지 않은 곳은 착색이 지연되고 성숙이 늦어진다.

　㉣ 결구 정도에 의한 수확 적기 결정 : 배추는 파종 후 일수, 결구의 단단한 상태와 결구 정도를 갖고 판정

　㉤ 그 외 전분의 요오드 반응(청색), 밀 증상, 종자색 변화(백색 → 갈색) 등

③ 수확시간

　㉠ 과일과 채소는 수확 시 품온이 낮은 것이 수확 후에 호흡열 상승을 억제하는 데 좋다.

　㉡ 품온 상승을 억제하기 위하여 새벽 또는 오전 이른 시간에 수확하는 것이 좋다.

2. 저장 방법 및 환경관리

① 수확 후 생리 작용

　㉠ 호흡 작용 : 수확 후 호흡급등현상(수확하는 과정에서 호흡이 급격히 증가하는 현상)이 나타나기도 한다.

호흡급등형	바나나, 토마토, 멜론, 수박, 사과, 복숭아, 감, 자두, 키위, 망고, 배, 참다래, 아보카도, 살구, 파파야 등
비호흡급등형	고추, 가지, 오이, 딸기, 호박, 감귤, 포도, 오렌지, 파인애플, 동양배, 레몬 등

　㉡ 증산 작용

　　• 수분손실로 중량이 감소하고, 품질이 저하된다.

　　• 온도가 높을수록, 상대습도가 낮을수록, 공기 유동량이 많을수록, 표면적이 넓을수록, 큐티클층이 얇을수록 증산 속도가 빠르다.

　㉢ 에틸렌(Ethylene)

　　• 숙성과정에서 발생하는 에틸렌은 과실의 성숙과 착색, 채소의 노화를 촉진하며 생리장해와 특이성분을 유발시킨다.

　　• 호흡급등형 작물은 호흡급등기에 에틸렌 생성이 증가되어 급속히 후숙된다.

　　• 에틸렌은 과육의 연화, 후숙 등을 유발한다.

② 유기농산물 저장의 전처리

　㉠ 예랭

　　• 수확한 직후부터 수일간 서늘한 곳에 보관하여 작물을 식히는 것으로, 청과물의 저장성과 운송기간의 품질을 유지하는 효과를 증대시키고 증산과 부패를 억제하며 신선도를 유지해 준다.

　　• 예랭 방법의 종류에는 공기 냉각, 진공 냉각, 냉수 냉각, 얼음 냉각 등이 있다.

　㉡ 예건 : 수확 후 저장하기 전에 체내의 수분을 어느 정도까지 감소시키면서 적당 수준으로 말리는 것(곡물, 양파, 마늘 등).

　㉢ 큐어링(Curing)

　　• 수확물의 상처에 코르크층을 발달시켜 병균의 침입을 막아 중량감소와 저장 중 부패 방지케 하는 조치

　　• 수확 상처가 많은 감자와 고구마, 줄기 부위가 제대로 아물지 않아 병원균 침입이 쉬운 양파와 마늘은 저장 전에 큐어링을 실시한다.

③ 유기농산물의 저장 방법

　㉠ 일반 저장 : 움저장(땅속에 농산물저장), 지하저장(생강, 고구마 등을 땅속의 토굴에 저장)

　㉡ 저온 저장 : 농산물의 저온 유지로 저장·유통 중 결로 현상 방지

　㉢ MA/CA 저장

　　• MA(Modified Atmosphere) 저장 : 특정 온도에서 농산물의 호흡률과 포장필름(Film)의 적절한 투과성에 의해 포장 내부의 가스 조성이 적절하게 유지되도록 하여 농산물을 신선하게 보관하는 방법

- CA(Controlled Atmosphere) 저장
  - 과실 저장 방법 중 가장 이상적인 호흡을 하도록 저장고 내의 온도 · 습도 공기 조성 등을 인위적으로 자동 통제하는 저장 방식이다.
  - 대기 중의 산소를 낮추어 주고 이산화탄소를 높여 주어 채소를 저장하는 방법으로, 품질유지기간 연장, 과육의 연화 지연, 생리작용이 억제되어 맛과 향이 유지된다.
  - 조성조건 : 산소 3%, 이산화탄소 2~5%, 습도 85~90%, 온도 0~3℃이다.

④ 유기농산물 저장 시 주의사항
  ㉠ 다른 농산물과 혼합해서 저장하지 않는다.
  ㉡ 저장 용기 등에 유기농산물임을 표시하여 구분할 수 있도록 한다.
  ㉢ 농산물 작업장은 식품위생법령의 업종별 시설 기준에 적합하고, 유기농산물은 법령에서 규정한 취급자 인증기준을 준수하여야 하며, 입고 및 출고 내역을 기록 관리해야 한다.
  ㉣ 유기농산물은 인증품의 저장 · 유통 취급 과정에서 비인증품과 구분하여 관리하여야 한다.
  ※ 유기농산물의 인증품에는 로트 번호, 표준 바코드 또는 전자 태그로 표시한다.

⑤ 저온저장 중에 일어나는 식품의 품질변화
  ㉠ 생물학적 변화 : 선도 저하, 저온장해, 미생물의 번식, 효소의 작용
  ㉡ 물리적 변화 : 수분의 증발, 얼음결정의 생성과 조직의 손상, 유화 상태의 파괴, 조직의 변화, 노화, 단백질의 변성
  ㉢ 화학적 변화 : 지질의 변화, 색과 향미의 변화, 비타민의 감소
  ※ 안전저장조건(온도와 상대습도)

명 칭	온 도	상대습도
쌀	15℃	약 70%
고구마	13~15℃	85~90%
식용감자	3~4℃	85~90%
과 실	0~4℃	80~85%

3. 유기농산물 선별 포장

① 농산물 선별을 위한 상품화의 주요 단계
  ㉠ 등급화
    • 등급화는 모든 사람이 객관적으로 인정할 수 있는 기준이다.
    • 유기농산물에 대한 등급 규정은 국립농산물품질관리원에서 '농산물 표준규격'을 지정하고 있다.
  ㉡ 규격화, 표준화
    • 상품의 규격화 혹은 표준화는 거래 시 판단을 용이하게 하여 시장 유통 질서를 바로잡고 품질, 가격에 대한 생산자, 소비자, 유통업자 간의 분쟁을 해결시키는 기능을 발휘한다.
    • 선별은 객관적으로 정해진 등급규격에 맞추어 상품을 구분하는 작업이다. 선별이 잘된 상품일수록 시장에서 인정을 받고 높은 가격을 받을 수 있다.

② 농산물 선별기준
  ㉠ 유기농 재배를 통한 친환경농산물의 품질에 대한 선별 기준이 따로 없고, 현재 농산물의 등급이나 표준화된 기준인 국립농산물품질관리원의 '농산물 표준규격'은 농수산물 품질관리법에 규정되어 있다.

㉡ 농산물 표준규격의 구성

등급규격	고르기, 형태, 크기, 결점 등 품질 구분에 필요한 항목을 설정하여 특, 상, 보통으로 구분
포장규격	물류표준화에 적합하도록 거래단위, 포장 치수, 포장재료, 포장방법, 포장설계, 표시 사항을 규정

㉢ 농산물 표준규격의 내용

등급규격	선별 상태, 색택, 모양, 당도, 결점 등에 의해 특, 상, 보통의 3단계로 구분
크기 구분	무게, 직경, 길이를 계량 기준으로 L, M, S 등의 5~10단계로 구분

㉣ 포장재의 겉면에 포장규격 및 표시 사항
  • 의무 표시 : "표준규격품" 문구, 품목, 산지, 품종, 등급, 무게 또는 개수, 생산자 또는 생산자 단체(판매자)의 명칭 및 전화번호, 식품 안전 문구(세척 또는 가열), 생산 연도(곡류만 해당)
  • 권장 표시 : 당도 및 산도, 크기 구분에 따른 호칭 또는 개수, 포장 치수 및 포장재 중량, 영양성분

③ 농산물 포장
  ㉠ 포장재의 선택의 기준
    • 유기농산물의 포장재는 식품위생법과 관련된 규정에 적합하면서 가급적 생물 분해성 자재나 재생이 가능한 자재로 제작된 것을 사용한다.
    • 포장재가 갖추어야 할 조건으로는 위생적으로 안전해야 하고 내용물을 물리적 충격으로부터 보호하며 부패를 방지하는 기능을 가져야 한다.
    • 포장재는 내용물과 반응하여 유해한 물질이 생기지 않는 재질이면서, 사용이 쉽고 경제적이며 포장 작업이 쉽게 이루어지는 재질이어야 한다.
  ㉡ 농산물 포장의 목적
    • 선도 유지와 물리적 충격으로부터 보호
    • 병충해나 미생물 등에 의한 오염방지
    • 광선, 외부의 급격한 온도 변화 및 습도로부터 차단시켜 변질 예방
    • 판매 촉진과 상품 정보 전달
    • 소비자의 구매욕을 증대
  ㉢ 포장 방법에는 낱포장, 속포장, 겉포장으로 구분할 수 있고, 포장재로는 골판지 상자, 플라스틱 용기(상자), 플라스틱 파우치, 박스 테이프, 포장 끈 등 다양한 종류가 사용되고 있다.
  ㉣ 농산물 선별 및 포장 기기
    • 선별 기기 : 무게나 크기에 따라 선별하는 방식과 당도나 결점 등을 영상이나 NIR 측정하는 비파괴 방식 등이 있다.
    • 기계식 선별기는 농촌진흥청의 선별 능력 평가를 통과한 제품을 이용하여야 하며, 형식 검사(기기의 구조, 성능, 조작의 난이도, 안전성 등) 및 사후 성능 검사를 받았는지 확인한다.
    • 포장 기기 : 제함, 봉함, 팰리타이징, 랩핑, 소포장 등 포장에 필요한 설비가 필요하다.

4. 인증기준 및 표시

① 유기농산물 및 유기임산물 인증기준(농림축산식품부 소관 친환경농어업 육성 및 유기식품 등의 관리·지원에 관한 법률 시행규칙 [별표 4])

ⓐ 일 반
- 경영 관련 자료를 기록·보관하고, 국립농산물품질관리원장 또는 인증기관이 열람을 요구할 때에는 이에 응할 것
- 신청인이 생산자 단체인 경우에는 생산관리자를 지정하여 소속 농가에 대해 교육 및 예비심사 등을 실시하도록 할 것
- 다음의 표에서 정하는 바에 따라 친환경농업에 관한 교육을 이수할 것. 다만, 인증사업자가 5년 이상 인증을 유지하는 등 인증사업자가 국립농산물품질관리원장이 정하여 고시하는 경우에 해당하는 경우에는 교육을 4년마다 1회 이수할 수 있다.

과정명	친환경농업 기본 교육
교육주기	2년마다 1회
교육시간	2시간 이상
교육기관	국립농산물품질관리원장이 정하는 교육기관

ⓑ 재배포장·용수·종자
- 재배포장은 최근 1년간 인증취소 처분을 받지 않은 재배지로서, 토양환경보전법 시행규칙에 따른 토양오염우려기준을 초과하지 않으며, 주변으로부터 오염 우려가 없거나 오염을 방지할 수 있을 것
- 작물별로 국립농산물품질관리원장이 정하여 고시하는 전환기간(최소재배기간) 이상을 유기재배 방법에 따라 재배할 것
- 재배용수는 환경정책기본법 시행령에 따른 농업용수 이상의 수질 기준에 적합해야 하며, 농산물의 세척 등에 사용되는 용수는 먹는 물 수질 기준 및 검사 등에 관한 규칙에 따른 먹는 물의 수질 기준에 적합할 것
- 종자는 최소한 1세대 이상 아래의 재배 방법에 따라 재배된 것을 사용하며, 유전자변형농산물인 종자는 사용하지 않을 것

ⓒ 재배 방법
- 화학비료, 합성농약 또는 합성농약 성분이 함유된 자재를 사용하지 않을 것
- 장기간의 적절한 돌려짓기(윤작)를 실시할 것
- 가축분뇨를 원료로 하는 퇴비·액비는 유기축산물 또는 무항생제축산물 인증 농장, 경축순환농법 등 친환경 농법으로 가축을 사육하는 농장 또는 동물보호법에 따라 동물 복지 축산농장으로 인증을 받은 농장에서 유래한 것만 완전히 부숙하여 사용하고, 비료관리법에 따른 공정 규격 설정 등의 고시에서 정한 가축분뇨 발효액의 기준에 적합할 것
- 병해충 및 잡초는 유기농업에 적합한 방법으로 방제·관리할 것

ⓓ 생산물의 품질관리 등
- 유기농산물·유기임산물의 수확·저장·포장·수송 등의 취급과정에서 유기적 순수성이 유지되도록 관리할 것
- 합성농약 또는 합성농약 성분이 함유된 자재를 사용하지 않으며, 합성농약 성분은 식품위생법에 따라 식품의약품안전처장이 고시한 농약 잔류허용기준의 20분의 1 이하이어야 하고, 같은 고시에서 잔류허용기준을 정하지 않은 경우에는 0.01mg/kg 이하일 것

- 수확 및 수확 후 관리를 수행하는 모든 작업자는 품목의 특성에 따라 적절한 위생조치를 할 것
- 수확 후 관리시설에서 사용하는 도구와 설비를 위생적으로 관리할 것
- 인증품에 인증품이 아닌 제품을 혼합하거나 인증품이 아닌 제품을 인증품으로 판매하지 않을 것

ⓔ 그 밖의 사항
- 토양을 기반으로 하지 않는 농산물·임산물은 수분 외에는 어떠한 외부 투입 물질도 사용하지 않을 것
- 식물공장에서 생산된 농산물·임산물이 아닐 것
- 농장에서 발생한 환경오염물질 또는 병해충 및 잡초 관리를 위해 인위적으로 투입한 동식물이 주변 농경지·하천·호수 또는 농업용수 등을 오염시키지 않도록 관리할 것

② 유기식품 등의 유기표시 기준(농림축산식품부 소관 친환경농어업 육성 및 유기식품 등의 관리·지원에 관한 법률 시행규칙 [별표 6])

ⓐ 유기표시 도형
- 유기농산물, 유기축산물, 유기임산물, 유기가공식품 및 비식용유기가공품에 다음의 도형을 표시하되, [별표 4]에 따른 유기 70%로 표시하는 제품에는 다음의 유기표시 도형을 사용할 수 없다.

인증번호 :   Certification Number :

- ①의 ⓐ의 표시 도형 내부의 '유기'의 글자는 품목에 따라 '유기식품', '유기농', '유기농산물', '유기축산물', '유기가공식품', '유기사료', '비식용유기가공품'으로 표기할 수 있다.
- 작도법
  - 도형 표시방법
    ⓐ 표시 도형의 가로 길이(사각형의 왼쪽 끝과 오른쪽 끝의 폭 : W)를 기준으로 세로길이는 0.95 × W의 비율로 한다.
    ⓑ 표시 도형의 흰색 모양과 바깥 테두리(좌우 및 상단부 부분으로 한정)의 간격은 0.1 × W로 한다.
    ⓒ 표시 도형의 흰색 모양 하단부 왼쪽 태극의 시작점은 상단부에서 0.55 × W 아래가 되는 지점으로 하고, 오른쪽 태극의 끝점은 상단부에서 0.75 × W 아래가 되는 지점으로 한다.
  - 표시 도형의 국문 및 영문 모두 활자체는 고딕체로 하고, 글자 크기는 표시 도형의 크기에 따라 조정한다.
  - 표시 도형의 색상은 녹색을 기본 색상으로 하되, 포장재의 색깔 등을 고려하여 파란색, 빨간색 또는 검은색으로 할 수 있다.
  - 표시 도형 내부에 적힌 '유기', '(ORGANIC)', 'ORGANIC'의 글자 색상은 표시 도형 색상과 같게 하고, 하단의 '농림축산식품부'와 'MAFRA KOREA'의 글자는 흰색으로 한다.

- 배색 비율은 녹색 C80+Y100, 파란색 C100+M70, 빨간색 M100+Y100+K10, 검은색 C20+K100으로 한다.
- 표시 도형의 크기는 포장재의 크기에 따라 조정할 수 있다.
- 표시 도형의 위치는 포장재 주 표시면의 옆면에 표시하되, 포장재 구조상 옆면 표시가 어려운 경우에는 표시 위치를 변경할 수 있다.
- 표시 도형 밑 또는 좌우 옆면에 인증번호를 표시한다.
ⓒ 유기표시 글자

구 분	표시 글자
유기농축산물	• 유기, 유기농산물, 유기축산물, 유기임산물, 유기식품, 유기재배농산물 또는 유기농 • 유기재배○○(○○은 농산물의 일반적 명칭), 유기축산○○, 유기○○ 또는 유기농○○
유기가공식품	• 유기가공식품, 유기농 또는 유기식품 • 유기농○○ 또는 유기○○
비식용 유기가공품	• 유기사료 또는 유기농 사료 • 유기농○○ 또는 유기○○(○○은 사료의 일반적 명칭). 다만, '식품'이 들어가는 단어는 사용할 수 없다.

ⓒ 유기가공식품·비식용유기가공품 중 [별표 4]에 따라 비유기원료를 사용한 제품의 표시기준
- 원재료명 표시란에 유기농축산물의 총함량 또는 원료·재료별 함량을 백분율(%)로 표시한다.
- 비유기원료를 제품 명칭으로 사용할 수 없다.
- 유기 70%로 표시하는 제품은 주 표시면에 '유기 70%' 또는 이와 같은 의미의 문구를 소비자가 알아보기 쉽게 표시해야 하며, 이 경우 제품명 또는 제품명의 일부에 유기 또는 이와 같은 의미의 글자를 표시할 수 없다.
ⓒ ㉠부터 ㉢까지의 규정에 따른 유기표시의 표시방법 및 세부 표시사항 등은 국립농산물품질관리원장이 정하여 고시한다.

5. 적정 유통경로
① 농산물의 일반적인 유통경로 : 수집 - 중계 - 분산
생산자 → 산지시장 → 도매시장 → 중간 도매상(상인 도매상, 대리점, 브로커, 제조업자 도매상) → 소매상 → 소비자
② 유기농산물의 유통경로
㉠ 생산자와 소비자의 직거래 유통
㉡ 생산자와 소비자의 제휴·신뢰관계를 토대로 한 유통 : 한 살림, 두레 등 생협
㉢ 전문 유통사업체를 통한 유통 : 옥산농산, 학사농장, 오르빌, 유기농업협회 유통본부, 친환경농산물 도매시장 등
㉣ 백화점, 할인점 등 대형 유통업체를 통한 유통
㉤ 전문 판매점을 통한 유통 : 초록마을, 두레마을, 올가홀푸드, 다연드림, 유기농신시 등
㉥ 농협 하나로클럽을 통한 유통
㉦ 인터넷쇼핑몰을 통한 유통
㉧ 학교급식 등 공공급식을 통한 유통

07 유기재배 농자재 제조관리

1. 유기농산물 및 유기임산물의 토양개량과 작물생육을 위해 사용 가능한 물질(농림축산식품부 소관 친환경농어업 육성 및 유기식품 등의 관리·지원에 관한 법률 시행규칙 [별표 1])

사용 가능 물질	사용 가능 조건
• 농장 및 가금류의 퇴구비 [堆廐肥 : 볏짚, 낙엽 등 부산물을 부숙(썩혀서 익히는 것)하여 만든 퇴비와 축사에서 나오는 두엄] • 퇴비화된 가축배설물 • 건조된 농장 퇴구비 및 탈수한 가금류의 퇴구비 • 가축분뇨를 발효시킨 액상의 물질	• 국립농산물품질관리원장이 정하여 고시하는 유기농산물 및 유기임산물 인증기준의 재배방법 중 가축분뇨를 원료로 하는 퇴비·액비의 기준에 적합할 것 • 사용 가능 물질 중 가축분뇨를 발효시킨 액상의 물질은 유기축산물 또는 무항생제축산물 인증 농장, 경축순환농법(耕畜循環農法 : 친환경농업을 실천하는 자가 경종과 축산을 겸업하면서 각각의 부산물을 작물재배 및 가축사육에 활용하고, 경종작물의 퇴비소요량에 맞게 가축사육 마릿수를 유지하는 형태의 농법) 등 친환경 농법으로 가축을 사육하는 농장 또는 동물보호법에 따른 동물복지축산농장 인증을 받은 농장에서 유래한 것만 사용하고, 비료관리법에 따른 공정규격 설정 등의 고시에서 정한 가축분뇨발효액의 기준에 적합할 것
식물 또는 식물 잔류물로 만든 퇴비	충분히 부숙된 것일 것
버섯재배 및 지렁이 양식에서 생긴 퇴비	버섯재배 및 지렁이 양식에 사용되는 자재는 이 표에서 사용 가능한 것으로 규정된 물질만을 사용할 것
지렁이 또는 곤충으로부터 온 부식토	부식토의 생성에 사용되는 지렁이 및 곤충의 먹이는 이 표에서 사용 가능한 것으로 규정된 물질만을 사용할 것
식품 및 섬유공장의 유기적 부산물	합성첨가물이 포함되어 있지 않을 것
유기농장 부산물로 만든 비료	화학물질의 첨가나 화학적 제조공정을 거치지 않을 것
혈분·육분·골분·깃털분 등 도축장과 수산물 가공공장에서 나온 동물부산물	화학물질의 첨가나 화학적 제조공정을 거치지 않아야 하고, 항생물질이 검출되지 않을 것
대두박(콩에서 기름을 짜고 남은 찌꺼기), 쌀겨 유박(油粕 : 식물성 원료에서 원하는 물질을 짜고 남은 찌꺼기), 깻묵 등 식물성 유박류	• 유전자를 변형한 물질이 포함되지 않을 것 • 최종제품에 화학물질이 남지 않을 것 • 아주까리 및 아주까리 유박을 사용한 자재는 비료관리법에 따른 공정규격설정 등의 고시에서 정한 리친(Ricin)의 유해성분 최대량을 초과하지 않을 것
제당산업의 부산물[당밀, 비나스(Vinasse : 사탕수수나 사탕무에서 알코올을 생산한 후 남은 찌꺼기), 식품등급의 설탕, 포도당을 포함]	유해 화학물질로 처리되지 않을 것
유기농업에서 유래한 재료를 가공하는 산업의 부산물	합성첨가물이 포함되어 있지 않을 것
오 줌	충분한 발효와 희석을 거쳐 사용할 것
사람의 배설물(오줌만인 경우는 제외)	• 완전히 발효되어 부숙된 것일 것 • 고온발효 : 50℃ 이상에서 7일 이상 발효된 것 • 저온발효 : 6개월 이상 발효된 것일 것 • 엽채류 등 농산물·임산물 중 사람이 직접 먹는 부위에는 사용하지 않을 것

사용 가능 물질	사용 가능 조건
벌레 등 자연적으로 생긴 유기체	
구아노(Guano : 바닷새, 박쥐 등의 배설물)	화학물질 첨가나 화학적 제조공정을 거치지 않을 것
짚, 왕겨, 쌀겨 및 산야초	비료화하여 사용할 경우에는 화학물질 첨가나 화학적 제조공정을 거치지 않을 것
• 톱밥, 나무껍질 및 목재 부스러기 • 나무 숯 및 나뭇재	원목상태 그대로이거나 원목을 기계적으로 가공·처리한 상태의 것으로서 가공·처리 과정에서 페인트·기름·방부제 등이 묻지 않은 폐목재 또는 그 목재의 부산물을 원료로 하여 생산한 것일 것
• 황산칼륨, 랑베나이트(해수의 증발로 생성된 암염) 또는 광물염 • 석회소다 염화물 • 석회질 마그네슘 암석 • 마그네슘 암석 • 사리염(황산마그네슘) 및 천연석고(황산칼슘) • 석회석 등 자연에서 유래한 탄산칼슘 • 점토광물(벤토나이트·펄라이트·제올라이트·일라이트 등) • 질석(Vermiculite : 풍화한 흑운모) • 붕소·철·망가니즈·구리·몰리브덴 및 아연 등 미량원소	• 천연에서 유래하고, 단순 물리적으로 가공한 것일 것 • 사람의 건강 또는 농업환경에 위해(危害)요소로 작용하는 광물질(예 석면광, 수은광 등)은 사용하지 않을 것
칼륨암석 및 채굴된 칼륨염	천연에서 유래하고 단순 물리적으로 가공한 것으로 염소함량이 60% 미만일 것
천연 인광석 및 인산알루미늄칼슘	천연에서 유래하고 단순 물리적 공정으로 가공된 것이어야 하며, 인을 오산화인(P_2O_5)으로 환산하여 1kg 중 카드뮴이 90mg/kg 이하일 것
자연암석분말·분쇄석 또는 그 용액	• 화학물질의 첨가나 화학적 제조공정을 거치지 않을 것 • 사람의 건강 또는 농업환경에 위해요소로 작용하는 광물질이 포함된 암석은 사용하지 않을 것
광물을 제련하고 남은 찌꺼기 [광재(鑛滓) : 베이직 슬래그]	광물의 제련과정에서 나온 것으로서 화학물질이 포함되지 않을 것(예 제조 시 화학물질이 포함되지 않은 규산질 비료)
염화나트륨(소금) 및 해수	• 염화나트륨(소금)은 채굴한 암염 및 천일염(잔류농약이 검출되지 않아야 함)일 것 • 해수는 다음 조건에 따라 사용할 것 – 천연에서 유래할 것 – 엽면시비용(葉面施肥用)으로 사용할 것 – 토양에 염류가 쌓이지 않도록 필요한 최소량만을 사용할 것
목초액	산업표준화법에 따른 한국산업표준의 목초액(KS M 3939)기준에 적합할 것
키토산	국립농산물품질관리원장이 정하여 고시하는 품질규격에 적합할 것
미생물 및 미생물 추출물	미생물의 배양과정이 끝난 후에 화학물질의 첨가나 화학적 제조공정을 거치지 않을 것
이탄(泥炭, Peat), 토탄(土炭, Peat Moss), 토탄 추출물	
해조류, 해조류 추출물, 해조류 퇴적물	
황	

사용 가능 물질	사용 가능 조건
주정 찌꺼기(Stillage) 및 그 추출물(암모니아 주정 찌꺼기는 제외한다)	
클로렐라(담수녹조) 및 그 추출물	클로렐라 배양과정이 끝난 후에 화학물질의 첨가나 화학적 제조공정을 거치지 않을 것

2. 유기농산물 및 유기임산물의 병해충 관리를 위해 사용 가능한 물질(친환경농어업법 법률 시행규칙 별표 1)]

사용 가능 물질	사용 가능 조건
제충국 추출물	제충국(*Chrysanthemum cinerariaefolium*)에서 추출된 천연물질일 것
데리스(Derris) 추출물	데리스(*Derris* spp., *Lonchocarpus* spp. 및 *Tephrosia* spp.)에서 추출된 천연물질일 것
쿠아시아(Quassia) 추출물	쿠아시아(*Quassia amara*)에서 추출된 천연물질일 것
라이아니아(Ryania) 추출물	라이아니아(*Ryania speciosa*)에서 추출된 천연물질일 것
님(Neem) 추출물	님(*Azadirachta indica*)에서 추출된 천연물질일 것
해수 및 천일염	잔류농약이 검출되지 않을 것
젤라틴(Gelatine)	크롬(Cr)처리 등 화학적 제조공정을 거치지 않을 것
난황(卵黃, 계란노른자 포함)	화학물질의 첨가나 화학적 제조공정을 거치지 않을 것
식초 등 천연산	화학물질의 첨가나 화학적 제조공정을 거치지 않을 것
누룩곰팡이속(*Aspergillus* spp.)의 발효 생산물	미생물의 배양과정이 끝난 후에 화학물질의 첨가나 화학적 제조공정을 거치지 않을 것
목초액	산업표준화법에 따른 한국산업표준의 목초액(KS M 3939)기준에 적합할 것
담배잎차(순수 니코틴은 제외한다)	물로 추출한 것일 것
키토산	국립농산물품질관리원장이 정하여 고시하는 품질규격에 적합할 것
밀랍(Beeswax) 및 프로폴리스(Propolis)	
동·식물성 오일	천연유화제로 제조할 경우만 수산화칼륨을 동물성·식물성 오일 사용량 이하로 최소화하여 사용할 것. 이 경우 인증품 생산계획서에 기록·관리하고 사용해야 한다.
해조류·해조류가루·해조류추출액	
인지질(Lecithin)	
카제인(유단백질)	
버섯 추출액	
클로렐라(담수녹조) 및 그 추출물	클로렐라 배양과정이 끝난 후에 화학물질의 첨가나 화학적 제조공정을 거치지 않을 것
천연식물(약초 등)에서 추출한 제재(담배는 제외)	
식물성 퇴비발효 추출액	• 정한 허용물질 중 식물성 원료를 충분히 부숙시킨 퇴비로 제조할 것 • 물로만 추출할 것
구리염, 보르도액, 수산화동, 산염화동, 부르고뉴액	토양에 구리가 축적되지 않도록 필요한 최소량만을 사용할 것
생석회(산화칼슘) 및 소석회(수산화칼슘)	토양에 직접 살포하지 않을 것
석회보르도액 및 석회유황합제	

사용 가능 물질	사용 가능 조건
에틸렌	키위, 바나나와 감의 숙성을 위해 사용할 것
규산염 및 벤토나이트	천연에서 유래하고 단순 물리적으로 가공한 것만 사용할 것
규산나트륨	천연규사와 탄산나트륨을 이용하여 제조한 것일 것
규조토	천연에서 유래하고 단순 물리적으로 가공한 것일 것
맥반석 등 광물질 가루	• 천연에서 유래하고 단순 물리적으로 가공한 것일 것 • 사람의 건강 또는 농업환경에 위해요소로 작용하는 광물질(예 석면광 및 수은광 등)은 사용하지 않을 것
인산철	달팽이 관리용으로만 사용할 것
파라핀 오일	
중탄산나트륨 및 중탄산칼륨	
과망가니즈산칼륨	과수의 병해관리용으로만 사용할 것
황	액상화할 경우에만 수산화나트륨을 황 사용량 이하로 최소화하여 사용할 것. 이 경우 인증품 생산계획서에 기록 · 관리하고 사용해야 한다.
미생물 및 미생물 추출물	미생물의 배양과정이 끝난 후에 화학물질의 첨가나 화학적 제조공정을 거치지 않을 것
천적	생태계 교란종이 아닐 것
성 유인물질(페로몬)	• 작물에 직접 처리하지 않을 것 • 덫에만 사용할 것
메타알데하이드	• 별도 용기에 담아서 사용할 것 • 토양이나 작물에 직접 처리하지 않을 것 • 덫에만 사용할 것
이산화탄소 및 질소가스	과실 창고의 대기 농도 조정용으로만 사용할 것
비누(Potassium Soaps)	
에틸알콜	발효주정일 것
허브식물 및 기피식물	생태계 교란종이 아닐 것
기계유	• 과수농가의 월동 해충 제거용으로만 사용할 것 • 수확기 과실에 직접 사용하지 않을 것
웅성불임곤충	

3. 유기농업자재 종류 및 특징

① 유기농업자재 : 유기농축산물을 생산, 제조 · 가공 또는 취급하는 과정에서 사용할 수 있는 허용물질을 원료 또는 재료로 하여 만든 제품을 말한다.

② 유기농업자재의 사용용도에 따른 구분(유기농업자재 공시기준)

  ㉠ 토양개량용 자재 : 토양에 처리하여 토양의 이화학성을 좋게 하거나 미생물의 활성에 도움을 주어 작물의 생육에 간접적으로 효과를 줄 목적으로 사용되는 자재를 말한다.

  ㉡ 작물생육용 자재 : 작물의 엽면이나 토양에 처리하여 작물의 생육에 효과를 줄 목적으로 사용되는 자재를 말한다.

  ㉢ 토양개량 및 작물생육용 자재 : 토양에 처리하여 토양의 이화학성을 좋게 하거나 작물에 직 · 간접적으로 영양을 공급할 목적으로 사용되는 자재를 말한다.

  ㉣ 병해관리용 자재 : 작물에 발생하는 병을 직 · 간접적으로 관리할 목적으로 사용되는 자재를 말한다.

  ㉤ 충해관리용 자재 : 작물에 발생하는 해충을 직 · 간접적으로 관리할 목적으로 사용되는 자재를 말한다.

  ㉥ 병해충관리용 자재 : 작물에 발생하는 병과 해충을 동시에 직 · 간접적으로 관리할 목적으로 사용되는 자재를 말한다.

③ 주요 유기농업자재 종류 및 특성

  ㉠ 농축산 부산물 : 가축분뇨는 유기 농축산물의 생산 과정에서 발생하는 부산물로 유기축산물 및 무항생제축산물 인증 농장, 경축 순환 농법 농장, 동물복지 축산농장에서 발생하는 부산물로 사용해야 한다. 분해 과정에서 유해 물질이 발생하므로 충분한 퇴비화 과정을 거쳐 완숙된 퇴비 상태로 사용해야 한다. 농 · 축산 부산물, 배설물, 버섯재배와 지렁이 재배 시 나온 퇴비 등이 있다.

  ㉡ 동식물 유제 : 식품에 사용 가능한 원료로 가능하며 대표적인 유제로 식용유가 있다. 이것으로 살충 비누, 난황유 등을 만들어 병해충을 방제한다.

  ㉢ 천연 광물질(자연 암석 분말) : 천연에서 유래한 것으로 단순히 물리적으로 가공한 것이어야 하며 사람의 건강이나 농업환경에 위해한 물질(석면광, 수은광 등)은 사용이 불가하며 황산칼륨, 랑베나이트, 석회질 마그네슘 암석, 사리염(황산마그네슘), 질석, 칼륨 암석, 천연 인광석 등이 있다.

  ㉣ 키토산 : 게나 맛살 제조 공장에서 나오는 부산물로 키틴은 식물의 섬유소와 유사한 구조를 가지며 동물성 식이 섬유이다. 키토산의 pH는 3.5 내외이고 다량 원소 함량은 낮으나 미량원소 중 철 함량이 비교적 많다.

  ㉤ 식초 및 천연산 : 식초는 4~5%의 아세트산을 주성분으로 하는 산성 용액으로 아세트산 외에 유기산 · 아미노산 · 당류 · 에스테르 등이 포함되어 있다.

  ㉥ 석회 : 토양관리용 자재로 석회석 등 자연에서 유래한 탄산칼슘은 사용이 가능하지만 관행농업에서 사용되는 생석회와 소석회는 토양에 직접 사용이 불가하다. 다만, 병해충을 방제하기 위해 사용하는 자재(석회보르도액, 석회 유황액 등)의 원료로 사용이 가능하다.

  ㉦ 미생물

   • 농업 미생물 : 농업 미생물은 생육 촉진(양분 공급, 뿌리활력 증진, 토양개량, 기상재해 저항성 향상), 병 방제(항생물질 분비, 기생, 경합, 병 저항성 유도), 해충 방제(곤충병원성, 살충성 단백질 형성, 기생성 선충 포식), 축산(사료 첨가제, 축산환경 개선)에 활용하는 미생물이다.

   • 농업 미생물 종류 및 특징

바실루스 서브틸리스 (고초균)	• 자연계에 널리 분포하는 세균으로 공기 중, 마른풀, 토양 중에 있다. • 유기물 분해 능력이 높고, 균체 내부에 내생 포자(endospore)를 생성한다. • 내염성이 강하여 메주나 청국장 제조에 이용된다. 단백질이나 전분을 분해하며 끈적끈적한 분해 효소를 분비하여 떼알 구조의 형성을 촉진한다.
유산균	• 20~40℃에서 공기 유무와 상관없이 빠르게 자라 젖산을 생성하여 산도가 저하되면서 병원성 미생물의 증식을 억제한다. • 요구르트, 치즈, 김치, 독일식 김치, 피클, 맥주, 와인, 사일리지, 시큼한 밀가루 반죽, 소똥, 동물의 내장 등에서 분리되며 식품 발효에 주로 활용된다. • 각종 생리 활성 물질, 항균 물질을 생산함으로써 작물의 자기방어 능력을 증가시키고, 가축의 장내에서 미생물 상을 안정화시키는 한편 사료의 효율을 증가시키는 효과를 나타낸다.

광합성균	• 빛을 이용하여 광합성을 하는 미생물로 자연에서는 지렁이 분변토, 해안 침전물, 배설물 등에서 발견된다. • 유기산, 아미노산, 당류 등을 급속히 분해하며, 질소 및 탄산 가스의 이용, 토양의 산성화 방지, 질소 과잉 해소, 염류 장애를 방지한다.
효 모	• 주류, 빵, 장류 제조 등 식품 발효 과정에 활용된다. • 효모는 쌀겨, 밀기울 등 농가 부산물의 발효에서 열을 발생시키는 주요 미생물로 유기물 분해 능력이 뛰어나다. 또한 작물 및 가축 성장에 필수적인 성분인 아미노산 등을 다량으로 생산하여 사료의 기호성을 높여 준다. • 호기성 조건에서 잘 자라며 당을 발효시켜 알코올과 유기산을 생성한다.

④ 액비 원료로 사용되는 유기농업자재

　　㉠ 농산 부산물

유 박	면식·깨·낙화생(땅콩)·해바라기씨·대두 등 유지의 원료가 되는 많은 종자에서 유지를 추출한 나머지를 말하며 깻묵이라고도 한다.
쌀 겨	• 현미에서 백미로 도정하는 과정에서 생기는 과피, 종피, 호분층 등의 분쇄 혼합물로 미강이라고도 한다. • 비타민 A를 비롯해 B_1, B_6, 철분, 인, 미네랄 등 다양한 영양소들이 함유되어 있다.
청 초	• 산과 들에 자생하는 풀들을 청초(산야초)라 부르며 꽃, 줄기, 뿌리 및 열매 등 여러 부위를 한꺼번에 이용할 수 있다. • 청초 속에 여러 가지 영양원을 이용한다.
당 밀	• 설탕을 제조하는 과정에서 만들어지며 제당 과정에서 설탕을 뽑아내고 남는 검은 빛을 띠는 수분 20~30%의 시럽 상의 액체로 주성분은 당분이다. • 당밀은 미생물 발효 시 에너지원으로 사용되며 미생물의 발효를 촉진한다.

　　㉡ 기타 산업 부산물

도축장 부산물	• 골분은 인산과 칼륨이 들어있는 지효성 비료로 다년생 작물에 효과가 높다. • 육분은 도축 과정에서 나오는 조직과 혈액을 건열 처리한 것이다. • 혈분은 가축의 피에 열을 가하여 응고시킨 다음 건조하여 분쇄한 것으로 수용성이어서 액비를 만드는 데 중요한 자원이며 속효성으로 질소 성분이 높다. • 이들은 가공하지 않은 상태로 이용하게 되면 병원균에 의한 오염이 발생할 수 있으므로 액비화 등 가공 과정을 거쳐 사용해야 하며 합성 첨가제나 화학 합성 물질 등으로 처리된 가공 제품은 사용할 수 없다.
수산물가공 부산물	수산가공품 중 원료의 약 40%에 달하는 머리, 내장 등의 생선 부산물로 재료로 사용되는 고등어, 꽁치 등 대부분 생선은 단백질, 인산, 칼슘이 풍부하다.
목초액	• 토양관리와 병해충 관리에 단독 또는 혼용으로 사용되는 자재로 목탄을 제조할 때 발생하는 연기가 연통을 통과할 때 냉각 응축된 액체이다. • 주요 성분은 초산이며(3~7%) pH 3 정도인 산성을 나타낸다. 목초액은 석회 유황합제, 석회 보르도액 등 강알칼리성 약제와는 혼용하여 사용해서는 안 된다.

나무 (숯, 재)	• 원목 상태거나 기계적으로 가공된 것은 사용할 수 있으나, 페인트 방부제 등 화학 처리가 된 것은 사용할 수 없다. • 숯은 다공성으로 보수성, 통기성, 투수성이 높고, 알칼리성 자재로 물리성 개선 등 토양개량에 사용한다. • 톱밥은 탄질비가 500 이상으로 높으며, 퇴비 조제 시 수분 조절제로 흔히 사용된다.

　　㉢ 자연에서 유래한 유기물

구아노	해안에서 바닷새의 배설물, 사체가 퇴적한 것으로 주로 외국에서 생산 및 이용되고 있으나 현재는 보존 양이 많지 않다.
해조류	• 미역, 다시마 등의 녹조류와 우뭇가사리, 김 등의 홍조류가 있다. • 작물생육에 도움을 주며 특히 베타인 성분은 작물의 양분 흡수를 도와주고 건조, 과습, 온도 등 환경에 대한 스트레스 저항성을 높여 준다.

　　㉣ 자연에서 유래한 무기물

천연 인광석	물리적 공정으로 제조된 것이어야 하며 산성 토양의 개량 효과가 높은 인과 칼슘의 공급원이다.
석회 고토	백운석을 분쇄하여 만들며 토양의 산도를 조절하고 영양 공급을 돕는다.
패화석	• 조개껍데기가 퇴적되어 화석화된 것으로 주성분은 탄산칼슘이다. • 채취한 원석을 체로 친 후 700~800℃의 온도에서 가열하여 건조, 분말화하여 사용한다. • 건조한 패화석의 산도는 pH 8.8 정도로 알칼리성이다.

⑤ 병해충 관리용 자재

　　㉠ 식물 추출물 : 제충국, 데리스, 쿠아시아, 라이아니아, 님 등이 있으며 유기농업에 허용된 용매를 이용해 추출하여 해충의 방제제로 사용한다.

　　㉡ 기타

파라핀 오일	• 불에 잘 타는 탄화수소 액체로 인화점은 37~65℃이며, 연막 분무로 응애, 진드기 등 해충을 구제하는 데 사용한다. • 분무 시 흡입하게 되면 인체에 치명적이므로 특수 마스크를 써야 한다.
젤라틴	• 동물의 연골, 힘줄, 가죽 등을 구성하는 단백질인 콜라겐에 산이나 알칼리로 처리한 후 끓이면 젤라틴이 된다. • 농약 살포 시 전착제로 사용된다.
과망간산 칼륨	• 광택이 있는 적자색 결정체로, 물에 넣으면 분홍색으로 변한다. • 보통 어패류 부화기 및 작물의 살균 소독, 식품 표백제의 원료로 이용된다. • 유기농업에서는 과수의 병해충 관리용에만 사용해야 한다.
규조토	• 식물성 플랑크톤인 규조가 호수 밑에 쌓여 만들어진 퇴적암으로 미세한 다공질 구조를 가진 백색 혹은 회백색의 광물질이다. • 농업용 흡착제, 탈취제, 여과제 원료 및 갑각류 살충제로 사용된다.

4. 유기농업자재 제조 및 이용 방법

① 토양 양분관리용 자재

㉠ 액비(물거름) : 액체 상태의 비료

㉡ 액비 제조 시 발효의 종류

알코올 발효	미생물이 무산소 호흡을 통해 당류를 에탄올과 이산화탄소로 분해하는 과정으로 포도당 분해 과정에서 효모가 포도당을 완전히 분해하지 못하고 에탄올(흔히 알코올)을 생성해 낸다.
젖산 발효	젖산균, 유산균의 미생물이 당으로 젖산을 만드는 것이며 유제품(치즈, 요구르트, 버터)과 김치, 양조 식품(된장, 간장) 등을 만들 때 이용한다.
초산 발효	막걸리가 오래되면 신맛을 띠는 발효 과정이다.

㉢ 활용 미생물 : 유산균, 고초균, 광합성 세균, 방선균, 곰팡이류 등

㉣ 재료 선택 및 발효 조건

• 유기성·무기성 원료

- 질소 : 깻묵류(유박), 혈분, 생선, 어분 등

- 인산 : 골분, 쌀겨 등

- 칼륨 : 재, 맥반석 등

- 칼슘과 마그네슘 : 석회 고토, 패화석 등

• 당 성분 : 당밀, 설탕, 포도당 등을 탄소원으로 하여 발효 시 에너지원으로 사용된다.

• 온도 : 보통 20~40℃ 사이가 적당하며 온도가 높을수록 미생물 생육이 왕성해진다.

• 공기 : 호기성 발효는 빨리 분해된다. 유산균, 효모, 광합성균은 혐기 발효가 된다.

㉤ 주요 액비 종류와 특성

생선 액비	• 잡어, 생선 부산물과 당밀을 1 : 1로 혼합하여 1년 이상 발효시킨다. • 고등어, 꽁치 등의 생선은 단백질, 인산, 칼슘이 풍부하다.
어분 액비	• 생선과 물을 함께 끓인 후 유분과 수분을 제거한 것으로 가공하기 부적합한 잡어나 생선 부산물 등을 이용한다. • 성분함량은 질소 7~10%, 인산 4~9%, 칼슘 1% 내외로 질소와 인산 공급 효과가 높다.
골분 액비	• 골분은 질소 1~4%, 인산 22%로, 인산 성분이 높은 것이 특징이다. • 골분 액비를 처리하였을 때 마디가 짧아지고, 잎이 두껍게 되면서 면적이 작아지며, 과실의 당도가 증가한다.
난각 액비	달걀껍데기를 식초에 녹이면 칼슘과 다양한 무기 영양소가 추출되어 농가에서 쉽게 식물 영양제로 이용할 수 있다.
미강·참깨 액비	현미를 도정하는 과정에서 생기는 미강은 쌀겨라고도 하며 비타민을 비롯해 인산, 철분, 미네랄 등 다양한 영양소들을 함유하고 있다.
쌀겨·대두박 액비	쌀겨와 대두박을 발효시킨 액비는 질소와 인산을 공급하여 작물의 생육을 돕고 병 발생을 감소시키는 효과가 있다.
퇴비차 (compost tea)	• 퇴비차란 완전히 부숙한 유기물 퇴비를 재료로 하여 공기를 불어 넣어 퇴비로부터 물에 잘 녹는 수용성 양분과 유용한 미생물을 액상으로 발효시켜 만드는 것이다. • 토양이나 식물체에 유용한 미생물 및 생성 물질을 공급해 주어 토양을 건전하게 만들고 식물의 생장을 촉진하며 식물 병원균의 생육을 억제하는 기능을 가진다.

② 병해충 관리용 자재

석회보르도액	• 보호 살균제이다. • 포도 노균병 방제에 효과적이다. • 작용 특성 - 식물체에 살포된 보르도액은 건조되어 엷은 막을 형성하게 되고, 이것은 천천히 공기 중의 이산화탄소나 식물체의 분비액(이슬)에 의하여 가용 상태의 구리염으로 변화된다. - 구리(Cu^{2+})는 병원균의 표면에 흡착되어 침투하고, 균의 생리작용을 교란하여 발아하지 못하도록 하여 살균 작용을 한다.
석회유황합제	• 황의 특성 - 살균 작용과 응애, 깍지벌레, 진딧물 등에 살충 작용이 있다. - 생석회와 혼합한 석회유황합제와 가성 칼륨, 황토 등을 첨가한 황토 유황이 널리 사용되고 있다. • 특성 - 유황을 생석회와 혼합한 알칼리성 살균제이다. - 과수 병해충의 관리에 사용되고 있다. - 값이 저렴하다.
난황유	• 식용유를 달걀노른자로 유화시킨 현탁액으로 작물 보호제로 사용된다. • 난황유의 효과와 특성 - 인축 독성 및 환경오염이 없다. - 달걀노른자는 유화제 역할을 하고 식용유는 해충을 기름으로 덮어 질식하게 만드는 살충 효과를 보인다. - 쉽게 만들 수 있다. - 흰가루병과 응애, 가루이, 깍지벌레 등의 방제에 효과가 있다.

③ 유기농업자재 제조 시 보조제로 사용 가능한 물질(농림축산식품부 소관 친환경농어업 육성 및 유기식품 등의 관리·지원에 관한 법률 시행규칙 [별표 1])

사용 가능 물질	사용 가능 조건
미국 환경보호국(EPA)에서 정한 농약제품에 허가된 불활성 성분 목록(Inert Ingredients List) 3 또는 4에 해당하는 보조제	• 병해충 관리를 위해 사용 가능한 물질을 화학적으로 변화시키지 않으면서 단순히 산도(pH) 조정 등을 위해 첨가하는 것으로만 사용할 것 • 유기농업자재를 생산 또는 수입하여 판매하는 자는 물을 제외한 보조제가 주원료의 투입비율을 초과하지 않았다는 것을 유기농업자재 생산계획서에 기록·관리하고 사용할 것 • 유기식품등을 생산, 제조·가공 또는 취급하는 자가 유기농업자재를 제조하는 경우에는 물을 제외한 보조제가 주원료의 투입비율을 초과하지 않았다는 것을 인증품 생산계획서에 기록·관리하고 사용할 것 • 불활성 성분 목록 3의 식품등급에 해당하는 보조제는 식품의약품안전처장이 식품첨가물로 지정한 물질일 것

08 유기축산

1. 우리나라 유기축산 현황

① 우리나라에서 유기농후사료 중심의 유기축산의 문제점
  ㉠ 물질순환의 문제
  ㉡ 국내 생산의 어려움
  ㉢ 고가의 수입 유기농후사료
  ㉣ 유기사료 확보문제

② 이상적인 유기축산의 육종 방향
  ㉠ 지속적 생산과 긴수명
  ㉡ 병에 대한 저항성
  ㉢ 높은 번식력
  ㉣ 수정란 이식이 아닌 품종 육성

2. 사육방법과 사육환경

① 유기축산물의 사육장 및 사육조건(유기식품 및 무농약농산물 등의 인증에 관한 세부실시요령 [별표 1])

㉠ 사육장(방목지를 포함한다), 목초지 및 사료작물 재배지는 주변으로부터의 오염우려가 없거나 오염을 방지할 수 있는 지역이어야 하고, 토양환경보전법에 따른 1지역의 토양오염 우려기준을 초과하지 아니하여야 하며, 방사형 사육장의 토양에서는 합성농약 성분이 검출되어서는 아니된다. 다만, 관행농업 과정에서 토양에 축적된 합성농약 성분의 검출량이 0.01mg/kg 이하인 경우에는 예외를 인정한다.

㉡ 축사 및 방목에 대한 세부요건은 다음과 같다.

• 축사 조건
  – 축사는 다음과 같이 가축의 생물적 및 행동적 욕구를 만족시킬 수 있어야 한다.
    ⓐ 사료와 음수는 접근이 용이할 것
    ⓑ 공기순환, 온도·습도, 먼지 및 가스농도가 가축건강에 유해하지 아니한 수준 이내로 유지되어야 하고, 건축물은 적절한 단열·환기시설을 갖출 것
    ⓒ 충분한 자연환기와 햇빛이 제공될 수 있을 것
  – 축사의 밀도조건은 다음 사항을 고려하여 아래에서 정하는 가축의 종류별 면적당 사육두수를 유지하여야 한다.
    ⓐ 가축의 품종·계통 및 연령을 고려하여 편안함과 복지를 제공할 수 있을 것
    ⓑ 축군의 크기와 성에 관한 가축의 행동적 욕구를 고려할 것
    ⓒ 자연스럽게 일어서서 앉고 돌고 활개 칠 수 있는 등 충분한 활동공간이 확보될 것
  – 축사·농기계 및 기구 등은 청결하게 유지하고 소독함으로써 교차감염과 질병감염체의 증식을 억제하여야 한다.
  – 축사의 바닥은 부드러우면서도 미끄럽지 아니하고, 청결 및 건조하여야 하며, 충분한 휴식공간을 확보하여야 하고, 휴식공간에서는 건조깔짚을 깔아 줄 것
  – 번식돈은 임신 말기 또는 포유기간을 제외하고는 군사를 하여야 하고, 자돈 및 육성돈은 케이지에서 사육하지 아니할 것. 다만, 자돈 압사 방지를 위하여 포유기간에는 모돈과 조기에 젖을 뗀 자돈의 생체중이 25kg까지는 케이지에서 사육할 수 있다.
  – 가금류의 축사는 짚·톱밥·모래 또는 야초와 같은 깔짚으로 채워진 건축공간이 제공되어야 하고, 가금의 크기와 수에 적합한 홰의 크기 및 높은 수면공간을 확보하여야 하며, 산란계는 산란상자를 설치하여야 한다.
  – 산란계의 경우 자연일조시간을 포함하여 총 14시간을 넘지 않는 범위 내에서 인공광으로 일조시간을 연장할 수 있다.

• 방목조건
  – 포유동물의 경우에는 가축의 생리적조건·기후조건 및 지면조건이 허용하는 한 언제든지 방목지 또는 운동장에 접근할 수 있어야 한다. 다만, 수소의 방목지 접근, 암소의 겨울철 운동장 접근 및 비육 말기에는 예외로 할 수 있다.
  – 반추가축은 가축의 종류별 생리 상태를 고려하여 아래의 축사면적 2배 이상의 방목지 또는 운동장을 확보해야 한다. 다만, 충분한 자연환기와 햇빛이 제공되는 축사구조의 경우 축사시설면적의 2배 이상을 축사 내에 추가 확보하여 방목지 또는 운동장을 대신할 수 있다.
  – 가금류의 경우에는 다음 조건을 준수하여야 한다.
    ⓐ 가금은 개방조건에서 사육되어야 하고, 기후조건이 허용하는 한 야외 방목장에 접근이 가능하여야 하며, 케이지에서 사육하지 아니할 것
    ⓑ 물오리류는 기후조건에 따라 가능한 시냇물·연못 또는 호수에 접근이 가능할 것

㉢ 합성농약 또는 합성농약 성분이 함유된 동물용의약외품 등의 자재는 축사 및 축사의 주변에 사용하지 아니하여야 한다.

㉣ 같은 축사 내에서 유기가축과 비유기가축을 번갈아 사육하여서는 아니 된다.

㉤ 유기가축과 비유기가축의 병행사육 시 다음의 사항을 준수하여야 한다.
  • 유기가축과 비유기가축은 서로 독립된 축사(건축물)에서 사육하고 구별이 가능하도록 각 축사 입구에 표지판을 설치하고, 유기가축과 비유기가축은 성장단계 또는 색깔 등 외관상 명확하게 구분될 수 있도록 하여야 한다.
  • 일반 가축을 유기가축 축사로 입식(사육시설에 새로운 가축을 들여 옴)하여서는 아니 된다. 다만, 입식시기가 경과하지 않은 어린 가축은 예외를 인정한다.
  • 유기가축과 비유기가축의 생산부터 출하까지 구분관리 계획을 마련하여 이행하여야 한다.
  • 유기가축, 사료취급, 약품투여 등은 비유기가축과 구분하여 정확히 기록 관리하고 보관하여야 한다.
  • 인증가축은 비유기가축사료, 금지물질 저장, 사료공급·혼합 및 취급 지역에서 안전하게 격리되어야 한다.

② 유기가축 1마리당 갖추어야 하는 가축사육시설의 소요면적

㉠ 한우·육우

시설형태	번식우	비육우	송아지
방사식	10m²/마리	7.1m²/마리	2.5m²/마리

㉡ 젖 소

시설형태	경산우		초임우 (13~24월령)	육성우 (7~12월령)	송아지 (3~6월령)
	착유우	건유우			
깔 짚	17.3	17.3	10.9	6.4	4.3
프리스톨	9.5	9.5	8.3	6.4	4.3

© 돼 지

구 분	웅돈	번식돈				비육돈			
		임신돈	분만돈	종부 대기돈	후보돈	자돈		육성돈	비육돈
						초기	후기		
소요 면적	10.4	3.1	4.0	3.1	3.1	0.2	0.3	1.0	1.5

② 닭

구 분	소요면적
산란 성계, 종계	0.22m²/마리
산란 육성계	0.16m²/마리
육 계	0.1m²/마리

3. 유기축산사료의 조성, 종류 및 특징

① 단미사료

 ㉠ 단미사료는 하나의 원료를 이용하여 만든 사료이며 사용된 원료에 따라 식물성, 동물성, 광물성 등 다양하게 존재한다.

 ㉡ 사료로 직접 사용되거나 배합사료의 원료로 사용 가능한 물질(농림축산식품부 소관 친환경농어업 육성 및 유기식품 등의 관리·지원에 관한 법률 시행규칙 [별표 1])

구 분	사용 가능 물질	사용 가능 조건
식물성	곡류(곡물), 곡물부산물류(강피류), 박류(단백질류), 서류, 식품가공부산물류, 조류(藻類), 섬유질류, 제약부산물류, 유지류, 전분류, 콩류, 견과·종실류, 과실류, 채소류, 버섯류, 그 밖의 식물류	• 유기농산물(유기수산물을 포함) 인증을 받거나 유기농산물의 부산물로 만들어진 것일 것 • 천연에서 유래한 것은 잔류농약이 검출되지 않을 것
동물성	단백질류, 낙농가공부산물류	• 수산물(골뱅이분을 포함)은 양식하지 않은 것일 것 • 포유동물에서 유래된 사료(우유 및 유제품은 제외)는 반추가축[소·양 등 반추(反芻)류 가축]에 사용하지 않을 것
	곤충류, 플랑크톤류	• 사육이나 양식과정에서 합성농약이나 동물용의약품을 사용하지 않은 것일 것 • 야생의 것은 잔류농약이 검출되지 않은 것일 것
	무기물류	사료관리법에 따라 농림축산식품부장관이 정하여 고시하는 기준에 적합할 것
	유지류	• 사료관리법에 따라 농림축산식품부장관이 정하여 고시하는 기준에 적합할 것 • 반추가축에 사용하지 않을 것
광물성	식염류, 인산염류 및 칼슘염류, 다량광물질류, 혼합광물질류	• 천연의 것일 것 • 천연에 해당하는 물질을 상업적으로 조달할 수 없는 경우에는 화학적으로 충분히 정제된 유사물질 사용 가능

② 보조사료

 ㉠ 보조사료는 사료의 품질 저하 방지 및 사료의 효용 증대를 위해 사료에 첨가되는 것

 ㉡ 사료의 품질저하 방지 또는 사료의 효용을 높이기 위해 사료에 첨가하여 사용 가능한 물질(농림축산식품부 소관 친환경농어업 육성 및 유기식품 등의 관리·지원에 관한 법률 시행규칙 [별표 1])

구 분	사용 가능 물질	사용 가능 조건
천연 결착제		
천연 유화제		
천연 보존제	산미제, 항응고제, 항산화제, 항곰팡이제	• 천연의 것이거나 천연에서 유래한 것일 것 • 합성농약 성분 또는 동물용의약품 성분을 함유하지 않을 것 • 유전자변형생물체의 국가간 이동 등에 관한 법률에 따른 유전자변형생물체(이하 '유전자변형생물체') 및 유전자변형생물체에서 유래한 물질을 함유하지 않을 것
효소제	당분해효소, 지방분해효소, 인분해효소, 단백질분해효소	
미생물제제	유익균, 유익곰팡이, 유익효모, 박테리오파지	
천연 향미제		
천연 착색제		
천연 추출제	초목 추출물, 종자 추출물, 세포벽 추출물, 동물 추출물, 그 밖의 추출물	
올리고당		
규산염제		
아미노산제	아민초산, DL-알라닌, 염산L-라이신, 황산L-라이신, L-글루탐산나트륨, 2-디아미노-2-하이드록시메티오닌, DL-트립토판, L-트립토판, DL메티오닌 및 L-트레오닌과 그 혼합물	• 천연의 것일 것 • 천연에 해당하는 물질을 상업적으로 조달할 수 없는 경우에는 화학적으로 충분히 정제된 유사물질 사용 가능 • 합성농약 성분 또는 동물용의약품 성분을 함유하지 않을 것 • 유전자변형생물체 및 유전자변형생물체에서 유래한 물질을 함유하지 않을 것
비타민제 (프로비타민 포함)	비타민 A, 프로비타민 A, 비타민 B₁, 비타민 B₂, 비타민 B₆, 비타민 B₁₂, 비타민C, 비타민 D, 비타민 D₂, 비타민 D₃, 비타민 E, 비타민 K, 판토텐산, 이노시톨, 콜린, 나이아신, 바이오틴, 엽산과 그 유사체 및 혼합물	
완충제	산화마그네슘, 탄산나트륨(소다회), 중조(탄산수소나트륨·중탄산나트륨)	

③ 배합사료

 ㉠ 배합사료는 단미사료와 보조사료를 적절한 비율로 배합하여 만든 것이다.

 ㉡ 배합사료는 양축용과 그 밖의 동물, 수산동물용으로 나눈다.

4. 유기축산물의 사료 및 영양관리(유기식품 및 무농약농산물 등의 인증에 관한 세부실시요령 [별표 1])

① 유기축산물의 생산을 위한 가축에게는 100% 유기사료를 급여하여야 하며, 유기사료 여부를 확인하여야 한다.

② 유기축산물 생산과정 중 심각한 천재·지변, 극한 기후조건 등으로 인하여 ①에 따른 사료급여가 어려운 경우 국립농산물품질관리원장 또는 인증기관은 일정기간 동안 유기사료가 아닌 사료를 일정 비율로 급여하는 것을 허용할 수 있다.

③ 반추가축에게 담근먹이(사일리지)만 급여해서는 아니 되며, 생초나 건초 등 조사료도 급여하여야 한다. 또한 비반추가축에게도 가능한 조사료 급여를 권장한다.

④ 유전자변형농산물 또는 유전자변형농산물로부터 유래한 것이 함유되지 아니하여야 하나, 비의도적인 혼입은 식품위생법에 따라 식품의약품안전처장이 고시한 유전자변형식품등의 표시기준에 따라 유전자변형농산물로 표시하지 아니할 수 있는 함량의 1/10 이하이어야 한다. 이 경우 '유전자변형농산물이 아닌 농산물을 구분 관리하였다'는 구분유통증명서류·정부증명서 또는 검사성적서를 갖추어야 한다.

⑤ 유기배합사료 제조용 단미사료 및 보조사료는 관련법에 따른 자재에 한해 사용하되 사용가능한 자재임을 입증할 수 있는 자료를 구비하고 사용하여야 한다.

⑥ 다음에 해당되는 물질을 사료에 첨가해서는 아니 된다.

　㉠ 가축의 대사기능 촉진을 위한 합성화합물

　㉡ 반추가축에게 포유동물에서 유래한 사료(우유 및 유제품을 제외)는 어떠한 경우에도 첨가해서는 아니 된다.

　㉢ 합성질소 또는 비단백태질소화합물

　㉣ 항생제·합성항균제·성장촉진제, 구충제, 항콕시듐제 및 호르몬제

　㉤ 그 밖에 인위적인 합성 및 유전자조작에 의해 제조·변형된 물질

⑦ 지하수의 수질보전 등에 관한 규칙에 따른 생활용수 수질기준에 적합한 신선한 음수를 상시 급여할 수 있어야 한다.

⑧ 합성농약 또는 합성농약 성분이 함유된 동물용의약외품 등의 자재를 사용하지 아니하여야 한다.

5. 가축전염병 등 질병예방 및 관리

① 동물복지 및 질병관리(유기식품 및 무농약농산물 등의 인증에 관한 세부실시요령 [별표 1])

　㉠ 가축의 질병은 다음과 같은 조치를 통하여 예방하여야 하며, 질병이 없는데도 동물용의약품을 투여해서는 아니 된다.

　　• 가축의 품종과 계통의 적절한 선택

　　• 질병발생 및 확산방지를 위한 사육장 위생관리

　　• 생균제(효소제 포함), 비타민 및 무기물 급여를 통한 면역기능 증진

　　• 지역적으로 발생되는 질병이나 기생충에 저항력이 있는 종 또는 품종의 선택

　㉡ 동물용의약품은 시행규칙 [별표 4]에서 허용하는 경우에만 사용하고 농장에 비치되어 있는 유기축산물 질병·예방관리 프로그램에 따라 사용하여야 한다.

　㉢ 동물용의약품을 사용하는 경우 수의사법에 따른 수의사 처방전을 농장에 비치하여야 한다. 다만, 처방대상이 아닌 동물용의약품을 사용한 경우로 다음의 어느 하나에 해당하는 경우 예외를 인정한다.

　　• 법에 따른 가축의 질병 예방 및 치료를 위해 사용 가능한 물질로 만들어진 동물용의약품임을 입증하는 자료를 비치하는 경우(사용가능 조건을 준수한 경우에 한함)

　　• 수의사법에 따른 진단서를 비치한 경우(대상가축, 동물용의약품의 명칭·용법·용량이 기재된 경우에 한함)

　　• 가축전염병예방법에 따른 농림축산식품부장관, 시·도지사 또는 시장·군수·구청장의 동물용의약품 주사·투약 조치와 관련된 증명서를 비치한 경우

　㉣ 동물용의약품을 사용한 가축은 동물용의약품을 사용한 시점부터의 전환기간(해당 약품의 휴약기간 2배가 전환기간보다 더 긴 경우 휴약기간의 2배 기간을 적용)이 지나야 유기축산물로 출하할 수 있다. 다만, 동물용의약품을 사용한 가축은 휴약기간의 2배를 준수하여 유기축산물로 출하 할 수 있다.

　㉤ 생산성 촉진을 위해서 성장촉진제 및 호르몬제를 사용해서는 아니 된다. 다만, 수의사의 처방에 따라 치료목적으로만 사용하는 경우 수의사법조에 따른 처방전 또는 진단서(대상가축, 동물용의약품의 명칭·용법·용량이 기재된 경우에 한함)를 농장 내에 비치하여야 한다.

　㉥ 가축에 있어 꼬리 부분에 접착밴드 붙이기, 꼬리 자르기, 이빨 자르기, 부리 자르기 및 뿔 자르기와 같은 행위는 일반적으로 해서는 아니 된다. 다만, 안전 또는 축산물 생산을 목적으로 하거나 가축의 건강과 복지개선을 위하여 필요한 경우로서 국립농산물품질관리원장 또는 인증기관이 인정하는 경우는 이를 할 수 있다.

　㉦ 생산물의 품질향상과 전통적인 생산방법의 유지를 위하여 물리적 거세를 할 수 있다.

　㉧ 동물용의약품이나 동물용의약외품을 사용하는 경우 용법, 용량, 주의사항 등을 준수하여야 하며, 구입 및 사용내역 등에 대하여 기록·관리하여야 한다. 다만, 합성농약 성분이 함유된 물질은 사용할 수 없다.

② 가축의 질병 예방 및 치료를 위해 사용 가능한 물질

　㉠ 공통조건

　　• 유전자변형생물체 및 유전자변형생물체에서 유래한 원료는 사용하지 않을 것

　　• 약사법에 따른 동물용의약품을 사용할 경우에는 수의사의 처방전을 갖추어 둘 것

　　• 동물용의약품을 사용한 경우 휴약기간의 2배의 기간이 지난 후에 가축을 출하할 것

ⓒ 개별조건

사용 가능 물질	사용 가능 조건
생균제, 효소제, 비타민, 무기물	• 합성농약, 항생제, 항균제, 호르몬제 성분을 함유하지 않을 것 • 가축의 면역기능 증진을 목적으로 사용할 것
예방백신	가축전염병 예방법에 따른 가축전염병을 예방하거나 퍼지는 것을 막기 위한 목적으로만 사용할 것
구충제	가축의 기생충 감염 예방을 목적으로만 사용할 것
포도당	• 분만한 가축 등 영양보급이 필요한 가축에 대해서만 사용할 것 • 합성농약 성분은 함유하지 않을 것
외용 소독제	상처의 치료가 필요한 가축에 대해서만 사용할 것
국부 마취제	외과적 치료가 필요한 가축에 대해서만 사용할 것
약초 등 천연 유래 물질	• 가축의 면역기능의 증진 또는 치료 목적으로만 사용할 것 • 합성농약 성분은 함유하지 않을 것 • 인증품 생산계획서에 기록·관리하고 사용할 것

③ 가축전염병 예방법상 법정전염병

제1종 가축전염병	우역, 우폐역, 구제역, 가성우역, 블루텅병, 리프트계곡열, 럼피스킨병, 양두, 수포성구내염, 아프리카마역, 아프리카돼지열병, 돼지열병, 돼지수포병, 뉴캐슬병, 고병원성 조류인플루엔자 및 그 밖에 이에 준하는 질병으로서 농림축산식품부령으로 정하는 가축의 전염성 질병
제2종 가축전염병	탄저, 기종저, 브루셀라병, 결핵병, 요네병, 소해면상뇌증, 큐열, 돼지오제스키병, 돼지일본뇌염, 돼지테센병, 스크래피(양해면상뇌증), 비저, 말전염성빈혈, 말바이러스성동맥염, 구역, 말전염성자궁염, 동부말뇌염, 서부말뇌염, 베네수엘라말뇌염, 추백리(병아리흰설사병), 가금티푸스, 가금콜레라, 광견병, 사슴만성소모성질병 및 그 밖에 이에 준하는 질병으로서 농림축산식품부령으로 정하는 가축의 전염성 질병
제3종 가축전염병	소유행열, 소아카바네병, 닭마이코플라스마병, 저병원성 조류인플루엔자, 부저병 및 그 밖에 이에 준하는 질병으로서 농림축산식품부령으로 정하는 가축의 전염성 질병

6. 사육시설, 부속설비, 기구 등의 관리

① 유기축산을 위한 축사시설 준비과정에서 중요하게 고려하여야 할 사항

ㄱ 햇빛의 채광이 양호하도록 시설하여 건강한 성장을 도모한다.

ㄴ 공기의 유입이나 통풍이 양호하도록 설계하여 호흡기 질병이나 먼지 피해를 입지 않도록 배려한다.

ㄷ 가축의 분뇨가 외부로 유출되거나 토양에 침투되어 악취 등의 위생문제 및 지하수 오염 등을 일으키지 않도록 만전을 기한다.

② 사육 관련 업무를 수행하는 모든 작업자는 가축의 종류별 특성에 따라 적절한 위생조치를 취하여야 한다.

ㄱ 사육장 입구의 발판 소독조에 대하여 정기적으로 관리하여야 한다.

ㄴ 관리인에 대한 주기적인 위생 및 방역교육을 실시하도록 노력하여야 한다.

ㄷ 젖소일 경우 출입 전후 착유자에 대한 위생관리를 하여야 한다.

③ 농장에서 사용하는 도구와 설비를 위생적으로 관리하여야 한다.

ㄱ 사료 보관장소는 정기적인 청소·소독을 하고, 사료저장용 용기, 자동먹이공급기 및 운반용 도구는 청결하게 관리하여야 한다.

ㄴ 음수조 및 급수라인은 항상 청결하게 유지하고, 정기적으로 소독·관리하여야 한다.

ㄷ 젖소의 경우 착유실은 해충, 쥐 등의 침입을 방지하는 시설을 갖추고, 환기, 급수시설 및 수세시설 등은 청결하게 관리하여야 하며, 착유실·원유냉각기는 주기적으로 세척·소독하는 등 위생적으로 관리하여야 한다.

ㄹ 산란계의 경우 집란실은 해충, 쥐 등의 침입을 방지하는 시설을 갖추고, 환기시설 등은 청결하게 관리하여야 하며, 집란기·집란 라인은 주기적으로 세척·소독하는 등 위생적으로 관리하여야 한다.

④ 쥐 등 설치류로부터 가축이 피해를 입지 않도록 방제하는 경우 물리적 장치 또는 관련 법령에 따라 허가받은 제재를 사용하되 가축이나 사료에 접촉되지 않도록 관리하여야 한다.

7. 유기축산물 출하관리

① 가축 등의 출하 전 준수사항 : 해당하는 자는 출하 전 절식(絶食), 약물 투여 금지 기간 등 총리령으로 정하는 사항을 준수하여야 한다.

ㄱ 가축을 사육하는 자

ㄴ 가축을 도축장에 출하하려는 자

ㄷ 원유, 식용란 등 총리령으로 정하는 축산물을 작업장 또는 축산물판매업의 영업장으로 출하하려는 자

• 소, 돼지 등 가축은 도축장에 출하하기 전 12시간 이상(닭, 오리 등 가금류는 3시간 이상) 절식(물은 제외)

• 가축을 도축장에 출하하려는 자(도축의뢰인)가 도축 신청 시 절식 확인서를 첨부해야 한다.

② 과태료 : 도축장 출하 전 준수사항에 관련 시정명령 미이행 시 과태료가 부과된다.

ㄱ 1차 위반 : 50만원

ㄴ 2차 위반 : 100만원

ㄷ 3차 위반 : 150만원

8. 유기축산 인증기준 및 표시

① 유기축산 인증기준(농림축산식품부 소관 친환경농어업 육성 및 유기식품 등의 관리·지원에 관한 법률 시행규칙 [별표 4])

　㉠ 일 반
- 경영 관련 자료를 기록·보관하고, 국립농산물품질관리원장 또는 인증기관이 열람을 요구할 때는 이에 응할 것
- 신청인이 생산자 단체인 경우는 생산관리자를 지정하여 소속 농가에 대해 교육 및 예비 심사 등을 실시하도록 할 것
- 다음의 표에서 정하는 바에 따라 친환경농업에 관한 교육을 이수할 것. 다만, 인증사업자가 5년 이상 인증을 유지하는 등 인증사업자가 국립농산물품질관리원장이 정하여 고시하는 경우 교육을 4년마다 1회 이수할 수 있다.

과정명	친환경농업 기본 교육
교육주기	2년마다 1회
교육시간	2시간 이상
교육기관	국립농산물품질관리원장이 정하는 교육기관

　㉡ 사육 조건
- 사육장(방목지를 포함한다), 목초지 및 사료작물 재배지는 토양오염우려기준을 초과하지 않아야 하며, 주변으로부터 오염될 우려가 없거나 오염을 방지할 수 있을 것
- 축사 및 방목 환경은 가축의 생물적·행동적 욕구를 만족시킬 수 있도록 조성하고 국립농산물품질관리원장이 정하는 축사의 사육 밀도를 유지·관리할 것
- 유기축산물 인증을 받거나 받으려는 가축(이하 '유기가축'이라 한다)과 유기가축이 아닌 가축(무항생제축산물 인증을 받거나 받으려는 가축을 포함한다. 이하 같다)을 병행하여 사육하는 경우는 철저한 분리 조치를 할 것
- 합성농약 또는 합성농약 성분이 함유된 동물용의약품 등의 자재를 축사와 축사 주변에 사용하지 않을 것
- 사육 관련 업무를 수행하는 모든 작업자는 가축 종류별 특성에 따라 적절한 위생 조치를 할 것
- 가축 사육시설 및 장비(사료 보관·공급 및 먹는 물 관련 시설을 포함한다) 등을 주기적으로 청소, 세척 및 소독하여 오염이 최소화되도록 관리할 것
- 쥐 등 설치류로부터 가축이 피해받지 않도록 방제하는 경우, 물리적 장치 또는 관련 법령에 따라 허가받은 자재를 사용하되, 가축이나 사료에 접촉되지 않도록 관리할 것

　㉢ 자급 사료 기반 : 초식가축의 경우에는 유기적 방식으로 재배·생산되는 목초지 또는 사료작물 재배지를 확보할 것

　㉣ 가축의 선택, 번식 방법 및 입식
- 가축은 사육환경을 고려하여 적합한 품종 및 혈통을 선택하고, 수정란 이식기법, 번식 호르몬 처리 또는 유전공학을 이용한 번식기법을 사용하지 않을 것
- 다른 농장에서 가축을 입식 시 유기축산물 인증을 받은 농장(이하 '유기농장')에서 사육된 가축, 젖을 뗀 직후의 가축 또는 부화 직후의 가축 등 일정한 입식 조건을 준수할 것

　㉤ 전환기간 : 유기농장이 아닌 농장이 유기농장으로 전환하거나 유기가축이 아닌 가축을 유기농장으로 입식하여 유기축산물을 생산·판매하려는 경우에는 다음 표에 따른 가축의 종류별 전환기간(최소사육기간) 이상을 유기축산물의 인증기준에 맞게 사육할 것

가축의 종류	생산물	전환기간(최소사육기간)
한우·육우	식 육	입식 후 12개월
젖 소	시유 (시판우유)	• 착유우 : 입식 후 3개월 • 새끼를 낳지 않은 암소 : 입식 후 6개월
면양·염소	식 육	입식 후 5개월
	시유 (시판우유)	• 착유양 : 입식 후 3개월 • 새끼를 낳지 않은 암양 : 입식 후 6개월
돼 지	식 육	입식 후 5개월
육 계	식 육	입식 후 3주
산란계	알	입식 후 3개월
오 리	식 육	입식 후 6주
	알	입식 후 3개월
메추리	알	입식 후 3개월
사 슴	식 육	입식 후 12개월

　㉥ 사료 및 영양 관리
- 유기가축에게는 100% 유기사료를 공급하는 것을 원칙으로 할 것. 다만, 극한 기후조건 등의 경우에는 국립농산물품질관리원장이 정하여 고시하는 바에 따라 유기사료가 아닌 사료를 공급하는 것을 허용할 수 있다.
- 반추가축에게 담근먹이(사일리지)만을 공급하지 않으며, 비반추가축도 가능한 조사료(생초나 건초 등의 거친 먹이)를 공급할 것
- 유전자변형농산물 또는 유전자변형농산물에서 유래한 물질은 공급하지 않을 것
- 합성화합물 등 금지물질을 사료에 첨가하거나 가축에 공급하지 않을 것
- 가축에게 생활용수의 수질기준에 적합한 먹는 물을 상시 공급할 것
- 합성농약 또는 합성농약 성분이 함유된 동물용의약품 등의 자재를 사용하지 않을 것

　㉦ 동물복지 및 질병관리
- 가축의 질병을 예방하기 위해 적절한 조치를 하고, 질병이 없는 경우에는 가축에 동물용의약품을 투여하지 않을 것
- 가축의 질병을 예방하고 치료하기 위한 물질을 사용하는 경우, 사용 가능 조건을 준수하고 사용할 것
- 가축의 질병을 치료하기 위해 불가피하게 동물용의약품을 사용한 경우, 동물용의약품을 사용한 시점부터 전환기간(해당 약품의 휴약기간의 2배가 전환기간보다 더 긴 경우에는 휴약기간의 2배의 기간) 이상의 기간 동안 사육한 후 출하할 것
- 가축의 꼬리 부분에 접착밴드를 붙이거나 꼬리, 이빨, 부리 또는 뿔을 자르는 등의 행위를 하지 않을 것. 다만, 국립농산물품질관리원장이 고시로 정하는 경우는 허용할 수 있다.
- 성장촉진제, 호르몬제의 사용은 치료 목적으로만 사용할 것
- 동물용의약품을 사용하는 경우, 수의사의 처방에 따라 사용하고 처방전 또는 그 사용 명세가 기재된 진단서를 갖춰 둘 것

◎ 운송·도축·가공 과정의 품질관리
- 살아 있는 가축을 운송할 때는 가축의 종류별 특성에 따라 적절한 위생 조치를 취해야 하고, 운송 과정에서 충격과 상해를 입지 않도록 할 것
- 가축의 도축 및 축산물의 저장·유통·포장 등 취급 과정에서 사용하는 도구와 설비는 위생적으로 관리해야 하고, 축산물의 유기적 순수성이 유지되도록 관리할 것
- 동물용의약품 성분은 식품위생법에 따라 식품의약품안전처장이 정하여 고시하는 동물용의약품 잔류허용기준의 10분의 1을 초과하여 검출되지 않을 것
- 합성농약 성분은 검출되지 않을 것
- 인증품에 인증품이 아닌 제품을 혼합하거나 인증품이 아닌 제품을 인증품으로 판매하지 않을 것

㉧ 가축분뇨의 처리 : 환경오염을 방지하고 가축분뇨는 완전히 부숙시킨 퇴비 또는 액비로 자원화하여 초지나 농경지에 환원함으로써 토양 및 식물과의 유기적 순환 관계를 유지할 것

② 유기축산 표시기준(농림축산식품부 소관 친환경농어업 육성 및 유기식품 등의 관리·지원에 관한 법률 시행규칙 [별표 6], 축산법 시행규칙 [별표 8])

구 분	표시 글자
유기축산물	• 유기축산물 • 유기축산○○
비식용 유기가공품	• 유기사료 또는 유기농 사료 • 유기농○○ 또는 유기○○(○○은 사료의 일반적 명칭). 다만, '식품'이 들어가는 단어는 사용할 수 없다.
무항생제 축산물	무항생제, 무항생제축산물, 무항생제○○(○○은 축산물의 일반적 명칭) 또는 무항생제 사육 ○○

9. 적정 유통경로

① 쇠고기 유통경로
- ㉠ 소고기는 반드시 도축장을 거쳐야 한다.
- ㉡ 출하 형태 : 개별 출하(양축가가 도매시장, 공판장에 직접 출하), 계통출하(조합을 통해 경매)
- ㉢ 소의 거래 방법 : 경매, 일반거래 등이 있다.
- ㉣ 유통경로
  - 사육 농가 → 축협 → 공판장 → 축협 직매장 → 소비자
  - 사육 농가 → 수집·반출상 → 도축장 → 정육점 → 소비자
  - 사육 농가 → 생산자 단체 → 도매시장(공판장) → 정육점 → 소비자
  - 사육 농가 → 생산자 단체 → 도축장 → 대형 마트(직영 판매장) → 소비자
- ㉤ 조합, 정육점에서 도축장에 도축을 의뢰하는 임도축이 있다.

② 돼지고기 유통경로
- ㉠ 돼지고기는 도축장을 반드시 거쳐야 한다.
- ㉡ 출하 형태 : 경매 출하(양돈 농가가 도매시장, 공판장에 직접 출하), 계약 출하(유통 주체)
- ㉢ 유통경로
  - 양돈농가 → 산지유통인 → 육가공업체 → 대리점 → 소비자
  - 양돈농가 → 육가공업체 → 도매시장(공판장) → 정육점(소매상) → 소비자
  - 양돈농가 → 생산자 단체 → 대형유통업체 → 소비자

③ 닭고기 유통경로
- ㉠ 육계농가 → 수집·반출상 → 도계장 → 소비자
- ㉡ 육계농가 → 계열업체 → 대형 유통업체 → 소비자
- ㉢ 육계농가 → 산지유통인 → 도매상 → 소매상 → 소비자

④ 계란 유통경로
- ㉠ 산란계농가 → 도매상 → 소매상 → 소비자
- ㉡ 산란계농가 → 도매상 → 대형유통업체 → 소비자
- ㉢ 산란계농가 → 생산자 단체 → 농협유통 → 소비자

1일 출제유형 뽀개기 100선

001 다음 중 환경보전 및 지속 가능한 생태농업을 추구하는 농업 형태는?

① 관행농업
② 상업농업
③ 전업농업
④ 유기농업

002 친환경농수산물로 인증된 종류와 명칭에 포함되지 않는 것은?

① 무농약농산물
② 고품질천연농산물
③ 무항생제수산물
④ 유기농수산물

003 유기농업의 종류 중 무경운, 무비료, 무제초, 무농약 등 4대 원칙과 가장 밀접한 것은?

① 자연농업
② 경제형 유기농법
③ 환경친화적 유기농법
④ 생명 과학 기술형 유기농업

004 다음 중 현대적 유기농업에 대한 설명으로 틀린 것은?

① 비자연적인 농자재의 사용을 배제
② 농업의 생산성 향상을 강조
③ 농산물의 품질 향상에 초점
④ 환경 보호와 안전한 농산물에 대한 요구를 바탕으로 함

005 농업의 환경보전기능을 증대시키고 농업으로 인한 환경오염을 줄이며, 친환경농업을 실천하는 농업인을 육성하여 지속 가능하고 환경친화적인 농업을 추구함을 목적으로 하는 법은?

① 친환경농어업 육성 및 유기식품 등의 관리·지원에 관한 법률
② 환경정책기본법
③ 토양환경보전법
④ 친환경농산물 표시인증법

006 다음 중 친환경농산물 인증제도에 대한 설명으로 적절하지 않은 것은?

① 친환경농산물 인증제도는 친환경농업의 육성과 소비자 보호를 위해 전문 인증기관의 엄격한 기준에 의거 종합 점검하여 그 안전성과 품질을 인증해 주는 제도이다.
② 친환경 인증 기준은 농산물의 경우 경영관리, 재배 포장·용수·종자, 재배 방법, 생산물의 품질관리 등이다.
③ 친환경 인증 기준은 축산물의 경우 사육장 및 사육 조건, 자급 사료 기반, 가축의 출처 및 입식, 사료 및 영양관리, 동물 복지 및 질병관리, 품질관리 등이다.
④ 친환경 인증제도를 실시하는 목적은 유기 농산물의 원산지를 명확히 하여 수입을 억제하기 위해서이다.

007 친환경농산물 인증 종류 중 일체 농약·화학 비료를 사용하지 않고 재배한 농산물에 대해 발부하는 것은?

① 유기농산물
② 저농약농산물
③ 무농약농산물
④ 전환기유기농산물

008 필수원소의 역할을 설명한 것 중 틀린 것은?

① 질소는 엽록체, 단백질, 효소의 주요 구성 성분이다.
② 철이 부족하면 잎이 황백색으로 변하게 된다.
③ 황이 부족하면 엽록소 생성이 저해된다.
④ 칼륨은 호흡 과정에서 에너지 저장 및 생성에 중요한 역할을 한다.

009 지상의 공기 중 가장 많이 함유되어 있는 가스는?

① 산소가스
② 질소가스
③ 이산화탄소
④ 아황산가스

010 수해(水害)의 요인과 작용에 관한 설명으로 틀린 것은?

① 벼에 있어 수잉기~출수 개화기에 특히 피해가 크다.
② 수온이 높을수록 호흡기질의 소모가 많아 피해가 크다.
③ 흙탕물과 고인물이 흐르는 물보다 산소가 적고 온도가 높아 피해가 크다.
④ 벼, 수수, 기장, 옥수수 등 화본과 작물이 침수에 가장 약하다.

011 작물생육에서 수분의 역할에 대한 설명으로 틀린 것은?

① 물질의 이동에 관여
② 원형질 분리 현상
③ 세포의 긴장 상태 유지
④ 식물체 구성물질의 성분

012 토양의 작은 공극 사이에서 표면장력에 의하여 보유되는 물로서 작물에 유효한 수분은?

① 흡습수
② 모관수
③ 지하수
④ 중력수

013 작물의 적산온도에 대한 설명으로 맞는 것은?

① 작물생육기간 중의 일일 최고 기온을 총합한 것
② 작물생육기간 중의 일일 최저 기온을 총합한 것
③ 작물생육기간 중의 최적 온도를 생육 일수로 곱한 것
④ 작물생육기간 중의 0℃ 이상의 일일 평균 기온을 총합한 것

014 광합성 작용에 영향을 미치는 요인이 아닌 것은?

① 광의 강도
② 온도
③ CO_2의 농도
④ 질소의 농도

015 일장반응에 대한 설명으로 틀린 것은?

① 하루 24시간을 주기로 밤낮의 길이가 식물의 개화 반응에
　미치는 효과를 일장 반응이라 한다.
② 한계일장이 긴 식물은 겨울에 꽃을 피우기도 한다.
③ 잎은 일장에 감응하여 개화 유도물질을 생성한다.
④ 식물은 한계일장을 기준으로 크게 장일식물, 중성식물, 단
　일식물로 구분한다.

016 장일식물에 대한 설명으로 옳은 것은?

① 장일 상태에서 화성이 저해된다.
② 장일 상태에서 화성이 유도·촉진된다.
③ 8~10시간의 조명에서 화성이 유도·촉진된다.
④ 한계일장은 장일 측에, 최적일장과 유도일장의 주체는 단
　일 측에 있다.

017 버널리제이션에 대한 설명으로 잘못된 것은?

① 주로 생육 초기에 온도 처리를 하여 개화를 촉진한다.
② 저온처리의 감응점은 생장점이다.
③ 최아 종자의 시기에 버널리제이션을 하는 것을 종자 버널
　리제이션이라고 한다.
④ 처리 중에 종자가 건조하면 버널리제이션 효과가 촉진된다.

018 작물의 내동성에 관여하는 요인에 대한 설명으로 틀린 것은?

① 세포의 수분 함량이 많으면 내동성이 저하한다.
② 전분 함량이 많으면 내동성이 증가한다.
③ 세포액의 삼투압이 높아지면 내동성이 증가한다.
④ 당분 함량이 높으면 내동성이 증가한다.

019 발아할 때 광선이 필요한 종자는 어느 것인가?

① 토마토
② 가 지
③ 상 추
④ 호 박

020 다음 중 이어짓기에 의한 피해가 다른 작물에 비해 큰 것은
어느 것인가?

① 벼
② 맥 류
③ 옥수수
④ 인 삼

021 작부체계별 특성에 대한 설명으로 틀린 것은?

① 단작은 많은 수량을 낼 수 있다.
② 윤작은 경지의 이용 효율을 높일 수 있다.
③ 혼작은 병해충 방제와 기계화 작업에 효과적이다.
④ 단작은 재배나 관리 작업이 간단하고 기계화 작업이 가능
　하다.

022 동상해·풍수해·병충해 등으로 작물의 급속한 영양회복이
필요할 경우 사용하는 시비 방법은?

① 표층시비법
② 심층시비법
③ 엽면시비법
④ 전층시비법

023 작물의 기지현상의 원인이 아닌 것은?

① 토양 비료분의 소모
② 토양 중의 염류집적
③ 토양 물리성의 악화
④ 잡초의 제거

024 다음에서 육종의 단계가 순서에 맞게 배열된 것은?

① 변이탐구와 변이창성 - 변이 선택과 고정 - 종자 증식과
  종자보급
② 변이 선택과 고정 - 변이탐구와 변이창성 - 종자 증식과
  종자보급
③ 종자 증식과 종자보급 - 변이탐구와 변이창성 - 변이선택
  과 고정
④ 종자증식과 종자 보급 - 변이 선택과 고정 - 변이탐구와
  변이창성

025 다음 중 질산태 질소에 속하지 않는 것은?

① 질산칼륨
② 질산암모늄
③ 황산칼륨
④ 질산칼슘

026 석회보르도액 제조 시 주의할 사항이 아닌 것은?

① 황산구리는 98.5% 이상, 생석회는 90% 이상의 순도를 지
  닌 것을 사용한다.
② 반드시 석회유에 황산구리액을 희석한다.
③ 황산구리액과 석회유는 온도가 낮으면서 거의 비슷해야
  한다.
④ 금속용기를 사용하여 희석액을 섞거나 보관한다.

027 중금속 오염 토양에서 작물에 의한 중금속의 흡수를 경감시키
는 방법으로 옳지 않은 것은?

① 유기물을 사용한다.
② 인산질 비료를 증시한다.
③ pH를 낮춘다.
④ Eh를 낮춘다.

028 다음 중 경운의 효과가 아닌 것은?

① 토양의 물리성 개선
② 토양 유실 감소
③ 토양의 수분 유지
④ 잡초의 발생 촉진

029 질소의 화학적 형태 가운데 토양입자에 가장 잘 흡착되는 것은?

① 암모늄태
② 질산태
③ 유기태
④ 요소태

030 연작장해를 해소하기 위한 가장 친환경적인 영농 방법은?

① 토양소독
② 유독물질의 제거
③ 돌려짓기
④ 시비를 통한 지력 배양

031 작물의 풍해와 관련이 없는 내용은?

① 풍속 4~6km/hr 이상의 강풍에 의해 일어난다.
② 풍속이 강하고 공기가 건조하면 증산이 커져서 식물체가 건조해진다.
③ 풍해는 풍속이 크고 공기 습도가 높을 때에 심하다.
④ 과수에서는 절손·열상·낙과 등을 유발한다.

032 작물의 습해 대책으로 틀린 것은?

① 습답에서는 휴립재배를 한다.
② 저습지에서는 미숙 유기물을 다량 시용하여 입단을 조성한다.
③ 내습성인 작물과 품종을 선택한다.
④ 배수는 습해의 기본 대책이다.

033 작물생육기간 중 가뭄해의 방지 대책으로 부적절한 것은?

① 피 복
② 중경 제초
③ 드라이파밍
④ 배 수

034 저온해의 작물 생리를 잘못 설명한 것은?

① 양분 흡수의 촉진
② 증산작용 이상
③ 암모니아 축적
④ 질소동화 저해

035 동상해 대책에서 살수 빙결법은 다음 중 어떤 것을 이용하는 것인가?

① 습윤열
② 액화열
③ 응축열
④ 잠 열

036 다음 중 도복 대책으로 알맞지 않은 것은?

① 배 토
② 밀 식
③ 병해충 방지
④ 생장조절제 이용

037 냉해의 생리적 원인으로 거리가 먼 것은?

① 호흡량의 급감소로 생장 저해
② 광합성 능력의 저하
③ 양분의 전류 및 축적 방해
④ 화분의 이상발육에 의한 불임 현상

038 굴광현상에 가장 유효한 광은?

① 적색광
② 자외선
③ 청색광
④ 자색광

039 포장동화능력을 지배하는 요인으로만 옳게 나열한 것은?

① 엽면적, 광포화점, 광보상점
② 광량, 광의 강도, 엽면적
③ 총엽면적, 수광능률, 평균동화능력
④ 착색도, 광량, 엽면적

040 잎의 가장자리에 있는 수공에서 물이 나오는 현상은?

① 증산작용
② 일액현상
③ 일비현상
④ 아포플라스트

041 토양 단면상에서 확연한 용탈층을 나타나게 하는 토양 생성 작용은?

① 회색화 작용(Gleization)
② 라토졸화 작용(Laterization)
③ 석회화 작용(Calcification)
④ 포드졸화 작용(Podzolization)

042 토양의 3상 중 구성 비율이 가장 큰 것은?

① 기 상
② 액 상
③ 고 상
④ 같 음

043 다음 중 토양유실예측공식에 포함되지 않는 것은?

① 토양관리인자
② 강우인자
③ 평지인자
④ 작부인자

044 물에 잠겨 있는 논토양은 산소가 부족하여 토양 내 Fe, Mn, S이 환원 상태로 되므로 토양층은 청회색, 청색 또는 녹색의 특유한 색깔을 띠게 된다. 이러한 과정을 무엇이라 하는가?

① 포드졸화 과정
② 라토졸화 작용
③ 글레이화 작용
④ 염류화 작용

045 입단 구조의 파괴에 관계되는 요인으로 볼 수 없는 것은?

① 습윤과 건조의 반복
② 동결과 해동의 반복
③ 식물 뿌리의 물리적 작용
④ 무기물의 축적

046 토성(土性)에 관한 설명으로 틀린 것은?

① 토양입자의 성질(Texture)에 따라 구분한 토양의 종류를 토성이라 한다.

② 식토는 토양 중 가장 미세한 입자로 물과 양분을 흡착하는 힘이 작다.

③ 식토는 투기와 투수가 불량하고 유기질 분해 속도가 늦다.

④ 부식토는 세토(세사)가 부족하고, 강한 산성을 나타내기 쉬우므로 점토를 객토해 주는 것이 좋다.

047 다음 중 토양 공극량이 가장 많은 토양은?

① 사 토
② 양 토
③ 식양토
④ 식 토

048 토양의 밀도로 알 수 있는 토양의 성질은?

① 온 도
② 비 열
③ 압 력
④ 공극량

049 토양온도의 역할이 아닌 것은?

① 식물과 미생물의 활동과 생육
② 토양형을 결정하는 기상 조건
③ 종자의 발아
④ 토양수분의 보유

050 점토 및 부식과 같은 토양 교질물이 식물 생육에 영향을 미치는 것은?

① 작물의 도복을 방지한다.
② 토양염기의 용탈을 방지한다.
③ 모관수분의 통로를 형성한다.
④ 공기 유통의 통로를 형성한다.

051 토양 교질물에 대한 다음 설명 중 틀린 것은?

① 대체로 입경이 $0.1\mu m$ 이하이다.
② 토양 교질물에는 무기 교질과 유기 교질이 있다.
③ 교질물은 표면적이 작지만, 토양의 이화학적 성질을 지배한다.
④ 교질물이 많은 토양물일수록 수분의 증발·유실이 적으며, 보수력이 크다.

052 다음 중 양이온치환능력이 가장 큰 것은?

① Na^+
② H^+
③ Ca^{2+}
④ K^+

053 점토광물에 음전하를 생성하는 작용은?

① 양이온의 흡착
② 탄산화 작용
③ 이형치환
④ 변두리전하

054 다음 중 1 : 1 격자형 점토광물은?

① 일라이트(Illite)
② 몬모릴로나이트(Montmorillonite)
③ 카올리나이트(Kaolinite)
④ 버미큘라이트(Vermiculite)

055 토양이 산성일 때 작물에 몹시 해를 주는 성분은?

① Na
② Ca
③ Al
④ K

056 토양구조의 입단화와 관련이 가장 깊은 토양미생물은?

① 조 류
② 사상균류
③ 방사상균
④ 세 균

057 호기적 조건에서 단독으로 질소고정 작용을 하는 토양미생물 속(屬)은?

① 아조토박터(Azotobacter)
② 클로스트리디움(Clostridium)
③ 리조비움(Rhizobium)
④ 프랭키아(Frankia)

058 퇴비화 과정에서 숙성단계의 특징이 아닌 것은?

① 발열과정에서보다 많은 양의 수분을 요구한다.
② 붉은두엄벌레와 그 밖의 토양생물이 퇴비더미 내에서 서식하기 시작한다.
③ 퇴비더미는 무기물과 부식산, 항생물질로 구성된다.
④ 장기간 보관하게 되면 비료로서의 가치는 떨어지지만, 토양개량제로써의 능력은 향상된다.

059 강우에 의한 토양침식 현상을 바르게 설명한 것은?

① 중점토양(重粘土壤)에서는 거친 입자로 이루어져 있는 토양에 비해 유거수의 이동이 적다.
② 강우에 의한 침식은 강우강도에 비해 우량에 의해 크게 작용받는다.
③ 강우의 세기가 30분간 2~3mm로 비가 내리면 초지에서 토양침식이 일어난다.
④ 유기물이 함유된 토양은 무기질 토양에 비해 강우에 의한 토양침식이 적게 일어난다.

060 토양의 침식을 방제하기 위한 방법으로 옳지 못한 것은?

① 작부체계 개선
② 사방 · 조림사업의 실시
③ 농경지에 작물재배 금지
④ 지표면의 피복

061 토양 풍식에 대한 설명으로 옳은 것은?

① 바람의 세기가 같으면 온대 습윤 지방에서의 풍식은 건조 또는 반건조 지방보다 심하다.
② 우리나라에서는 풍식 작용이 거의 일어나지 않는다.
③ 피해가 가장 심한 풍식은 토양입자가 도약(跳躍), 운반(運搬)되는 것이다.
④ 매년 5월 초순에 만주와 몽고에서 우리나라로 날아오는 모래먼지는 풍식의 모형이 아니다.

062 중금속 원소에 의한 오염도가 큰 토양은?

① 미사질 양토
② 사양토
③ 식 토
④ 사 토

063 질소와 인산에 의한 토양의 오염원으로 가장 거리가 먼 것은?

① 광산폐수
② 공장폐수
③ 축산폐수
④ 가정하수

064 염류집적의 원인으로만 묶인 것은?

① 과잉 시비, 지표 건조
② 과소 시비, 지표 수준 과다
③ 시설재배, 유기재배
④ 노지재배, 무비료재배

065 논토양의 일반적인 특성이 아닌 것은?

① 토층의 분화가 발생한다.
② 조류에 의한 질소공급이 있다.
③ 연작장해가 있다.
④ 양분의 천연공급이 있다.

066 토양의 CEC가 10cmol/kg이었고 교환성 염기가 다음과 같을 때 이 토양의 염기포화도는?

• Ca 3.5cmol/kg	• K 1.5cmol/kg
• Mg 1cmol/kg	• Na 1cmol/kg
• Al 2cmol/kg	

① 50%
② 60%
③ 70%
④ 90%

067 표토에 부식이 많으면 토양의 색은?

① 적 색
② 회백색
③ 암흑색
④ 황적색

068 염해지 토양의 개량 방법으로 가장 적절하지 않은 것은?

① 암거배수나 명거배수를 한다.
② 석회질 물질을 시용한다.
③ 전층 기계 경운을 수시로 실시하여 토양의 물리성을 개선시킨다.
④ 건조시기에 물을 대 줄 수 없는 곳에서는 생짚이나 청초를 부초로 하여 표층에 깔아 주어 수분 증발을 막아 준다.

069 간척지 토양의 일반적인 특성으로 볼 수 없는 것은?

① Na^+ 함량이 높다.
② 제염(除鹽) 과정에서 각종 무기염류의 용탈이 크다.
③ 토양 교질이 분산되어 물 빠짐(배수)이 양호하다.
④ 유기물 함량이 낮다.

070 지력을 향상시키고자 할 때 가장 부적절한 방법은?

① 작목을 교체 재배한다.
② 화학비료를 가급적 많이 사용한다.
③ 논·밭을 전환하면서 재배한다.
④ 녹비작물을 재배한다.

071 우리나라 시설재배지 토양에서 흔히 발생되는 문제점이 아닌 것은?

① 연작으로 인한 특정 병해의 발생이 많다.
② EC가 높고 염류집적 현상이 많이 발생한다.
③ 토양의 환원이 심하여 황화수소의 피해가 많다.
④ 특정 양분의 집적 또는 부족으로 영양생리장해가 많이 발생한다.

072 친환경농업이 태동하게 된 배경에 대한 설명으로 틀린 것은?

① 미국과 유럽 등 농업선진국은 세계의 농업 정책을 소비와 교역 위주에서 증산 중심으로 전환하게 하는 견인 역할을 하고 있다.
② 국제적으로는 환경보전 문제가 중요 쟁점으로 부각되고 있다.
③ 토양 양분의 불균형 문제가 발생하게 되었다.
④ 농업 부분에 대한 국제적인 규제가 점차 강화되어 가고 있는 추세이다.

073 농산물의 식품안전성 확보를 위하여 생산단계부터 최종소비 단계까지 관리사항을 소비자가 알 수 있게 하는 제도는?

① GAP(우수농산물관리제도)
② GMP(우수제조관리제도)
③ GHP(우수위생관리제도)
④ HACCP(식품안전관리인증기준)

074 저투입 지속농업(LISA)을 통한 환경친화형 지속농업을 추진하는 국가는?

① 미 국
② 영 국
③ 독 일
④ 스위스

075 다음 중 저항성 품종에 대한 설명으로 틀린 것은?

① 병에 잘 걸리지 않는 품종을 저항성 품종이라고 한다.
② 저항성 품종을 재배하면 농가의 경제적 부담도 감소한다.
③ 복합 저항성을 가진 품종이 일반적이다.
④ 현재 저항성 품종의 이용은 병해에 대한 것이 대부분이다.

076 다음 중 품종보호요건에 해당되지 않는 것은?

① 구별성
② 우수성
③ 안전성
④ 균일성

077 염색체를 늘리거나 줄임으로써 생겨나는 변이를 이용하는 육종 방법은?

① 교잡육종법
② 선발육종법
③ 배수체 육종법
④ 돌연변이 육종법

078 다음 중 원예작물의 특징이 아닌 것은?

① 집약적인 재배를 한다.
② 종류가 많고, 품종이 다양하다.
③ 원예작물 중 채소는 유기염류를 공급해 준다.
④ 생활 공간의 미화로 정신 건강에 도움을 준다.

079 다음 중 우리나라 원예산업의 전망으로 옳은 것은?

① 외국산 수입으로 생산 위축
② 수출의 증가로 재배 면적의 확대
③ 품질 고급화와 저비용 체제의 확립으로 활로 개척
④ 화훼는 발전하고, 채소는 경영 악화

080 다음 중 저온해에 대한 대책이 아닌 것은?

① 왕겨나 짚을 태운다.
② 소형 터널을 설치한다.
③ 대형 선풍기로 대기를 교반시킨다.
④ 하우스 측 창을 연다.

081 다음 중 가뭄 피해를 경감시키는 방법으로 옳은 것은?

① 배 수
② 객 토
③ 초생재배
④ 관 수

082 토마토, 오이 등의 열매채소와 카네이션, 국화 등의 화훼류 재배에 널리 이용되고 있는 온실은?

① 외쪽지붕형 온실
② 3/4 지붕형 온실
③ 양쪽지붕형 온실
④ 양쪽지붕연동형 온실

083 피복자재에 대한 설명으로 틀린 것은?

① 벤로형 온실에는 주로 4mm 두께의 유리를 사용한다.
② 우리나라 플라스틱 외피복재 중 사용량이 가장 많은 것은 EVA 필름이다.
③ FRP는 불포화 PET 수지에 유리 섬유를 보강시킨 복합재이다.
④ PC판은 자외선 투과율이 매우 낮다.

084 다음 중 육묘용 상토로서 갖추어야 할 조건은?

① 뿌리의 안정을 위해서 비중이 클 것
② 무기물 함량이 될 수 있는 대로 높을 것
③ 공극률이 작아 양·수분을 간직하는 힘이 강할 것
④ 비열이 높고 가격이 저렴할 것

085 과실솎기를 적기에 하였을 때의 이점이 아닌 것은?

① 과실의 착색이 좋아진다.
② 다음 해에 결실될 꽃눈이 많이 분화된다.
③ 과실의 평균 무게가 무거워진다.
④ 과실이 익는 시기가 늦어진다.

086 다음 중에서 유기질 비료가 아닌 것은?

① 요 소
② 퇴 비
③ 깻 묵
④ 계 분

087 벼 종자의 발아와 출아의 적온으로 옳은 것은?

① 10℃
② 20℃
③ 25℃
④ 32℃

088 비료를 만들어진 원료에 따라 분류한 것으로 옳지 않은 것은?

① 인산질 비료 : 유안, 초안
② 무기질 비료 : 요소, 염화칼륨
③ 동물성 비료 : 어분, 골분
④ 식물성 비료 : 퇴비, 구비

089 오리농법에서 오리의 적정 투입수는?

① 15~20마리/10a
② 25~30마리/10a
③ 35~40마리/10a
④ 45~50마리/10a

090 다음 중 오리의 방사 시기로 적당한 시기는?

① 이앙 후 1~2주 후
② 이앙 후 3~4주 후
③ 이앙 후 5~6주 후
④ 이앙 후 7~8주 후

091 다음 중 오리농법에 따른 잡초 방제 효과에 대한 설명으로 틀린 것은?

① 오리는 잡초를 먹어치우거나 짓밟고 몸통으로 논바닥을 문질러서 매몰시킨다.
② 표면수를 탁하게 하여 잡초의 발생 및 발육 환경을 불량하게 한다.
③ 부리나 갈퀴로 벼포기 사이의 피를 할퀴어서 제거하게 한다.
④ 오리는 늙은 잎이나 벼와 피 등의 긴 잎은 잘 먹지 않으므로 이앙 초기 잡초가 크기 전에 방제되도록 관리해야 한다.

092 왕우렁이 농법에서 논에 종자 우렁이를 넣는 시기로 적당한 때는?

① 이앙 후 3일
② 이앙 후 5일
③ 이앙 후 7일
④ 이앙 후 10일

093 다음 중 종자 우렁이를 넣은 후 논의 관리요령으로 옳지 않은 것은?

① 우렁이의 몸체가 반 정도 물 밖에 나올 수 있도록 물의 깊이를 얕게 한다.
② 우렁이 방사 후 초기에는 논에 바로 살포하는 입제 농약뿐 아니라 희석 농약제의 사용도 자제한다.
③ 배수로와 논둑에 설치한 망울타리의 관리를 철저히 하여 우렁이가 밖으로 이동하지 않도록 관리한다.
④ 백로와 같은 조류에 의해 우렁이가 잡아먹히지 않도록 관리한다.

094 쌀겨농법에서 본답 살포 시 적정 살포량은?

① 100kg/10a
② 200kg/10a
③ 300kg/10a
④ 400kg/10a

095 다음 중 유기 전환기간의 연결이 잘못된 것은?

① 한우 식육 – 입식 후 6개월
② 젖소 원유 – 착유우는 90일
③ 돼지 식육 – 입식 후 최소 5개월 이상
④ 산란계 알 – 입식 후 3개월

096 다음 중 곡류 사료에 대한 설명으로 틀린 것은?

① 탄수화물이 주성분이다.
② 단백질의 함량이 높다.
③ 에너지의 함량이 높고 조섬유의 함량이 낮다.
④ 영양소의 소화율이 높고 기호성이 좋다.

097 다음 중 사료 가치가 거의 없는 작물은?

① 수 수
② 보 리
③ 쌀
④ 메 밀

098 유기농업에서 잡초 방제를 위해 사용하는 생물이 아닌 것은?

① 오 리
② 지렁이
③ 참 게
④ 우렁이

099 가축의 전염병 중 돼지 이외의 동물에서 불현성 감염은 거의 없으며, 감염이 성립되면 연령과 관계없이 발병하고, 특징적인 신경 증상을 나타내는 것은?

① 돼지콜레라
② 구제역
③ 오제스키병
④ 뉴캐슬병

100 다음 중 일반적으로 허용되는 사항은?

① 꼬리 자르기
② 부리 자르기
③ 물리적 거세
④ 꼬리 부분에 접착 밴드 붙이기

1일 정답 및 해설

001	002	003	004	005	006	007	008	009	010
④	②	①	②	①	④	①	④	②	④
011	012	013	014	015	016	017	018	019	020
②	②	④	④	②	②	④	②	③	④
021	022	023	024	025	026	027	028	029	030
③	③	④	①	③	④	③	④	①	③
031	032	033	034	035	036	037	038	039	040
③	②	④	①	④	②	①	③	③	②
041	042	043	044	045	046	047	048	049	050
④	③	③	④	③	④	②	④	③	②
051	052	053	054	055	056	057	058	059	060
③	②	③	③	③	①	①	④	①	③
061	062	063	064	065	066	067	068	069	070
③	③	④	③	③	③	③	③	③	②
071	072	073	074	075	076	077	078	079	080
③	①	①	①	③	②	③	③	③	④
081	082	083	084	085	086	087	088	089	090
④	③	②	④	④	①	④	①	②	①
091	092	093	094	095	096	097	098	099	100
③	③	①	②	①	②	④	②	②	③

001 유기농업 : 화학비료, 합성농약 등 합성화학물질을 전혀 사용하지 않고 유기물과 자연 광석 등 자연적인 자재만을 사용하여 농산물을 생산하는 농업

002 친환경농수산물의 정의(친환경농어업 육성 및 유기식품 등의 관리ㆍ지원에 관한 법률 제2조 제2호)
친환경농수산물'이란 친환경농어업을 통하여 얻는 것으로 다음의 어느 하나에 해당하는 것을 말한다.
가. 유기농수산물
나. 무농약농산물
다. 무항생제수산물 및 활성처리제 비사용 수산물

003 자연농업 : 무경운, 무비료, 무제초, 무농약 등 4대 원칙에 입각한 유기농업으로, 자연 환경을 파괴하지 않고 자연 생태계를 보전ㆍ발전시키면서 안전한 먹거리를 생산하는 방법이다.

004 현대적 유기농업은 전통적 유기농업과는 달리 농업의 생산성을 높이기보다는 환경을 보존하고 농산물의 품질을 높이는 데에 초점을 두고 있다.

005 ② 환경보전에 관한 국민의 권리ㆍ의무와 국가의 책무를 명확히 하고, 환경정책의 기본이 되는 사항을 정하여 환경오염과 환경훼손을 예방하며, 환경을 적정하게 관리ㆍ보전함으로써 모든 국민이 건강하고 쾌적한 삶을 누릴 수 있도록 함을 목적으로 한다.
③ 토양 오염에 따른 국민건강 및 환경상의 위해를 예방하고 토양 생태계의 보전을 위하여 오염된 토양을 정화하는 등 토양을 적정하게 관리ㆍ보전하기 위함을 목적으로 한다.

006 친환경 인증제도 실시 목적
• 품질이 우수하고 안전한 농산물의 생산ㆍ공급
• 우리 농산물의 품질 경쟁력 제고
• 생산 조건에 따른 인증으로 안전 농산물에 대한 신뢰 구축
• 소비자의 입맛에 맞는 고품질 안전 농산물의 생산ㆍ공급 체계 확립

007 유기농산물은 유기합성농약과 화학 비료를 일체 사용하지 않고 재배(전환기간 : 다년생 작물은 3년, 그 외 작물은 2년)한 것이며, 유기축산물은 유기축산물 인증 기준에 맞게 재배, 생산된 유기사료를 급여하면서 인증 기준을 지켜 생산한 축산물이다.

008 칼륨 : 광합성, 탄수화물 및 단백질 형성, 세포 내의 수분 공급, 증산에 의한 수분 상실의 제어 등의 역할을 하며, 여러 가지 효소 반응의 활성제로서 작용

009 ② 대기 중에는 질소가스(N_2)가 약 79.1%나 함유되어 있으며 근류균ㆍAzotobacter 등은 공기 중의 질소를 고정한다.
① 산소 농도는 약 20.9%로 작물의 호흡 작용에 알맞은 농도이다.
③ 이산화탄소의 농도는 약 0.03%이며 이는 작물이 충분한 광합성을 수행하기에는 부족하다. 광합성량을 최고도로 높일 수 있는 이산화탄소의 농도는 약 0.25%이다.
④ 아황산가스는 대기 오염에서 가장 대표적인 유해 가스이며 배출량이 많고 독성도 강하다.

010 수해의 요인과 작용
• 토양이 부양하여 산사태ㆍ토양침식 등을 유발
• 유토에 의해서 전답이 파괴ㆍ매몰
• 유수에 의해서 농작물이 도복ㆍ손상되고 표토가 유실
• 침수에 의해서 흙앙금이 가라앉고, 생리적인 피해를 받아서 생육 저해
• 병의 발생이 많아지며, 벼에서는 흰빛잎마름병을 비롯하여 도열병ㆍ잎집무늬마름병이 발생
• 벼는 분얼 초기에는 침수에 강하지만 수잉기와 출수 개화기에는 약해 수잉기~출수 개화기에 특히 피해가 큼
• 수온이 높을수록 호흡기질의 소모가 많아 피해가 큼
• 흙탕물과 고인 물은 흐르는 물보다 산소가 적고 온도가 높아 피해가 큼

011 수분의 역할
• 원형질의 생활 상태를 유지한다.
• 식물체 구성물질의 성분이 된다.
• 필요물질 흡수의 용매가 된다.
• 식물체 내의 물질 분포를 고르게 한다.
• 세포의 긴장 상태를 유지한다.

012 모관수 : 모관수는 표면장력에 의하여 토양공극 내에서 중력에 저항하여 유지되는 수분으로, 모관 현상에 의해서 지하수가 모관공극을 상승하여 공급된다. pF 2.7~4.5로서 작물이 주로 이용하는 수분이다.

013 적산온도 : 적산온도는 작물의 싹트기에서 수확할 때까지 평균 기온이 0℃ 이상인 날의 일평균 기온을 합산한 것이다.

014 광합성에 영향을 미치는 요인은 빛의 세기, 온도, CO_2의 농도이다.

015 한계일장은 식물의 개화를 위해 필요한 최대 혹은 최소 일장을 의미하는 것으로, 식물의 종류와 품종에 따라 다르다. 한계일장보다 짧은 일장에 반응하여 개화하는 식물을 단일식물, 한계일장보다 긴 일장에 반응하여 개화하는 식물을 장일식물이라 하는데 한계일장이 길면 여름, 짧으면 겨울에 꽃을 피우기도 한다.

016 ① 장일상태에서 화성이 유도·촉진된다.
③ 보통 16~18시간의 조명에서 화성이 유도·촉진된다.
④ 장일식물의 유도일장은 장일 측에, 한계일장은 단일 측에 있다.

017 처리 중에 종자가 건조하면 버널리제이션 효과가 감쇄된다.

018 전분 함량이 많으면 내동성이 저하된다.

019 • 호광성 종자 : 담배, 상추, 우엉, 베고니아, 금어초, 페튜니아, 화본과 목초 등
• 혐광성 종자 : 토마토, 가지, 오이, 호박, 대부분의 백합과 작물 등

020 인삼은 한번 본 밭에 옮겨 심으면 같은 장소에서 3~5년 동안 자라고, 이어짓기가 거의 불가능하며, 한번 재배하였던 곳은 10년 이상 다른 작물을 재배한 후에야 다시 재배하는 것이 가능하다.

021 병해충 방제에 효과적인 것은 윤작이며, 기계화 작업에 효과적인 것은 단작이다. 혼작은 생육기간이 거의 같은 두 종류 이상의 작물을 동시에 같은 포장에 섞어서 재배하는 것을 말한다.

022 엽면 시비는 작물의 뿌리가 정상적인 흡수능력을 발휘하지 못할 때, 병충해 또는 침수해 등의 피해를 당했을 때, 이식한 후 활착이 좋지 못할 때 등 응급한 경우에 사용한다.

023 기지 현상의 원인
• 토양 비료분의 소모
• 토양 중의 염류집적
• 토양 물리성의 악화
• 잡초의 번성
• 유독물질의 축적
• 토양선충의 피해
• 토양전염의 병해

025 질산태 질소에는 질산칼륨, 질산암모늄, 질산칼슘 등이 있다.

026 비금속용기를 사용해야 한다.

027 중금속 오염 토양 대책
• 석회성분을 투입하여 토양 산도를 높여 중금속을 불용화한다.
• 인산과 유기물을 사용한다.
• pH를 높이고 Eh를 낮추는 등 토양 산도를 조정하여 토양환원을 촉진한다.
• 흡수력이 강한 묘목류, 화훼류 등의 식물을 이용하여 토양 중 오염물질을 제거한다.

028 경운은 잡초의 종자 또는 잡초를 땅속에 묻히게 하여 발생을 억제한다.

029 암모늄태는 양이온이므로 토양에 부착하는 힘이 강해 비료의 효과가 오래 지속된다.

030 연작장해(기지)를 해소하기 위한 방법으로는 윤작(돌려짓기), 담수, 토양 소독, 유독물질 유거(流去), 객토 및 환토, 접목, 지력 배양 등이 있으며, 이 중 친환경적인 방법은 윤작이다.

031 풍해는 풍속이 크고 공기 습도가 낮을 때에 심하다.

032 미숙 유기물과 황산근 비료의 사용을 피하고, 표층 시비를 하여 뿌리를 지표면 가까이로 유도한다.

033 가뭄해의 대책
• 관개 : 생리적으로 필요한 수분을 공급
• 토양의 수분 보유력 증대 및 증발 억제
  – 토양의 입단·조성 및 드라이파밍(dry farming)
  – 비닐, 짚, 풀, 퇴비 등을 이용한 피복
  – 중경 제초하여 수분의 증발을 막고 잡초와의 수분 쟁탈 방지
  – 증발 억제제 살포
• 재배적 대책
  – 뿌림골을 낮추고 재식 밀도를 성기게 한다.
  – 질소질의 과용을 피하고 인산·칼륨·퇴비를 증시한다.
  – 봄철에 보리밭이 건조할 때에는 답압을 한다.
  – 논에서는 직파재배를 하거나, 만식 적응재배를 한다.

034 저온해 : 양분 흡수, 동화물질의 전류, 질소동화가 저해되어 암모니아의 축적이 증가하고 호흡이 감퇴되어 모든 대사 기능이 저해된다.

035 살수 빙결법 : 물이 얼 때 1g당 80cal의 잠열이 발생되는 점을 이용하여 스프링클러 등의 시설로 작물체의 표면에 물을 뿌려 주는 방법

036 재식 밀도가 과도하게 높으면 대가 약해져서 도복이 유발될 우려가 크기 때문에 재식 밀도를 적절하게 조절해야 하며, 맥류의 경우 복토를 깊게 하면 도복이 경감된다.

037 냉해는 농작물의 생육기간 중 냉온장해에 의해 생육이 저해되고 수량의 감소나 품질의 저하를 가져오는 기상재해로, 호흡과다 또는 이상호흡이 이루어진다.
- 지연형 냉해 : 벼의 생육 초기부터 출수기에 이르기까지 여러 시기에 걸쳐 냉온이나 일조 부족으로 생육이 지연되고 출수가 늦어져 등숙기에 낮은 온도에 처하게 되어 수량이 저하되는 것
- 장해형 냉해 : 유수형성기부터 출수·개화기까지의 기간에 냉온의 영향을 받으면 생식기관이 정상적으로 형성되지 못하거나 또는 화분(꽃가루)의 방출 및 수정에 장애를 일으켜 불임현상을 초래
- 병해형 냉해 : 냉온에서 생육이 부진하여 규산의 흡수가 적어져서 조직의 규질화(硅質化)가 부실하게 되고 광합성 및 질소대사의 이상으로 병균의 침입에 대항하는 능력이 저하되는 것

038 **굴광현상**
굴광현상은 청색광이 가장 유효하다(400~500nm, 특히 440~480nm).

039 **포장동화능력의 지배요인** : 총엽면적, 수광능력, 평균동화능력

040 **일액현상**
- 잎의 가장자리에 있는 수공에서 물이 나오는 현상이다.
- 근압(根壓)을 해소하기 위하여 잎의 엽맥 끝부분에 있는 배수조직을 통해 수분이 바깥으로 나와 물방울이 맺힌다.

041 포드졸은 냉온대로부터 온대의 습윤한 기후에서 침엽수 또는 침엽-활엽 혼림지에 생성되기 쉬운 토양으로 상층의 Fe, Al이 유기물과 결합하여 하층으로 이동하므로 용탈층과 집적층을 갖게 된다.
토양단면의 특징
- 용탈층(E층) : 석영, 비정질의 규산만 남음, 백색의 표백층 형성
- 집적층(B층) : R₂O₃의 집적, 치밀하고 딱딱한 반층 형성, 황·적갈색

042 토양은 어느 곳에서나 고상, 액상 및 기상의 3상으로 구성되어 있다. 구성 비율이 일정하지는 않으나 그 비율은 대개 고상 50%, 액상 25%, 기상 25%이다.

043 **토양유실예측공식** : $A = R \cdot K \cdot LS \cdot C \cdot P$
여기서, R : 강우인자
$\quad\quad K$: 토양의 수식성인자
$\quad\quad LS$: 경사인자
$\quad\quad C$: 작부인자
$\quad\quad P$: 토양관리인자

044 지하 수위가 높은 저지대나 배수가 좋지 못한 토양 그리고 물에 잠겨 있는 논토양은 산소가 부족하여 토양 내의 Fe(철), Mn(망간) 및 S(황)은 환원 상태로 되므로 토양층은 청회색, 청색 또는 녹색의 특유한 색깔을 띠게 된다. 이러한 과정을 글레이화 작용이라 한다.

045 **입단 구조의 파괴에 관계되는 요인**
- 습윤과 건조의 반복
- 동결과 해동의 반복
- 식물뿌리의 물리적 작용
- 유기물의 분해
- 강우와 기온의 변동
- 수분이 과소하거나 과다할 때의 경운

046 물과 양분을 흡착하는 힘이 커서 보수력과 보비력이 좋다.

047 토양의 공극량은 미사질 또는 점토질 함량이 높을수록 증가한다.
점토 함량에 따른 토성의 분류 : 사토 < 사양토 < 양토 < 미사질양토 < 식양토 < 식토

048 토양의 공극은 공기와 수분이 차 있는 부분이며, 주로 고체 입자의 배열 상태에 의해 결정된다.

049 토양온도는 토양 내 수분을 이동시키는 역할을 한다.

050 점토 및 부식과 같은 토양 교질물 입자는 토양의 양이온 치환용량(CEC)을 증대시켜 토양 염기의 용탈을 방지한다.

051 토양의 교질물은 표면적이 크다.

052 **양이온치환능력 순위** : $H^+ > Ca^{2+} > K^+ > Na^+$

053 **변두리전하** : 층상구조를 가지는 점토광물에서 발생하는 표면전하로, 이온 치환이나 결정 구조의 결함으로 인해 발생한다. 주로 음전하를 띠며, 양이온교환능력(CEC)에 영향을 미친다.

054 **1:1 격자형 광물(2층형)** : 규산판 1개와 알루미나판 1개가 결합된 결정단위(Kaolinite, Pyrophyllite)

055 토양이 산성으로 되면 알루미늄(Al) 이온과 망간(Mn) 이온이 용출되어 작물에 해를 준다.

056 사상균류는 신선 유기물이 토양 중에 가해지면 이를 분해하고 Polyuronide를 분비하거나, 미숙 부식 등이 접착제로 작용하여 토양을 입단화한다.

057 아조토박터속(*Azotobacter*속)은 비기생성 질소고정세균이다.
② 클로스트리디움속(*Clostridium*속) : 혐기성 세균
③ 리조비움속(*Rhizobium*속, 근류균) : 공생질소고정세균

058 **퇴비화 과정의 숙성단계**
- 발열과정이 끝나고, 퇴비가 최종적으로 안정화되는 단계이다.
- 발열과정에서는 미생물의 활동이 활발하여 많은 열이 발생하므로 수분이 중요하지만, 숙성단계에서는 발열량이 줄어들기 때문에 수분의 요구량은 상대적으로 낮아진다.

059 ④ 일반적으로 투수성이 크고 구조가 잘 발달되어 내수성 입단이 많을수록 수식이 적다. 토양의 입자가 클수록, 유기물의 함량이 많을수록, 토심이 깊을수록 투수성이 크다.
②·③ 강우에 의한 침식은 용량 인자인 우량보다는 강도 인자인 우세의 영향이 크며, 장시간의 약한 비보다 단시간의 폭우가 토양침식을 더 크게 일으킨다.

060 토양이 나지로 되면 토양침식이 조장되므로 작물을 재배하여 지표면을 피복하여야 한다.

061 ① 풍식은 건조 또는 반건조 지방의 평원에서 일어나기 쉽고, 온대 습윤 지방에서도 일어나지만, 건조 또는 반건조 지방에서와 같이 심하지는 않다.
② 우리나라에서는 특히 동해안과 제주도 해안의 모래바닥에서 다발한다.
④ 풍식의 모형이다.

062 중금속 원소는 토양 중에서 이동성이 적고 침투수에 의해 용탈되기 어렵기 때문에 토양의 보비력·보수력이 클수록 오염도가 커진다.

063 광산폐수는 카드뮴, 구리, 납, 아연 등의 중금속 오염원이다.
• 질소 : 농약, 화학 비료, 가축의 분뇨 등
• 인산 : 생활하수(합성세제 등)

064 비료를 과다사용하면 토양에 잔류한 비료 성분이 빗물에 의해 지하로 스며든 후 확산해 가지 못하고 농지에 계속 축적되어 염류집적현상이 일어난다. 또한 점토 함량이 적고 미사와 모래 함량이 많아 지표가 건조해져도 염류집적현상이 일어난다.

065 연작장해가 일어나기 쉬운 것은 밭토양이다.

066 염기포화도 = $\dfrac{\text{치환성양이온}(H^+\text{와 } Al^{3+}\text{을 제외한 양이온})}{\text{양이온치환용량(CEC)}} \times 100$

$= \dfrac{3.5 + 1.5 + 1 + 1}{10} = 70\%$

067 고도로 분해된 유기물을 많이 함유한 토양은 어두운색을 띠고, 산화철 광물이 풍부하면 적색을 띤다.

068 잦은 경운은 오히려 토양 생태계를 파괴하므로 전층 기계경운을 수시로 실시하는 것은 적절하지 않고, 석고·토양개량제·생짚 등을 사용하여 토양의 물리성을 개량한다.

069 간척지 토양은 점토가 과다하고 나트륨 이온이 많아 토양의 투수성 및 통기성이 매우 불량하다.

070 화학비료를 과도하게 주면 지력이 쇠퇴하고 화학비료 속에 녹아 있는 질산이나 인산에 의해 지하수나 수질이 오염될 수 있다.

071 시설재배지 토양의 문제점
• 한두 종류의 작물만 계속하여 연작함으로써 특수 성분의 결핍을 초래한다.
• 집약화의 경향에 따라 요구도가 큰 특정 비료의 편중된 사용으로 염화물·황화물(Ca, Mg, Na 등) 등의 염기가 부성분으로 토양에 집적된다.
• 토양의 pH가 작물 재배에 적합하지 못한 적정 pH 이상으로 높아진다.
• 토양의 비전도도(EC)가 기준 이상인 경우가 많아 토양 용액의 삼투압이 매우 높고, 활성도비가 불균형하여 무기성분 간 길항작용에 의해 무기성분의 흡수가 어렵게 된다.

• 대량요소의 시용에만 주력하여 미량요소의 결핍이 일반적인 특징이다.

072 증산 위주에서 소비와 교역 위주로 전환하고 있다.

073 GAP(Good Agricultural Practices, 우수농산물관리제도)는 농산물의 안전성을 확보하고 농업환경을 보존하기 위하여 농산물의 생산, 수확 후 관리 및 유통의 각 단계에서 재배포장 및 농업용수 등의 농업환경과 농산물에 잔류할 수 있는 농약, 중금속 또는 유해생물 등의 위해요소를 적절하게 관리하여 소비자에게 그 관리사항을 알 수 있게 하는 체계이다.
도입효과
• 농산물의 안전성에 대한 소비자의 인식 제고 : 소비자가 만족하는 투명한 우수관리인증농산물 생산체계 구축을 통하여 국산농산물에 대한 소비자 인식 제고 및 신뢰 향상으로 수익성 증대를 도모할 수 있음
• 농산물 품질관리제도 도입에 의한 생산농가의 경쟁력 확보 : 국산농산물의 수출경쟁력 확보가 가능하고, 수입농산물에 대하여도 동등한 수준의 GAP 적용을 요구할 수 있으며, 통명거래에 의한 품질관리도 용이해짐

074 화학비료와 농약의 과다사용은 농가 생산비 증가뿐만 아니라 환경파괴를 초래하여 미국과 유럽연합은 농약 사용을 최소화하고 토양과 작물의 양분 상태에 따라 적정 시비를 하는 저투입 지속농업(LISA ; Low Input Sustainable Agriculture)을 추진하고 있다.

075 복합 저항성 품종이 개발되어 실제로 재배되고 있는 사례도 있으나 이렇게 복합 저항성을 가진 품종은 오히려 예외에 속하는 편이다.

076 품종보호요건 : 신규성, 구별성, 균일성, 안전성, 품종 고유명칭

077 ① 교잡을 통해서 육종의 소재가 되는 변이를 얻는 방법
② 교배를 하지 않고 재래종에서 우수한 특성을 가진 개체를 골라 품종으로 만드는 방법
④ 자연적 돌연변이 또는 인위적 돌연변이를 이용하여 우수한 품종을 얻는 방법

078 원예작물 중 채소는 인체의 건전한 발육에 필수적인 비타민 A·C와 칼슘, 철, 마그네슘 등의 무기 염류를 공급해 준다.

079 원예는 경제의 발전과 비례하여 발전하는 산업이다. 농산물의 수입 개방에 따라 외국에서 값싼 노동력에 의해 생산된 원예 생산물이 무분별하게 수입되어 우리나라의 원예산업에 지장을 주고 있지만, 고품질의 상품을 값싸게 생산하는 방법으로 이를 극복해야 한다.

080 저온해에 대한 대책 : 불 피우기, 고깔 씌우기, 소형터널 설치, 멀칭, 강제대류

081 가뭄에 대한 근본적인 대책은 관개이며, 심을 때 건조의 피해를 쉽게 받을 수 있는 급경사지 등은 피하는 것이 좋다. 초생 재배는 토양침식을 막을 수 있으나 토양 중의 수분 증발이 크기 때문에, 청경 재배를 실시하고 중경을 하여 토양 표면으로부터의 수분 증발량을 줄여야 한다.

082 **양쪽 지붕형 온실**
- 양쪽 지붕의 길이가 같은 온실로, 광선이 사방으로 균일하게 입사하고 통풍이 잘 되는 장점이 있다.
- 남북 방향으로 지으면 햇볕이 고르게 든다.
- 측면과 천장에 환기창을 설치하기 때문에 환기가 잘 된다.
- 좌우의 처마 높이가 같으므로 연동으로 세울 수도 있다.
- 일반적으로 너비가 5.4~9.2m인 온실이 많이 사용되고 있다.
- 재배 관리가 편리하기 때문에 토마토, 오이 등의 열매채소와 카네이션, 국화 등의 화훼류 재배에 널리 이용되고 있다.

083 우리나라 플라스틱 외피복재 중 가장 많이 사용되는 것은 PE(70% 이상)이다.

084 **좋은 상토를 조제하기 위하여 고려해야 할 점** : 경량 상토로서 비중이 낮고 비열이 높으며, 값이 싸고 병충해가 없는 무균 상태이어야 한다. 그리고 유기물 함량이 높고, 분해가 물리·화학적으로 안정되어 있어야 하며, 보수성과 통기성이 적당해야 한다. 또한 작은 용기에 배지를 충분히 충전할 수 있으며 자체의 결합력을 갖춘 배지이어야 한다.
※ 육묘
- 종자를 파종하여 묘를 가꾸는 일로 과채류, 배추, 대파 등 채소와 초화류에 이용된다.
- 요즘은 농협, 생산자조합, 종묘사 등에서 묘를 생산하여 공급하는 분업의 형태로 발전해 가고 있다.
- 육묘시설, 육묘용기, 상토배양액 등에 따라 육묘방법도 공정 육묘 시설에서 플러그를 주문하는 단계로 바뀌었다.

085 **열매솎기의 효과**
- 과실의 크기를 크고 고르게 해 준다.
- 과실의 착색을 돕고 품질을 높여 준다.
- 나무의 잎, 가지, 뿌리 등의 수체 생장을 돕는다.
- 꽃눈의 분화 발달을 좋게 하고 해거리를 예방한다.
- 병해충을 입은 과실이나 모양이 나쁜 것을 제거한다.
- 과실의 모양을 고르게 한다.
- 적기에 열매솎기를 하면 과실의 무게를 증가시킬 수 있다.

086 ① 요소는 질소질 비료에 속한다.
유기질 비료는 동·식물을 원료로 하여 생산한 비료로서, 일반적으로 비료로 분류하고 있으나 보통 무기질 비료(화학 비료)의 상대적 개념으로서 퇴비, 건조시킨 계분 등의 부산물 비료를 포함하고 있다.

087 벼 종자의 발아와 출아의 적온은 32℃로 높은 온도가 적합하지만, 그 후의 생육적온은 일평균 25℃~20℃로 점차 낮아져서, 못자리 기간의 1일 최저기온이 10℃ 이상이면 된다. 일평균 기온 25℃ 이상은 오히려 적당하지 않다.

088 ① 유안, 초안은 질산질 비료이다.

089 오리의 먹이가 되는 논의 잡초나 벌레의 양에 따라 다르나 10a당 25~30마리 정도가 적당하다.

090 방사시기는 모의 활착 정도, 모의 크기, 온도, 벼의 작형 등을 고려하여 결정하는데, 너무 늦을 경우 잡초가 너무 커서 방제가 어려우므로 이앙 후 7~14일 후에 방사하는 것이 무난하다.

091 벼 포기 사이의 피는 오리가 제거하지 못하므로 사람이 제거해야 한다.

092 종자 우렁이를 넣는 시기는 이앙 후 7일이 가장 효과적이다.

093 왕우렁이는 물속이나 수면에 있는 먹이를 먹기 때문에 물의 깊이가 낮거나 논이 마르면 왕우렁이의 몸체와 먹이가 수면 위로 드러나게 되어 먹이를 먹을 수 없게 된다. 따라서 왕우렁이를 넣은 논의 물 관리는 모포기가 물속에 잠기지 않을 정도로 깊게 한다.

094 벼 수확 후 쌀겨를 미생물로 발효시켜 10a당 200kg 살포 후, 미생물 활동을 돕기 위하여 얇게 로터리 작업을 실시한다.

095 한우 식육의 최소 사육기간(전환기간)은 입식 후 최소 12개월 이상이다.

096 곡류사료는 단백질의 함량이 낮고, 그 질이 좋지 못하다.

097 메밀은 사료 가치가 거의 없다. 단백질의 함량은 귀리보다 낮고, 지방의 함량은 귀리의 절반 정도이다.

098 잡초의 생물적 방제 : 오리농법, 왕우렁이농법, 참게농법 등

099 (돼지)오제스키병은 허피스 바이러스 감염에 의한 제2종 가축전염병으로, 돼지를 자연숙주로 하기에 돼지에서 발병하는 경우가 많으나 소, 면양, 산양 등의 가축과 개, 고양이, 쥐 등의 동물들에게도 발병 가능하다.

100 생산물의 품질 향상과 전통적인 생산방법의 유지를 위하여 물리적 거세를 할 수 있다.

5일 완성
유기농업기능사

2/일

과년도 기출문제

★ ★ ★

5일 완성
유기농업기능사

★ ★ ★

2일 | 제1회 과년도 기출문제

01 윤작의 효과가 아닌 것은?

① 지력의 유지 및 증강
② 토양유기물 증대
③ 잡초증가
④ 수량증대

02 우수한 종자를 생산하는 채종재배에서 종자의 퇴화를 방지하기 위한 대책으로 틀린 것은?

① 감자는 평야지대보다 고랭지에서 씨감자를 생산한다.
② 채종포에 공용(供用)되는 종자는 원종포에서 생산된 신용 있는 우수한 종자이어야 한다.
③ 질소비료를 과용하지 말아야 한다.
④ 종자의 오염을 막기 위해 병충해 방지를 하지 않는다.

03 습해 발생으로 인한 작물의 피해요인이 아닌 것은?

① 과습하면 호흡장애가 발생한다.
② 동기습해(冬期濕害)의 경우 지온이 낮아져 토양미생물의 활동이 억제된다.
③ 무기성분(N, P, K, Ca 등)의 흡수가 저해된다.
④ 메탄가스, 이산화탄소의 생성이 적어진다.

04 벼의 이앙재배에 비해 직파재배의 가장 큰 장점은?

① 잡초방제가 용이하다.
② 쌀의 품질이 향상된다.
③ 노동력을 절감할 수 있다.
④ 종자를 절약할 수 있다.

05 탄산시비란?

① 토양산도를 교정하기 위하여 토양에 탄산칼슘을 넣어주는 것
② 시설재배에서 시설 내의 이산화탄소의 농도를 인위적으로 높여주는 것
③ 산업폐기물로 나오는 탄산가스의 처리와 관련하여 생기는 사회 문제
④ 양액재배에서 양액의 탄산가스 농도를 높여 야간 호흡을 억제하는 것

06 도복의 피해가 아닌 것은?

① 수량감소
② 품질손상
③ 수확작업의 간편
④ 간작물(間作物)에 대한 피해

07 작물의 발달과 관련된 용어의 설명으로 틀린 것은?

① 작물이 원래의 것과 다른 여러 갈래로 갈라지는 현상을 작물의 분화라고 한다.

② 작물이 환경이나 생존경쟁에서 견디지 못해 죽게 되는 것을 순화라고 한다.

③ 작물이 점차 높은 단계로 발달해 가는 현상을 작물의 진화라고 한다.

④ 작물이 환경에 잘 견디어 내는 것을 적응이라 한다.

08 증발산량이 2,750g이고, 건물생산량이 95g이라면 이 작물의 요수량은?(단, 생육기간 중 흡수된 수분량은 증발산량으로 한다)

① 약 29g

② 약 33g

③ 약 38g

④ 약 45g

09 작물이 최초에 발상하였던 지역을 그 작물의 기원지라 한다. 다음 작물 중 기원지가 우리나라인 것은?

① 벼

② 참 깨

③ 수 박

④ 인 삼

10 작물의 생육에 있어 광합성에 영향을 주는 적색광역의 파장은?

① 300nm

② 450nm

③ 550nm

④ 670nm

11 두과 사료작물에 해당하는 작물은?

① 라이그래스

② 호 밀

③ 옥수수

④ 알팔파

12 작물에 따라서 양분요구특성에 차이가 있다. 해당 작물의 비료 3요소 흡수비율로 가장 적합한 것은?(단, N : P : K의 비율)

① 벼는 2 : 2 : 3이다.

② 맥류는 5 : 2 : 3이다.

③ 옥수수는 2 : 2 : 4이다.

④ 고구마는 5 : 1 : 1.5이다.

13 작물 재배에 있어 작물의 유전성과 환경조건 및 재배기술이 균형있게 발달되어야 증대될 수 있는 것으로 가장 관계가 깊은 것은?

① 품 질

② 수 량

③ 색 택

④ 당 도

14 식물의 일장효과(日長效果)에 대한 설명으로 틀린 것은?

① 모시풀은 자웅동주식물인데 일장에 따라서 성의 표현이 달라지며, 14시간 일장에서는 완전자성(암꽃)이 된다.

② 콩 등의 단일식물이 장일 하에 놓이면 영양생장이 계속되어 거대형이 된다.

③ 고구마의 덩이뿌리는 단일조건에서 발육이 조장된다.

④ 콩의 결협 및 등숙은 단일조건에서 조장된다.

15 연작의 피해가 심하여 휴작을 요하는 기간이 가장 긴 것은?

① 벼
② 양 파
③ 인 삼
④ 감 자

16 작물의 생육과 관련된 3대 주요온도가 아닌 것은?

① 최저온도
② 평균온도
③ 최적온도
④ 최고온도

17 심층시비를 가장 바르게 실시한 것은?

① 암모늄태 질소를 산화층에 시비하는 것
② 암모늄태 질소를 환원층에 시비하는 것
③ 질산태 질소를 산화층에 시비하는 것
④ 질산태 질소를 표층에 시비하는 것

18 장명(長命)종자는?

① 메 밀
② 고 추
③ 삼(大麻)
④ 가 지

19 용도에 따른 작물의 분류로 틀린 것은?

① 식용작물 : 벼, 보리, 밀
② 공예작물 : 옥수수, 녹두, 메밀
③ 사료식물 : 호밀, 순무, 돼지감자
④ 원예작물 : 배, 오이, 장미

20 비료를 엽면시비할 때 영향을 미치는 요인이 아닌 것은?

① 살포액의 pH
② 살포액의 농도
③ 농약과의 혼합관계
④ 살포할 때의 속도

21 토양의 입자밀도가 $2.65g/cm^3$, 용적밀도가 $1.45g/cm^3$인 토양의 공극률은?

① 약 30%
② 약 45%
③ 약 60%
④ 약 75%

22 우리나라 저위생산지 논의 종류에 해당하지 않는 것은?

① 특이 산성토
② 보통답
③ 사력질답
④ 퇴화염토

23 담수조건의 논토양에 존재할 수 있는 양분의 형태가 아닌 것은?

① NH_4^+
② SO_4^{2-}
③ Fe^{2+}
④ Mn^{2+}

24 밭토양의 3상에 대한 설명으로 적합하지 않은 것은?

① 토양의 3상은 액상, 기상, 고상으로 구성되어 있다.
② 고상은 무기물과 유기물로 구성되어 있다.
③ 일반적으로 토양의 고상과 액상의 비율은 각 약 25% 정도이다.
④ 토양의 깊이가 깊어짐에 따라 액상의 비율은 일반적으로 증가된다.

25 1:1 격자형 광물에 속하는 것은?

① Montmorillonite
② Vermiculite
③ Mica
④ Kaolinite

26 유기재배 토양에 많이 존재하는 지렁이의 설명으로 옳은 것은?

① 지렁이는 유기물이 많은 곳에서 숫자가 줄어든다.
② 지렁이가 많으면 각주구조 토양이 많이 생긴다.
③ 지렁이는 공기가 잘 통하는 곳에서는 숫자가 늘어난다.
④ 지렁이는 습한 토양에서 숫자가 줄어든다.

27 토양의 질소 순환작용에서 작용과 반대작용으로 바르게 짝지어져 있는 것은?

① 질산환원작용 – 질소고정작용
② 질산화작용 – 질산환원작용
③ 암모늄화작용 – 질산환원작용
④ 질소고정작용 – 유기화작용

28 토양의 생성 및 발달에 대한 설명으로 틀린 것은?

① 한랭습윤한 침엽수림 지대에서는 Podzol 토양이 발달한다.
② 고온다습한 열대 활엽수림 지대에서는 Latosol 토양이 발달한다.
③ 경사지는 침식이 심하므로 토양의 발달이 매우 느리다.
④ 배수가 불량한 저지대는 황적색의 산화토양이 발달한다.

29 논토양에서 탈질작용이 가장 빠르게 일어날 수 있는 질소의 형태는?

① 질산태 질소
② 암모늄태 질소
③ 요소태 질소
④ 유기태 질소

30 치환성 염기(교환성 염기)로 볼 수 없는 것은?

① K^+
② Ca^{2+}
③ Mg^{2+}
④ H^+

31 습답의 특징으로 볼 수 없는 것은?

① 지하수위가 표면으로부터 50cm 미만이다.

② 유기산이나 황화수소 등 유해물질이 생성된다.

③ Fe^{3+}, Mn^{4+}가 환원작용을 받아 Fe^{2+}, Mn^{2+}가 된다.

④ 칼륨성분의 용해도가 높아 흡수가 잘 되나 질소흡수는 저해된다.

32 생물적 풍화작용에 해당하는 설명으로 옳은 것은?

① 암석광물은 공기 중의 산소에 의해 산화되어 풍화작용이 진행된다.

② 미생물은 황화물을 산화하여 황산을 생성하고 이는 암석의 분해를 촉진한다.

③ 산화철은 수화작용을 받으면 침철광이 된다.

④ 정장석이 가수분해 작용을 받으면 점토가 된다.

33 빗물에 의한 토양 침식에서 침식 정도를 결정하는 가장 큰 요인은?

① 강우 지속시간

② 강우 강도

③ 경사길이

④ 경사도

34 토양을 분석한 결과 토양의 양이온교환용량은 10cmol/kg이었고, Ca : 4.0cmol/kg, Mg : 1.5cmol/kg, K : 0.5cmol/kg 및 Al : 1.0cmol/kg이었다면 이 토양의 염기포화도(Base Saturation)는?

① 40%

② 50%

③ 60%

④ 70%

35 다음 영농활동 중 토양미생물의 밀도와 활력에 가장 긍정적인 효과를 가져다 줄 수 있는 것은?

① 유기물 시용

② 상하경 재배

③ 농약 살포

④ 무비료 재배

36 우리나라 밭토양의 특징과 거리가 먼 것은?

① 밭토양은 경사지에 분포하고 있어 논토양보다 침식이 많다.

② 밭토양은 인산의 불용화가 논토양보다 심하지 않아 인산유효도가 높다.

③ 밭토양은 양분유실이 많아 논토양보다 양분 의존도가 높다.

④ 밭토양은 논토양에 비하여 양분의 천연공급량이 낮다.

37 토양미생물인 사상균에 대한 설명으로 틀린 것은?

① 균사로 번식하며 유기물 분해로 양분을 획득한다.

② 호기성이며 통기가 잘 되지 않으면 번식이 억제된다.

③ 다른 미생물에 비해 산성토양에서 잘 적응하지 못한다.

④ 토양 입단 발달에 기여한다.

38 2년 전 pH가 4.0이었던 토양을 석회 시용으로 산도교정을 하고 난 후, 다시 측정한 결과 pH가 6.0이 되었다. 토양 중의 H^+ 이온 농도는 처음 농도의 얼마로 감소되었나?

① 1/10

② 1/20

③ 1/100

④ 1/200

39 우리나라의 전 국토의 2/3가 화강암 또는 화강편마암으로 구성되어 있다. 이러한 종류의 암석은 토양생성과정 인자 중 어느 것에 해당하는가?

① 기 후
② 지 형
③ 풍화기간
④ 모 재

40 화학적 풍화에 대한 저항성이 강하며 토양 중 모래의 주성분이 되는 토양광물은?

① 석 영
② 장 석
③ 운 모
④ 각섬석

41 일반적인 퇴비화의 과정으로 옳은 것은?

① 전처리 과정 → 숙성 과정 → 본처리 과정
② 전처리 과정 → 본처리 과정 → 숙성 과정
③ 숙성 과정 → 본처리 과정 → 전처리 과정
④ 본처리 과정 → 전처리 과정 → 숙성 과정

42 시설하우스 염류집적의 대책으로 적합하지 않은 것은?

① 강우의 차단
② 제염작물의 재배
③ 유기물 시용
④ 담수에 의한 제염

43 한포장에서 연작을 하지 않고 몇 가지 작물을 특정한 순서로 규칙적으로 반복하여 재배하는 것은?

① 혼 작
② 교호작
③ 간 작
④ 돌려짓기

44 유기농업의 목표로 보기 어려운 것은?

① 환경보전과 생태계 보호
② 농업생태계의 건강 증진
③ 화학비료·농약의 최소 사용
④ 생물학적 순환의 원활화

45 지력이 감퇴하는 원인이 아닌 것은?

① 토양의 산성화
② 토양의 영양 불균형화
③ 특수비료의 과다 시용
④ 부식의 시용

46 유기재배 인증을 받고 작물을 재배할 때에 대한 설명으로 틀린 것은?

① 유기재배 과정에서 나오는 부산물을 사용하였다.
② 농촌진흥청장이 공시한 친환경농자재를 사용하였다.
③ 개화시 생장조절제를 사용하여 품질을 좋게 하였다.
④ 화염방사기로 제초작업을 하였다.

47 화학비료가 토양에 미치는 영향으로 거리가 먼 것은?

① 토양생물 다양성 감소
② 무기물의 공급
③ 작물의 속성수확
④ 미생물의 공급

48 재배행위에 따른 문제점의 연결로 틀린 것은?

① 연작 : 기지현상 유발
② 토양소독 : 미생물 교란
③ 다비재배 : EC 저하
④ 대형기계의 토양 답압화 : 통기성 불량

49 작물 재배 시 300평당 전 생육기간에 필요한 질소 성분량이 10kg일 때, 질소가 5%인 혼합유박은 몇 kg을 사용해야 하는가?

① 200kg
② 300kg
③ 350kg
④ 400kg

50 유아(어린이)에게 청색증을 나타나게 하는 화학성분은?

① 붕 소
② 칼 슘
③ 마그네슘
④ 질산태 질소

51 유기농업과 관련성이 가장 먼 개념의 용어는?

① 지속적 농업
② 정밀농업
③ 생태농업
④ 친환경농업

52 유기농업에서 주로 이용되는 농법이 아닌 것은?

① 단 작
② 무경운
③ 퇴구비 사용
④ 윤 작

53 유기종자 품종으로 적당하지 않은 것은?

① 생태형 품종
② 재래종 품종
③ 유전자 변형 품종
④ 분리육종 품종

54 병충해 종합관리를 나타내는 용어는?

① GAP
② INM
③ IPM
④ NPN

55 과수 및 과실의 생장에 영향을 미치는 수분에 대한 설명으로 틀린 것은?

① 토양수분이 많아지면 공기함량이 많아지고 공기가 적어지면 수분함량이 적어지는 관계가 있다.

② 수분은 과수체내(果樹體內)의 유기물을 합성·분해하는 데 없어서는 안 될 물질이다.

③ 수분은 수체구성물질(樹體構成物質)로도 중요한 역할을 하는데 이와 같이 과수(果樹)가 필요한 수분은 토양수분으로 공급되고 토양수분은 대체로 강우로 공급된다.

④ 일반적으로 작물·과수 등의 생육에 용이하게 이용되는 수분은 모관수(毛管水)이다.

56 개화기 때에 청예사료로 이용되며, 가소화영양소총량(TDN)이 다음 중 가장 높은 작물은?

① 옥수수

② 호 밀

③ 귀 리

④ 유 채

57 우렁이농법에 의한 유기벼 재배에서 우렁이 방사에 의해 주로 기대되는 효과는?

① 잡초방제

② 유기물 대량공급

③ 해충방제

④ 양분의 대량공급

58 시설 및 노지의 유기재배에서 널리 사용하는 질소 보충용 자재는?

① 증제골분

② 지렁이분

③ 갑각류

④ 채종박

59 IFOAM이란?

① 국제유기농업운동연맹

② 무역의 기술적 장애에 관한 협정

③ 위생식품검역 적용에 관한 협정

④ 식품관련법

60 시설원예 토양의 특성이 아닌 것은?

① 토양의 공극률이 낮다.

② 토양의 pH가 낮다.

③ 토양의 통기성이 불량하다.

④ 염류농도가 낮다.

2일 | 제2회 과년도 기출문제

01 변온에 의하여 종자의 발아가 촉진되지 않는 것은?

① 당 근
② 담 배
③ 아주까리
④ 셀러리

02 물속에서는 발아하지 못하는 종자는?

① 상 추
② 가 지
③ 당 근
④ 셀러리

03 빛과 작물의 생리작용에 대한 설명으로 틀린 것은?

① 광이 조사(照射)되면 온도가 상승하여 증산이 조장된다.
② 광합성에 의하여 호흡기질이 생성된다.
③ 식물의 한쪽에 광을 조사하면 반대쪽의 옥신 농도가 낮아진다.
④ 녹색식물은 광을 받으면 엽록소 생성이 촉진된다.

04 일반적으로 작물 생육에 가장 알맞은 토양 조건은?

① 토성은 수분·공기·양분을 많이 함유한 식토나 사토가 가장 알맞다.
② 작토가 깊고 양호하며 심토는 투수성과 투기성이 알맞아야 한다.
③ 토양구조는 홑알(單粒)구조로 조성되어야 한다.
④ 질소, 인산, 칼륨의 비료 3요소는 많을수록 좋다.

05 수분으로 포화된 토양으로부터 증발을 방지하면서 중력수를 완전히 배제하고 남은 수분상태는?

① 최대용수량
② 포장용수량
③ 초기위조점
④ 영구위조점

06 농작물의 분화과정에서 자연적으로 새로운 유전자형이 생기게 되는 가장 큰 원인은?

① 영농방식의 변화
② 재배환경의 변화
③ 재배기술의 변화
④ 자연교잡과 돌연변이

07 수박을 신토좌에 접붙여 재배하는 주 목적으로 옳은 것은?

① 흰가루병을 방제하기 위하여
② 덩굴쪼김병을 방제하기 위하여
③ 크고 당도가 높은 과실을 생산하기 위하여
④ 과실이 터지는 현상인 열과를 방지하기 위하여

08 콩의 잎에 생기는 병해가 아닌 것은?

① 모자이크병
② 갈색무늬병
③ 노균병
④ 자주빛무늬병

09 벼 침관수 피해에 대한 설명으로 틀린 것은?

① 분얼초기에서보다는 수잉기나 출수기에 크게 나타난다.
② 같은 침수기간이라도 맑은 물에서 보다는 탁수에서 피해가 크다.
③ 침수시에 높은 수온에서 피해가 큰 것은 호흡기질의 소모가 빨라지기 때문이다.
④ 침수시에 흐르는 물에서 보다는 흐르지 않는 정체수에서 피해가 상대적으로 적다.

10 식물병의 주인(主因)으로 거리가 먼 것은?

① 침 수
② 선 충
③ 곰팡이
④ 세 균

11 요소를 0.1% 용액을 만들어 엽면시비하려고 한다. 물 20L에 들어갈 요소의 양은?(단, 비중은 1로 한다)

① 10g
② 20g
③ 100g
④ 200g

12 다음 중 적산온도 요구량이 가장 높은 작물은?

① 감 자
② 메 밀
③ 벼
④ 담 배

13 풍건상태일 때 토양의 pF 값은?

① 약 4
② 약 5
③ 약 6
④ 약 7

14 수도의 냉해 발생과 품종의 내냉성에 관한 설명으로 틀린 것은?

① 남풍벼, 장성벼는 냉해에 약한 편이다.
② 오대벼, 운봉벼는 냉해에 강한 편이다.
③ 벼의 감수분열기에는 8~10℃ 이하에서부터 냉해를 받기 시작한다.
④ 생육시기에 의하여 위험기에 저온을 회피할 수 있는 것은 냉해회피성이라 한다.

15 종묘로 이용되는 영양기관이 덩이뿌리(괴근)인 것은?

① 생 강
② 연
③ 호 프
④ 마

16 식물체 내에서 합성되는 호르몬이 아닌 것은?

① 옥 신
② CCC
③ 지베렐린
④ 시토키닌

17 식용작물의 분류상 연결이 틀린 것은?

① 맥류 – 벼, 수수, 기장
② 잡곡 – 옥수수, 조, 메밀
③ 두류 – 콩, 팥, 녹두
④ 서류 – 감자, 고구마, 토란

18 가을 보리의 춘화 처리 시에 적합한 생육시기와 처리온도는?

① 최아종자를 0~3℃에 처리한다.
② 최아종자를 5~10℃에 처리한다.
③ 본엽이 4~5매 전개되었을 때 0~3℃에 처리한다.
④ 본엽이 4~5매 전개되었을 때 5~10℃에 처리한다.

19 땅갈기(경운)의 특징에 대한 설명으로 틀린 것은?

① 토양미생물의 활동이 증대되어 작물 뿌리 발달이 왕성하다.
② 종자를 파종하거나 싹을 키워 모종을 심을 때 작업이 쉽다.
③ 잡초와 해충의 발생을 억제한다.
④ 땅을 깊이 갈면 땅 속 깊숙이 물이 들어가 수분 손실이 심하다.

20 작물에 유해한 성분이 아닌 것은?

① 수 은
② 납
③ 황
④ 카드뮴

21 물리적 풍화작용에 속하는 것은?

① 가수분해작용
② 탄산화작용
③ 빙식작용
④ 수화작용

22 토양의 용적밀도를 측정하는 가장 큰 이유는?

① 토양의 산성 정도를 알기 위해
② 토양의 구조발달 정도를 알기 위해
③ 토양의 양이온 교환용량 정도를 알기 위해
④ 토양의 산화환원 정도를 알기 위해

23 토양미생물의 작용 중 작물 생육에 불리한 것은?

① 탈질 작용
② 유리질소 고정
③ 암모니아 화성작용
④ 불용인산의 가용화

24 점토광물에 음전하를 생성하는 작용은?

① 변두리전하
② 이형치환
③ 양이온의 흡착
④ 탄산화작용

25 논토양보다 배수가 양호한 밭토양에 많이 존재하는 무기물의 형태는?

① Fe^{3+}
② CH_4
③ Mn^{2+}
④ H_2S

26 토양의 입단화(粒團化)에 좋지 않은 영향을 미치는 것은?

① 유기물 시용
② 석회 시용
③ 칠레초석 시용
④ Krillium 시용

27 토양의 산화환원 전위값으로 알 수 있는 것은?

① 토양의 공기유통과 배수상태
② 토양산성 개량에 필요한 석회소요량
③ 토양의 완충능
④ 토양의 양이온 흡착력

28 밭토양에 비하여 논토양의 철(Fe)과 망간(Mn) 성분이 유실되어 부족하기 쉬운데 그 이유로 가장 적합한 것은?

① 철(Fe)과 망간(Mn) 성분이 논토양에 더 적게 함유되어 있기 때문이다.
② 논토양은 벼 재배기간 중 담수상태로 유지되기 때문이다.
③ 철(Fe)과 망간(Mn) 성분은 벼에 의해 흡수 이용되기 때문이다.
④ 철(Fe)과 망간(Mn) 성분은 미량요소이기 때문이다.

29 토양관리에 미치는 윤작의 효과로 보기 어려운 것은?

① 토양 병충해 감소
② 토양유기물 함량 증진
③ 양이온 치환능력 감소
④ 토양미생물 밀도 증진

30 토양 입단생성에 가장 효과적인 토양미생물은?

① 세 균
② 나트륨세균
③ 사상균
④ 조 류

31 질소와 인산에 의한 토양의 오염원으로 가장 거리가 먼 것은?

① 광산폐수
② 공장폐수
③ 축산폐수
④ 가정하수

32 유기농업에서 칼륨질 화학비료 대신 사용할 수 있는 자재는?

① 석회석
② 고령토
③ 일라이트
④ 제올라이트

33 지하수위가 높은 저습지 또는 배수가 불량한 곳은 물로 말미암아 $Fe^{3+} \rightarrow Fe^{2+}$로 되고 토층은 담청색~녹청색 또는 청회색을 띤다. 이와 같은 토층의 분화를 일으키는 작용을 무엇이라 하는가?

① Podzol화 작용
② Latsol화 작용
③ Glei화 작용
④ Siallit화 작용

34 시설재배지 토양의 특성에 해당하지 않는 것은?

① 연작으로 인해 특수 영양소의 결핍이 발생한다.
② 용탈현상이 발생하지 않으므로 염류가 집적된다.
③ 소수의 채소작목만을 반복 재배하므로 특정 병해충이 번성한다.
④ 빈번한 화학비료의 사용에 의한 알칼리성화로 염기포화도가 낮다.

35 밭토양 조건보다 논토양 조건에서 양분의 유효화가 커지는 대표적 성분은?

① 질 소
② 인 산
③ 칼 륨
④ 석 회

36 토양의 침식을 방지할 수 있는 방법으로 적절하지 않은 것은?

① 등고선 재배
② 토양 피복
③ 초생대 설치
④ 심토 파쇄

37 다우·다습한 열대지역에서 화강암과 석회암에서 유래된 토양이 유년기를 거쳐 노년기에 이르게 되었을 때의 토양반응은?

① 화강암에서 유래된 토양은 산성이고 석회암에서 유래된 토양은 알칼리성이다.
② 화강암에 유래된 토양도 석회암에서 유래된 토양도 모두 산성을 나타낼 수 있다.
③ 화강암에 유래된 토양도 석회암에서 유래된 토양도 모두 알칼리성을 나타낼 수 있다.
④ 화강암에서 유래된 토양은 알칼리성이고 석회암에서 유래된 토양은 산성이다.

38 토양용액 중 유리 양이온들의 농도가 모두 일정할 때 확산이중층 내부로 치환 침입력이 가장 낮은 양이온은?

① Al^{3+}
② Ca^{2+}
③ Na^+
④ K^+

39 근권에서 식물과 공생하는 Mycorrhizae(균근)는 식물체에게 특히 무슨 성분의 흡수를 증가시키는가?

① 산 소
② 질 소
③ 인 산
④ 칼 슘

40 경작지토양 1ha에서 용적밀도가 1.2g/cm³일 때 10cm 깊이까지의 작토 층 질량은?(단, 토양수분 질량은 무시한다)

① 120,000kg
② 240,000kg
③ 1,200,000kg
④ 2,400,000kg

41 작물의 내적 균형을 나타내는 지표인 C/N율에 대한 설명으로 틀린 것은?

① C/N율이란 식물체 내의 탄수화물과 질소의 비율 즉, 탄수화물질소비율(炭水化物窒素比率)이라고 한다.
② C/N율이 식물의 생장 및 발육을 지배한다는 이론을 C/N율설이라고 한다.
③ C/N율을 적용할 경우에는 C와 N의 비율도 중요하지만 C와 N의 절대량도 중요하다.
④ 개화·결실에서 C/N율은 식물호르몬, 버널리제이션(Vernalization), 일장효과에 비하여 더 결정적인 영향을 끼친다.

42 토양 용액의 전기 전도도를 측정하여 알 수 있는 것은?

① 토양미생물의 분포도
② 토양 입경분포
③ 토양의 염류농도
④ 토양의 수분장력

43 경사지 과수원에서 등고선식 재배방법을 하는 가장 큰 목적은?

① 토양침식방지
② 과실착색촉진
③ 과수원경관개선
④ 토양물리성개선

44 과수 재배를 위한 토양관리방법 중 토양표면관리에 관한 설명으로 옳은 것은?

① 초생법(草生法)은 토양의 입단구조(粒團構造)를 파괴하기 쉽고 과수의 뿌리에 장해를 끼치는 경우가 많다.
② 청경법(淸耕法)은 지온의 과도한 상승 및 저하를 감소시키며, 토양을 입단화(粒團化)하고 강우직후에도 농기계의 포장 내(圃場內) 운행을 편리하게 하는 이점이 있다.
③ 멀칭(Mulching)법은 토양의 표면을 덮어주는 피복재료가 무엇인가에 따라 그 명칭이 다른데 짚인 경우에는 Grass Mulch, 풀인 경우에는 Straw Mulch라 부른다.
④ 초생법(草生法)은 토양 중의 질산태 질소의 양을 감소시키는 데 기여한다.

45 세계에서 유기농업이 가장 발달한 유럽 유기농업의 특징에 대해 설명으로 틀린 것은?

① 농지면적당 가축사육규모의 자유
② 가급적 유기질 비료의 자급
③ 외국으로부터의 사료의존 지양
④ 환경보전적인 기능수행

46 포도 재배 시 화진현상(꽃떨이현상) 예방방법으로 가장 거리가 먼 것은?

① 질소질을 많이 준다.
② 붕소를 시비한다.
③ 칼슘을 충분하게 준다.
④ 개화 5~7일 전에 생장점을 적심한다.

47 우리나라 과수 재배의 과제라고 볼 수 없는 것은?

① 품질 향상
② 생산비 절감
③ 생력 재배
④ 가공 축소

48 과수 묘목을 깊게 심었을 때 나타나는 직접적인 영향으로 옳은 것은?

① 착과가 빠르다.
② 뿌리가 건조하기 쉽다.
③ 뿌리의 발육이 나쁘다.
④ 병충해의 피해가 심하다.

49 우리나라에서 유기농업발전기획단이 정부의 제도권 내로 진입한 연대는?

① 1970년대
② 1980년대
③ 1990년대
④ 2000년대

50 작물의 병에 대한 품종의 저항성에 대한 설명으로 가장 적합한 것은?

① 해마다 변한다.
② 영원히 지속된다.
③ 때로는 감수성으로 변한다.
④ 감수성으로 절대 변하지 않는다.

51 윤작의 기능과 효과가 아닌 것은?

① 수량증수와 품질이 향상된다.
② 환원 가능 유기물이 확보된다.
③ 토양의 통기성이 개선된다.
④ 토양의 단립화(單粒化)를 만든다.

52 우리나라에서 가장 많이 재배되고 있는 시설채소는?

① 근채류
② 엽채류
③ 과채류
④ 양채류

53 시설원예의 난방방식 종류와 그 특징에 대한 설명으로 옳은 것은?

① 난로난방은 일산화탄소(CO)와 아황산가스(SO_2)의 장해를 일으키기 쉬우며 어디까지나 보조난방으로서의 가치만이 인정되고 있다.
② 난로난방이란 연탄·석유 등을 사용하여 난로본체와 연통 표면을 통하여 방사되는 열로 난방하는 방식을 말하는데, 이는 시설비가 적게 들며 시설 내에 기온분포를 균일하게 유지시키는 등의 장점이 있는 난방방식이다.
③ 전열난방은 온도조절이 용이하며, 취급이 편리하나 시설비가 많이 드는 단점이 있다.
④ 전열난방은 보온성이 높고 실용규모의 시설에서도 경제성이 높은 편이다.

54 시설재배에서 문제가 되는 유해가스가 아닌 것은?

① 암모니아가스
② 아질산가스
③ 아황산가스
④ 탄산가스

55 우리나라 시설재배에서 가장 많이 쓰이는 피복자재는?

① 폴리에틸렌필름
② 염화비닐필름
③ 에틸렌아세트산필름
④ 판유리

58 시설 내 연료소모량을 줄일 수 있는 가장 적합한 방법은?

① 난방부하량을 높임
② 난방기의 열이용 효율을 높임
③ 온수난방방식을 채택함
④ 보온비를 낮춤

56 유기농업의 단점이 아닌 것은?

① 유기비료 또는 비옥도 관리수단이 작물의 요구에 늦게 반응한다.
② 인근 농가로부터 직·간접적인 오염이 우려된다.
③ 유기농업에 대한 정부의 투자효과가 크다.
④ 노동력이 많이 들어간다.

59 호기성 미생물의 생육 요인으로 가장 거리가 먼 것은?

① 수 소
② 온 도
③ 양 분
④ 산 소

57 십자화과 작물의 채종적기는?

① 백숙기
② 갈숙기
③ 녹숙기
④ 황숙기

60 친환경농업이 출현하게 된 배경으로 틀린 것은?

① 세계의 농업정책이 증산위주에서 소비자와 교역중심으로 전환되어가고 있는 추세이다.
② 국제적으로 공업부분은 규제를 강화하고 있는 반면 농업부분은 규제를 다소 완화하고 있는 추세이다.
③ 대부분의 국가가 친환경농법의 정착을 유도하고 있는 추세이다.
④ 농약을 과다하게 사용함에 따라 천적이 감소되어 가는 추세이다.

2일 | 제3회 과년도 기출문제

01 춘화현상(버널리제이션)에 대한 설명으로 틀린 것은?

① 춘화현상의 반응을 기초로 맥류는 추파형 품종과 춘파형 품종으로 구분된다.

② 딸기와 같이 화아분화에 저온이 필요한 작물을 겨울에 출하하기 위해서 촉성재배를 하려면 여름에 냉장하여 화아분화를 유도하는 저온처리를 한다.

③ 춘화현상에서 저온에 감응하는 부위는 종자의 배유이다.

④ 맥류나 십자화과 작물의 육종과정에서 세대촉진을 위하여 여름철 수확 후에 저온춘화처리를 하여 일년에 2세대를 재배함으로서 육종연한을 단축시킬 수 있다.

02 물에 잘 녹고 작물에 흡수가 잘 되어 밭작물의 추비로 적당하지만, 음이온 형태로 토양에 잘 흡착되지 않아 논에서는 유실과 탈질현상이 심한 질소질 비료의 형태는?

① 질산태 질소

② 암모니아태 질소

③ 시안아미드태 질소

④ 단백태 질소

03 작물을 재배할 때 발생하는 풍해에 대한 재배적 대책이 아닌 것은?

① 내풍성 품종의 선택

② 내도복성 품종의 선택

③ 요소의 엽면시비

④ 배토·지주 및 결속

04 토성(土性)에 대한 설명으로 틀린 것은?

① 토양입자의 성질(Texture)에 따라 구분한 토양의 종류를 토성이라 한다.

② 식토는 토양 중 가장 미세한 입자로 물과 양분을 흡착하는 힘이 작다.

③ 식토는 투기와 투수가 불량하고 유기질 분해 속도가 늦다.

④ 부식토는 세토(세사)가 부족하고, 강한 산성을 나타내기 쉬우므로 점토를 객토해 주는 것이 좋다.

05 토양수분항수의 pF(Potential Force)로 틀린 것은?

① 최대용수량 : pF = 7

② 초기위조점 : pF = 3.9

③ 포장용수량 : pF = 2.5~2.7

④ 흡습계수 : pF = 4.5

06 춘화처리할 때 가장 중요한 환경조건은?

① 산 소

② 습 도

③ 온 도

④ 일 장

07 작물에 미치는 일장의 영향에 대한 설명으로 틀린 것은?

① 장일식물은 장일상태에서 화성이 유도되는 작물로 맥류, 양파가 이에 해당된다.

② 단일식물은 연속암기가 지속되지 못하고 분단되면 화성이 유도되지 않는다.

③ 근적외광의 조사는 적색광에 의해 억제된 장일식물의 화성을 촉진한다.

④ 일장효과에는 적색광이 가장 효과적이며 약광이라도 일장효과는 나타난다.

08 작물재배에서 이랑 만들기의 주된 목적으로 가장 적당한 것은?

① 작물의 습해를 방지

② 토양건조 예방

③ 잡초발생 억제

④ 지온 조절

09 작물의 도복을 방지하기 위한 방법이 아닌 것은?

① 칼륨질 비료의 절감

② 내도복성 품종의 선택

③ 배토 및 답압

④ 밀식재배 지양

10 자동차 등에서 배출된 대기 중의 이산화질소가 자외선에 의해 분해되어 산소와 결합하여 발생되는 유해 가스는?

① 오 존

② PAN

③ 아황산가스

④ 일산화질소

11 대기의 공기 중 가장 많이 함유되어 있는 가스는?

① 산소가스

② 질소가스

③ 이산화탄소

④ 아황산가스

12 작물의 특징에 대한 설명으로 틀린 것은?

① 이용성과 경제성이 높다.

② 일종의 기형식물을 이용하는 것이다.

③ 야생식물보다 생존력이 강하고 수량성이 높다.

④ 인간과 작물은 생존에 있어 공생관계를 이룬다.

13 논 상태와 밭 상태로 몇 해씩 돌아가며 재배하는 방법은?

① 윤작 재배

② 교호작 재배

③ 이모작 재배

④ 답전윤환 재배

14 작물의 광합성에 가장 유효한 광선은?

① 적색과 청색

② 황색과 자외선

③ 녹색과 적외선

④ 자색과 녹색

15 식물이 이용하는 광(光)에 대한 설명으로 옳은 것은?

① 식물이 광에 반응하는 굴광현상은 청색광이 가장 유효하다.
② 광합성은 675nm를 중심으로 한 620~770nm의 황색광이 가장 효과적이다.
③ 광으로 인해 광합성이 활발해지면 동화물질이 축적되어 증산작용을 감소시킨다.
④ 자외선과 같은 단파장은 식물을 도장시킨다.

16 보리에서 발생하는 대표적인 병이 아닌 것은?

① 흰가루병
② 흰잎마름병
③ 붉은곰팡이병
④ 깜부기병

17 단장일(短長日) 식물에 해당하는 것은?

① 시금치
② 고 추
③ 프리뮬러
④ 코스모스

18 석회보르도액의 제조에 대한 설명으로 틀린 것은?

① 고순도의 황산구리와 생석회를 사용하는 것이 좋다.
② 황산구리액과 석회유를 각각 비금속용기에서 만든다.
③ 황산구리액에 석회유를 가한다.
④ 가급적 사용할 때마다 만들며, 만든 후 빨리 사용한다.

19 종자 휴면의 원인이 아닌 것은?

① 종피의 기계적 저항
② 종피의 산소 흡수 저해
③ 배의 미숙
④ 후 숙

20 수박을 이랑 사이 200cm, 이랑 내 포기 사이 50cm로 재배하고자 한다. 종자의 발아율이 90%이고, 육묘율(발아하는 종자를 정식묘로 키우는 비율)이 약 85%라면 10a당 준비해야 할 종자는 몇 립이 되겠는가?

① 703립
② 1,020립
③ 1,307립
④ 1,506립

21 논토양의 지력증진방향으로 옳지 않은 것은?

① 미사와 점토가 많은 논토양에서는 지하수위를 낮추기 위한 암거배수나 명거배수가 요구된다.
② 절토지에서는 성토지의 경우보다 배나 많은 질소비료를 사용해도 성토지의 벼 수량에 미치지 못한다.
③ 황산산성토양에서는 다량의 석회질 비료를 사용하지 않으면 수량이 적다.
④ 논의 가리흙은 유기물함량이 2.5% 이상이 되게 유지하는 토양관리가 필요하다.

22 대기로부터 토양으로 유입된 이산화탄소가 토양 내 물과 반응하였을 때 생성되는 화합물은?

① 아세틱산
② 옥살릭산
③ 탄 산
④ 메탄가스

23 일본에서 이타이이타이(Itai-Itai)병이 발생하여 인명피해를 주었는데 그 원인이 된 중금속은?

① 니 켈
② 수 은
③ 카드뮴
④ 비 소

27 염기성암에 속하는 것은?

① 화강암
② 현무암
③ 유문암
④ 섬록암

24 다음 설명하는 균류는?

산성에 대한 저항력이 강하기 때문에 산성토양에서 일어나는 화학변화는 이 균류의 작용이 대부분이다.

① 근류균
② 세 균
③ 사상균
④ 방사상균

28 밭토양에서 원소(N, S, C, Fe)의 산화형태가 아닌 것은?

① NH_4^+
② SO_4^{2-}
③ CO_2
④ Fe^{3+}

25 두과작물과 공생관계를 유지하면서 농업적으로 중요한 질소 고정을 하는 세균의 속은?

① *Azotobacter*
② *Rhizobium*
③ *Clostridium*
④ *Beijerinckia*

29 토양의 염기포화도 계산에 포함되지 않는 이온은?

① 칼슘이온
② 나트륨이온
③ 마그네슘이온
④ 알루미늄이온

26 화학적 풍화작용이 아닌 것은?

① 가수분해작용
② 산화작용
③ 수화작용
④ 대기의 작용

30 습답의 개량방법으로 적합하지 않은 것은?

① 석회로 토양을 입단화한다.
② 유기물을 다량 시용한다.
③ 암거배수를 한다.
④ 심경을 한다.

31 토양입자의 입단화 촉진에 가장 우수한 양이온은?

① Na^+
② Ca^{2+}
③ NH_4^+
④ K^+

32 양이온 교환용량이 높은 토양의 특징으로 옳은 것은?

① 비료의 유실량이 적다.
② 수분 보유량이 적다.
③ 작물의 생산량이 적다.
④ 잡초의 발생량이 적다.

33 토양의 CEC란 무엇을 뜻하는가?

① 토양 유기물용량
② 토양 산도
③ 양이온 교환용량
④ 토양수분

34 토양이 산성화됨으로써 나타나는 간접적 피해에 대한 설명으로 옳은 것은?

① 알루미늄이 용해되어 인산유효도를 높여준다.
② 칼슘, 칼륨, 마그네슘 등 염기가 용탈되지 않아 이용하기 좋다.
③ 세균 활동이 감퇴되기 때문에 유기물 분해가 늦어져 질산화작용이 늦어진다.
④ 미생물의 활동이 감퇴되어 떼알구조화가 빨라진다.

35 유기재배 토양에 많이 존재하는 떼알구조에 대한 설명으로 틀린 것은?

① 떼알구조를 이루면 작은 공극과 큰 공극이 생긴다.
② 떼알구조가 발달하면 공기가 잘 통하고 물을 알맞게 간직할 수 있다.
③ 떼알구조가 되면 풍식과 물에 의한 침식을 줄일 수 있다.
④ 떼알구조는 경운을 자주하면 공극량이 늘어난다.

36 간척지 논토양에서 흔히 결핍되기 쉬운 미량성분은?

① Zn
② Fe
③ Mn
④ B

37 균근(Mycorrhizae)이 숙주식물에 공생함으로써 식물이 얻는 유익한 점과 가장 거리가 먼 것은?

① 내건성을 증대시킨다.
② 병원균 감염을 막아준다.
③ 잡초발생을 억제한다.
④ 뿌리의 유효면적을 증가시킨다.

38 토양침식에 관한 설명으로 틀린 것은?

① 강우강도가 높은 건조지역이 강우량이 많은 열대지역보다 토양침식이 심하다.
② 대상 재배나 등고선 재배는 유거량과 유속을 감소시켜 토양침식이 심하지 않다.
③ 눈이나 서릿발 등은 토양침식 인자가 아니므로 토양 유실과는 아무 관계가 없다.
④ 상하경 재배는 유거량과 유속을 증가시켜 토양침식이 심하다.

39 산화철이 존재하는 토양에 물이 많고 공기의 유통이 좋지 못한 곳의 색상은?

① 붉은색
② 회 색
③ 황 색
④ 흑 색

40 다음 음이온 중 치환순서가 가장 빠른 이온은?

① PO_4^{3-}
② SO_4^{2-}
③ Cl^-
④ NO_3^-

41 병해충의 생물학적 제어와 관계가 먼 것은?

① 유해균을 사멸시키는 미생물
② 항생물질을 생산하는 미생물
③ 미네랄 제제와 미량요소
④ 무당벌레, 진디벌 등 천적

42 육종의 단계가 순서에 맞게 배열된 것은?

① 변이탐구와 변이창성 → 변이 선택과 고정 → 종자증식과 종자보급
② 변이 선택과 고정 → 변이탐구와 변이창성 → 종자증식과 종자보급
③ 종자증식과 종자보급 → 변이탐구와 변이창성 → 변이 선택과 고정
④ 종자증식과 종자보급 → 변이 선택과 고정 → 변이탐구와 변이창성

43 가축의 분뇨를 원료로 하는 퇴비의 퇴비화 과정에서 퇴비더미가 55~75℃를 유지하는 기간이 며칠 이상 되어야 하는가?

① 5일 이상
② 15일 이상
③ 30일 이상
④ 45일 이상

44 다음은 식물영양, 작물개량, 작물보호와 관련이 있는 사람들이다. 맞게 짝지어진 것은?

① 다윈(Darwin) ↔ 작물개량
② 레벤후크(Leeuwenhoek) ↔ 작물개량
③ 요한센(Johannsen) ↔ 작물보호
④ 파스퇴르(Pasteur) ↔ 작물개량

45 우리나라의 유기농산물 인증기준에 대한 설명으로 맞는 것은?

① 영농일지 등의 자료는 최소한 3년 이상 기록한 근거가 있어야 하며 그 이하의 기간일 경우에는 인증을 받을 수 없다.
② 전환기농산물의 전환기간은 목초를 제외한 다년생작물은 2년, 그 밖의 작물은 3년을 기준으로 하고 있다.
③ 포장(圃場) 내의 혼작, 간작 및 공생식물재배는 허용되지 아니한다.
④ 동물방사는 허용된다.

46 시비량의 이론적 계산을 위한 공식으로 맞는 것은?

① $\dfrac{\text{비료요소흡수율} - \text{천연공급량}}{\text{비료요소흡수량}}$

② $\dfrac{\text{비료요소흡수량} - \text{천연공급량}}{\text{비료요소흡수율}}$

③ $\dfrac{\text{천연공급량} + \text{비료요소흡수량}}{\text{비료요소흡수량}}$

④ $\dfrac{\text{천연공급량} - \text{비료요소공급량}}{\text{비료요소흡수율}}$

47 다음 중 떼알구조 토양의 이점이 아닌 것은?

① 공기 중의 산소 및 광선의 침투가 용이하다.
② 수분의 보유가 많다.
③ 유기물을 빨리 분해한다.
④ 익충 유효균의 번식을 막는다.

48 다음 중에서 물을 절약할 수 있는 가장 좋은 관수법은?

① 고랑 관수
② 살수 관수
③ 점적 관수
④ 분수 관수

49 벼 유기재배 시 잡초방제를 위해 왕우렁이를 방사할 때 다음 중 가장 적합한 시기는?

① 모내기 5~10일 전
② 모내기 후 5~10일
③ 모내기 후 20~30일
④ 모내기 후 30~40일

50 시설의 환기효과라고 볼 수 없는 것은?

① 실내온도를 낮추어 준다.
② 공중습도를 높여준다.
③ 탄산가스를 공급한다.
④ 유해가스를 배출한다.

51 초생 재배의 장점이 아닌 것은?

① 토양의 단립화(單粒化)
② 토양침식 방지
③ 지력증진
④ 미생물증식

52 다음 중 연작의 피해가 가장 심한 작물은?

① 벼
② 조
③ 옥수수
④ 참 외

53 벼 직파 재배의 장점이 아닌 것은?

① 노동력 절감
② 생육기간 단축
③ 입모 안정으로 도복 방지
④ 토양 가용영양분의 조기 이용

54 유용미생물을 고려한 적당한 토양의 가열소독 조건은?

① 100℃에서 10분 정도
② 90℃에서 30분 정도
③ 80℃에서 30분 정도
④ 60℃에서 30분 정도

55 과수원에서 쓸 수 있는 유기자재로 가장 적합하지 않은 것은?

① 현미식초
② 생선액비
③ 생장촉진제
④ 광합성 세균

58 가정에서 취미오락용으로 쓰기에 가장 적합한 온실은?

① 외지붕형 온실
② 스리쿼터형 온실
③ 양지붕형 온실
④ 벤로형 온실

56 유기농업의 기본목표가 아닌 것은?

① 환경보전에 기여한다.
② 국민보건 증진에 기여한다.
③ 경쟁력 강화에 기여한다.
④ 정밀농업을 체계화한다.

59 다음 중 유기재배 시 병해충 방제방법으로 잘못된 것은?

① 유기합성농약 사용
② 적합한 윤작체계
③ 천적 활용
④ 덫

57 한겨울에 시설원예작물을 재배하고자 할 때 최대의 수광혜택(受光惠澤)을 받을 수 있는 하우스의 방향으로 가장 적합한 것은?

① 동서 동(東西 棟)
② 동남 동(東南 棟)
③ 남북 동(南北 棟)
④ 북동 동(北東 棟)

60 친환경농업에 포함하기 어려운 것은?

① 병해충 종합관리(IPM)의 실현
② 적절한 윤작체계 구축
③ 장기적인 이익추구실현
④ 관행재배의 장점 도입

2일 | 정답 및 해설

01	02	03	04	05	06	07	08	09	10	11	12	13	14	15
③	④	④	③	②	③	②	①	④	④	④	②	②	①	③
16	17	18	19	20	21	22	23	24	25	26	27	28	29	30
②	②	④	②	④	②	②	②	③	④	③	②	④	①	④
31	32	33	34	35	36	37	38	39	40	41	42	43	44	45
④	②	②	③	①	③	③	③	④	①	②	①	④	③	④
46	47	48	49	50	51	52	53	54	55	56	57	58	59	60
③	④	③	①	④	②	①	③	③	①	④	①	④	①	④

01 윤작은 지력의 유지 및 증강, 토양 보호, 기지의 회피, 병충해·토양선충 및 잡초의 경감, 수확량 및 농업경영의 안정성 증대, 토지이용도 향상, 노력분배의 합리화 등의 효과가 있다.

02 ④ 종자소독을 통해 종자 전염 및 병충해를 방지해야 한다.
① 감자는 종자의 생리적·병리적 퇴화를 방지하기 위해 고랭지에서 생산하고, 옥수수 및 십자화과 작물 등은 유전적 퇴화를 방지하기 위해 격리포장하여 생산한다. 또한 벼·맥류 등은 과도하게 비옥하거나 척박한 토양을 피해야 한다.
② 종자는 원종포에서 생산된 믿을 수 있는 우수한 종자여야 하고, 선종 및 종자 소독 등의 처리가 필요하다.
③ 밀식 및 질소비료의 과다사용을 피해 도복과 병해를 막아야 한다.

03 ④ 토양의 과습 상태가 지속되어 토양산소가 부족할 때에는 뿌리가 상하고 심하면 부패하여 지상부가 황화 및 고사되는데, 이를 습해라 한다. 습해가 발생하면 메탄가스·질소가스·이산화탄소의 생성이 증가하고 토양산소를 감소시켜 호흡장애를 조장한다.
①·③ 습해로 인해 토양산소가 부족하면 호흡장애가 발생하며, 호흡장애가 발생하면 무기성분(N, P, K, Ca, Mg 등)의 흡수가 저해된다.
② 겨울철에 습해가 발생하면 지온이 낮아져 토양미생물의 활동이 억제된다.

04 ③ 직파재배는 이앙재배에 비해 농업의 기계화를 통해 노동력을 절감할 수 있다. 이앙재배는 이앙작업 시 노동의 집중화가 필요하다는 단점이 있으며, ①·②·④는 이앙재배의 장점이다.
이앙재배의 장점
• 직파에 비해 종자량을 절약할 수 있다.
• 영구적 연작이 가능하고, 관개수에 의한 양분의 천연공급 및 지력의 효과를 얻을 수 있다.
• 본답에 모를 균등하게 배치할 수 있으므로, 토지·공간·광(光)에 대해 효율적이다.
• 본논의 생육기간을 단축하여 토지이용도를 높일 수 있다.
• 집약관리가 가능하므로 병충해 및 잡초 방제가 용이하다.

05 **탄산 시비** : 작물의 증수를 위하여 작물 주변의 대기 중에 인공적으로 이산화탄소를 공급해 주는 것을 탄산 시비 또는 이산화탄소 시비라고 한다.

06 ③ 도복이 되면 수확작업이 불편해지고, 특히 기계수확을 할 때에는 수확이 매우 어려워진다.

① 대와 잎 등에 상처가 나서 양분의 호흡소모가 많아지므로 등숙이 나빠져 수량이 감소된다. 또한 부패립이 생길 경우 수량이 더욱 감소된다.
② 도복이 되면 결실이 불량해서 품질이 저하될 뿐만 아니라, 종실이 젖은 토양이나 물에 접하게 되어 변질 부패·수발아 등이 유발되어 품질이 손상된다.
④ 맥류에 콩이나 목화를 간작했을 때 맥류가 도복하면 어린 간작물을 덮어서 그 건전한 생육을 저해한다.

07 적응한 종들이 어떤 생태조건에서 오래 생육하게 되면 그 생태조건에 더욱 잘 적응하게 되는데, 이를 작물의 순화라고 하며, 작물이 환경이나 생존경쟁에서 견디지 못하고 죽게 되는 것은 작물의 도태라고 한다.

08 요수량은 작물의 건조물 1g을 생산하는 데 소비된 수분량(g)을 말한다.

$$요수량 = \frac{증발산량}{건물량} = \frac{2,750}{95} = 28.9$$

∴ 약 29g

09 ① 인도 또는 중국
② 인도 또는 아프리카 열대지방
③ 아프리카

10 광합성은 청색광과 적색광에서 가장 활발하게 일어나며, 청색광의 파장은 450nm(400~490nm), 적색광의 파장은 670nm(630~680nm)이다.

11 알팔파, 클로버 등은 두과 사료작물이며, 옥수수, 라이그래스, 호밀 등은 화본과 사료작물이다.

12 작물별 비료 3요소 흡수비율은 보통 맥류(5 : 2 : 3), 벼(5 : 2 : 4), 옥수수(4 : 2 : 3), 고구마(4 : 3 : 1) 정도이다.

13 작물의 생산량(수량)은 작물의 유전성, 환경조건, 재배기술의 3요소로 이루어지며, 생산량의 증대를 위해 작물육종, 생산환경, 생산기술의 연구가 꾸준히 발전해 왔다.

14 모시풀은 자웅동주식물이며, 8시간 이하의 단일조건에서는 완전자성(完全雌性, 암꽃)이고, 14시간 이상의 장일에서는 완전웅성(完全雄性, 수꽃)이 된다.

15 아마, 인삼 등은 10년 이상의 휴작이 필요하다. 벼와 양파는 연작의 피해가 적은 편이며, 감자는 2년의 휴작을 요한다.
• 1년 휴작을 요하는 것 : 쪽파, 시금치, 콩, 파, 생강 등
• 2년 휴작을 요하는 것 : 마, 감자, 잠두, 오이 등
• 3년 휴작을 요하는 것 : 쑥갓, 토란, 참외 등
• 5~7년 휴작을 요하는 것 : 수박, 가지, 완두, 우엉, 고추, 토마토 등

16 작물의 생육과 관련된 3대 주요온도는 최저온도, 최적온도, 최고온도로, 작물이 살아가기 위해서는 최고온도와 최저온도 범위에 있어야 하며, 최적온도보다 낮거나 높으면 생육에 지장을 줄 수 있다.

17 암모늄태 질소를 환원층에 주면 질화균의 작용을 받지 않고 비효가 오래 지속되는데, 이처럼 암모늄태 질소를 환원층에 시비하여 비효의 증진을 꾀하는 것을 심층 시비라 한다.

18 장명종자는 종자의 수명이 4~6년 또는 그 이상 저장해도 발아핵을 유지하는 것으로, 가지가 이에 속한다.
종자의 수명에 따른 작물의 분류
• 단명종자(2년 이하) : 당근, 양파, 고추, 메밀 등
• 상명종자(2~3년) : 벼, 보리, 완두, 배추, 무, 수박 등
• 장명종자(4년 이상) : 콩, 녹두, 오이, 호박, 가지, 토마토 등

19 공예작물은 주로 식품공업의 원료나 약으로 이용하는 성분을 얻기 위해 재배하는 작물(특용작물)로, '옥수수, 고구마, 참깨, 목화, 담배, 겨자, 옻나무' 등이 공예작물에 속한다. '녹두'와 '메밀'은 식용작물에 속한다.

20 비료를 엽면시비할 때 영향을 미치는 요인은 살포액의 pH, 살포액의 농도, 농약과의 혼합관계, 잎의 상태, 보조제의 첨가 등으로, 살포속도는 관계가 없다.
① 살포액의 pH는 미산성인 것이 흡수가 잘 된다.
② 농도가 높으면 잎이 타는 부작용이 있으므로 규정 농도를 잘 지켜야 하며, 비료의 종류와 계절에 따라 다르지만 대개 0.1~0.3% 정도이다.
③ 살포액에 농약을 혼합하여 사용하면 일석이조의 효과를 얻을 수 있지만, 이때 약해를 유발하지 않도록 주의해야 한다. 그 밖에 전착제(展着劑)를 가용하면 흡수를 조장한다.

21 공극률(%) $= 100 \times \left(1 - \dfrac{용적밀도}{입자밀도}\right)$

$100 \times \left(1 - \dfrac{1.45}{2.65}\right) = 45.3$

∴ 약 45%

22 우리나라 저위 생산답의 종류에는 특수성분 결핍토, 중점토, 사력질토, 염류토, 습답, 퇴화염토, 특이 산성토, 광독지 등이 있다.

23 담수조건의 논토양은 산소가 부족하여 토양이 환원상태가 되므로 Fe^{2+}, Mn^{2+}, NH_4^+ 등의 농도가 증가하며, SO_4^{2-}는 환원되어 H_2S의 형태로 존재한다.

24 ③ 밭토양의 작물 생육에 알맞은 토양의 3상 분포는 일반적으로 고상(50%) : 액상(25%) : 기상(25%)이다.
①·② 토양은 토양의 3상(고상, 액상, 기상)으로 구성되어 있으며, 이 중 고상은 바위가 풍화되어 생성된 무기성분과 동식물의 잔해가 썩어서 된 유기물로 되어 있다.
④ 액상은 여러 가지 물질과 이온이 함유된 수분으로, 토양의 깊이가 깊어질수록 그 비율이 증가된다.

25 ④ 카올리나이트(Kaolinite)는 규산판과 알루미늄판이 산소원자를 공유하는 1 : 1의 구조를 가지며, 각 층은 실리카층의 산소원자와 알루미나층의 수산기가 수소결합으로 이루어져 있다.
① 몬모릴로나이트(Montmorillonite)는 2 : 1형이다.

26 ① 지렁이는 지표의 낙엽 등 유기물을 땅속 서식지로 운반해 흙과 함께 섭취하므로, 유기물이 많은 곳에서는 그 숫자가 늘어난다.
② 지렁이는 섭취한 먹이를 소화관 내에서 소화하고 당, 지질, 단백질 등의 소화산물을 흡수하여 성장하며 미분해된 섬유질 등은 체외로 배설하는데, 이때 점성물질이 섞여 토양의 입단(떼알구조)이 형성된다.
④ 지렁이는 주로 습한 곳에 서식하므로 습한 토양에서는 그 수가 늘어난다.

27 질산화작용은 토양 중의 암모니아태 질소가 미생물의 작용에 의해 아질산태 질소를 거쳐 질산태 질소로 전환되는 작용이고, 질산환원작용은 이와 반대로 질산이 환원되어 아질산으로 되고 다시 암모니아로 변화되는 작용이다.
• 질소고정작용 : 대기 중의 유리질소를 생물체가 생리적·화학적으로 이용할 수 있는 상태의 질소화합물로 바꾸는 작용
• 유기화작용 : 미생물 또는 식물체에서 무기태 탄소가 유기태 탄소로 합성되는 현상

28 ④ 배수가 불량한 지대에서는 철분이 환원된 상태로 존재하여 암회색이나 푸른색의 토양이 발달한다. 황적색의 산화토양은 배수가 용이한 곳에서 주로 발달한다.
① 포드졸은 한랭습윤한 침엽수림 지대에서 생성되기 쉬운 토양으로, 주로 모재나 첨가물로부터 염기의 공급이 없고 표층으로부터 지하층으로 물 이동작용이 있을 때 발달한다.
② 라토졸 토양은 열대 및 아열대의 계속적 습윤 또는 건조와 습윤이 반복되는 열대활엽수림 지대에서 주로 발달한다.
③ 경사지는 침식이 심하여 토양의 발달이 느리며, 땅이 척박하고 건조하기 쉽다.

29 질산태 질소가 토양의 환원층에 들어가면 차차 환원되어($NO_3 \rightarrow N_2O \rightarrow NO \rightarrow N_2$) 질소가스 등으로 공중으로 발산되는 탈질작용이 일어난다.

30 치환성 염기는 Ca^{2+}, Mg^{2+}, K^+, Na^+ 등이다.

31 ④ 습답은 산소의 부족으로 양분흡수가 저해되며, 질소흡수가 높아 엽색이 짙고 생육 후기에 병해 및 도복을 유발할 수 있다.
① 습답은 지대가 낮고 배수가 잘 되지 않거나 지하수가 용출되는 등의 이유로 토양이 항상 포화상태 이상의 수분을 지니고 있는 논으로, 지하수위가 표면으로부터 50cm 미만이다.
②·③ 습답에서는 여름에 기온이 높아지면 지온이 상승하여 유기물이 급격히 분해되므로 토양이 강한 환원상태가 되고 황화수소를 비롯한 각종 유기산이 발생하여 뿌리썩음 등의 추락현상을 일으킨다.

32 생물적 풍화작용은 동물과 미생물, 식물 뿌리 등에 의한 풍화작용으로, 미생물은 황화물을 산화시켜 황산으로, 암모니아를 질산으로, 유기물을 분해하여 유기산으로 만든다. 일련의 화학반응인 산화·환원작용, 용해작용, 수화작용, 가수분해, 착체 형성 등은 화학적 풍화작용에 해당하는데, 산화철은 수화작용을 받으면 수산화철이 되며, 정장석은 가수분해작용을 받으면 고령토를 거쳐 보크사이트가 된다.

33 빗물에 의한 침식은 강우강도의 영향이 가장 크며, 장시간의 약한 비보다 단시간의 폭우가 토양침식을 더 크게 일으킨다.

34 염기포화도 $= \dfrac{치환성 \ 염기량}{양이온 \ 치환용량} \times 100$

$= \dfrac{6}{10} \times 100 = 60$

∴ 60%

35 유기물은 미생물의 영양원이 되어 유용미생물의 번식을 조장하고, 토양 입단을 형성하여 물리적 성질을 좋게 하며, 양분 보존력을 증가시킨다. 토양미생물의 활동이 증가되면 각종 양분을 유용하게 사용할 수 있으며, 유해성분의 해작용도 경감시킬 수 있다.

36 ② 밭토양은 논토양에 비해 인산의 불용화가 심해 인산유효도가 낮다.
① 밭토양은 경사지에 분포하고 있어 물이나 바람에 의해 침식을 많이 받는다.
③ 침식으로 인해 양분유실이 많이 발생하여 양분 의존도가 높다.
④ 논토양과 비교하여 관개에 의한 작물 양분의 천연공급량이 거의 없다.

37 ③ 사상균은 산성・중성・알칼리성의 어떠한 반응에서도 잘 생육하지만, 특히 세균이나 방사상균이 생육하지 못하는 산성토양에서도 잘 생육한다.
①・② 사상균은 호기성 종속 영양미생물로, 균사에 의하여 발육하는 곰팡이류의 대부분이 이에 속하며 호기성이므로 통기가 잘 되어야 번식이 잘 된다. 산성에 대한 저항력이 강하기 때문에 산성토양 중에서 일어나는 화학변화를 주도한다.
④ 사상균류의 균사에 의한 직접적인 결합작용은 토양입자를 입단화시킨다.

38 수소이온 농도는 pH 1마다 10배씩 차이가 나므로 처음 농도의 1/100로 감소되었다.

39 ④ 토양의 생성은 모재의 생성과 동시에 진행되거나 모재가 이동・퇴적되어 토양의 발달이 시작되는 경우로 구분되며, 토양의 모재가 토양의 발달과 특성에 끼치는 영향은 토성, 광물 조성 및 층위 분화 등 다양하다. 암석류는 모재의 급원으로서 암석의 풍화물이 모재가 되어 본래의 자리에서 또는 퇴적된 자리에서 토양으로 발달하게 된다.
① 기후는 온도, 공기의 상대습도, 강우 등을 의미한다.
② 지형은 토양수분에 관계되는 것으로, 강우량과 토양의 수분 보유량과의 관계를 나타낸다.
③ 토양 발달의 단계는 모재로부터 출발하여 미숙기, 성숙기, 노령기 등을 거치게 되며, 변화 속도는 환경 조건에 따라 다르다.

40 석영은 광물류 중에서 가장 분포가 넓은 암석으로, 경도가 매우 높고 화학적 저항성으로 인해 풍화에 대한 저항성이 강하며, 퇴적물이나 토양 중 모래의 주성분이 된다.

41 퇴비화의 영향 인자는 수분, 공기량, 온도, C/N율, pH 등이며, 이러한 인자들이 복합적으로 최적의 조건을 만족시켰을 때 퇴비화가 원활하게 이루어진다. 보통 전처리 단계, 1차(본처리) 단계, 2차(숙성과정) 단계의 과정을 거친다.

42 ① 강우기에 비닐을 벗기고 집적된 염류를 세탁시키는 담수 처리를 한다.
시설하우스는 한두 종류의 작물만 계속하여 연작하면서 사용하는 비료량에 비하여 작물에 흡수 또는 세탈되는 비료량이 적어 토양 중 염류가 과잉집적되므로 담수 세척, 환토(換土), 비종 선택과 시비량의 적정화, 유기물의 적정 시용, 윤작 등을 통해 염류집적을 방지해야 한다.
염류집적 대책
• 담수 세척 : 답전 윤환으로 여름철 담수하여 과잉염류의 배제를 촉진하고 연작의 피해를 경감한다. 또한 관개용수가 충분하면 비재배기간을 이용하여 석고 등 석회물질을 처리한 물로 담수 처리하여 하층토로 염류를 배제시킨다.
• 환토 : 작물 생육이 좋은 생육토로 환토한다.
• 비종 선택과 시비량의 적정화 : 온실 재배용 비료로 염기나 산기를 많이 남기지 않는 복합비료를 선택한다.
• 유기물의 적정 시용 : 퇴비・구비・녹비 등 유기질 비료를 적절히 시용해 토양보비력을 증대시킨다.
• 미량요소의 보급 : 시설원예지 온실 토양에서는 미량원소의 결핍에 의한 작물 생육장해를 간과하기 쉽다.
• 윤작 : 고농도 염류에 의한 뿌리절임 등 생육장해가 적은 작물을 선택하여 윤작한다.

43 ④ 윤작은 한 토지에 두 가지 이상의 다른 작물들을 순서에 따라 주기적으로 재배하는 것으로, 돌려짓기라고도 한다.
① 혼작은 생육기간이 거의 같은 두 종류 이상의 작물을 동시에 같은 포장에 섞어서 재배하는 것으로, 섞어짓기라고도 한다.
② 교호작은 생육기간이 비등한 두 가지 이상의 작물을 일정한 이랑씩 서로 건너서 재배하는 것으로, 번갈아짓기라고도 한다.
③ 간작은 한 가지 작물이 생육하고 있는 조간(고랑 사이)에 다른 작물을 재배하는 것으로, 사이짓기라고도 한다.

44 유기농업은 작물 생산, 토양 관리, 가축 사육, 생산물 저장・유통・판매에 이르기까지 어떠한 인공적・화학적 자재를 사용하지 않고 자연적 자재만을 사용하는 것을 목적으로 한다.
유기농업의 기본목적
• 가능한 한 폐쇄적인 농업시스템 속에서 적당한 것을 취하고, 지역 내 자원에 의존하는 것
• 장기적으로 토양 비옥도를 유지하는 것
• 현대 농업기술이 가져온 심각한 오염을 회피하는 것
• 영양가 높은 식품을 충분히 생산하는 것
• 농업에 화석연료의 사용을 최소화하는 것
• 전체 가축에 대하여 그 심리적 필요성과 윤리적 원칙에 적합한 사양조건을 만들어 주는 것
• 농업 생산자에 대해서 정당한 보수를 받을 수 있도록 하는 것과 더불어 일에 대해 만족감을 느낄 수 있도록 하는 것
• 전체적으로 자연환경과의 관계에서 공생・보호적인 자세를 견지하는 것

45 부식은 자체에 질소, 인산, 칼륨 등을 함유하고 있어 점차 분해되어 직접적인 비료의 효과를 나타낼 뿐 아니라, 지력을 유지하고 증진하는 효과가 크며 토양 부식의 함량 증대는 곧 지력의 증대를 의미한다.

46 유기재배 인증을 받으면 합성농약, 화학비료 및 항생・항균제 등 화학자재를 사용하지 않고, 농업・축산업・임업 부산물의 재활용 등을 통하여 농업생태계와 환경을 유지・보전하면서 농산물(축산물)을 생산해야 하므로, 개화 시 생장조절제를 사용해서는 안 된다.

47 ④ 화학비료를 과다시용하면 토양이 산성화・황폐화되어 미생물이 살 수 없는 환경이 되고 지력이 감퇴한다. 미생물은 유기물이 풍부한 곳에서 잘 번식한다.
① 특정 미생물만이 존재하게 되어 토양생물의 다양성이 감소된다.
② 유기물을 공급하는 천연비료와 달리 무기물을 공급할 수 있다.
③ 화학비료는 무기염이 이온 형태로 물에 쉽게 녹아 식물의 뿌리에 흡수되기 때문에 작물의 생육을 빠르게 한다.

48 ③ 다비재배는 보통보다 많은 양의 비료를 주어 재배하는 것으로, 다비재배를 하면 특수성분이 결핍되고 염류 등이 집적되어 토양의 비전도도(EC)가 높아져 토양 용액의 삼투압이 높아지고 활성도비가 불균형을 이루어 수분흡수 장애를 일으킨다.
① 기지(忌地)는 같은 종류의 작물을 계속해서 재배하는 연작으로 인해 작물의 생육이 뚜렷하게 나빠지거나 수량이 감소되는 현상으로, 연작장해라고도 한다.
② 토양소독을 하면 작물의 병충해를 예방할 수 있지만 토양에 이로운 영향을 주는 미생물까지 죽게 되어 환경을 교란시킬 수 있다.
④ 대형기계를 이용해 토양을 답압할 경우 토양의 통기성 및 배수성이 불량해질 수 있다.

49 혼합유박의 질소 함량이 5%이므로, 10 × 100 / 5 = 200kg

50 농지에 사용한 질소비료는 질산태 질소로 변화하는데, 질산이온은 마이너스 전기를 띠기 때문에 토양 콜로이드에 흡착되지 않고 식물의 뿌리에도 흡수되기 쉽지만 동시에 물에 용해되어 유출되기도 쉽다. 질산태 질소는 지표수를 오염시킬 뿐만 아니라 지하수 속으로도 용출되어 질산염 오염을 일으키기도 하는데, 질산염에 오염된 물을 마신 경우 성인에게는 그다지 유해하지 않지만 유아에게는 청색증을 일으킬 수 있다.

51 ② 정밀농업은 작물의 생육상태나 토양 조건이 한 포장 내에서도 위치마다 다르므로, 이러한 변이에 따른 위치별 적합한 농자재 투입 및 생육관리를 통하여 수확량을 극대화하면서도 불필요한 농자재의 투입은 최소화해서 환경오염을 줄이는 농법이다. 이는 비료와 농약의 사용량을 줄여 환경을 보호하면서 농작업의 효율을 향상시키는 것이지만, 농약과 화학비료를 사용하지 않는 것을 목적으로 하는 유기농업과는 거리가 있다.
① 환경을 오염시키지 않는 농업
③ 병원균의 생육을 억제하거나 저지시키는 능력을 갖는 길항미생물이나 서로 혹은 한쪽이 도움을 주는 관계에 있는 공영식물, 생물농약인 천적 등을 활용하는 농업
④ 친환경농업은 농업과 환경의 조화로 지속 가능한 농업 생산을 유도해 농가소득을 증대하고 환경을 보존하면서 농산물의 안정성도 동시에 추구하는 농업

52 ① 단작은 농경지에 한 종류의 작물만을 재배하는 방식으로, 기계화가 용이하지만 작물의 병충해나 토질을 악화시킬 수 있어 유기농업에서는 잘 사용하지 않는다.
② 거친 경운은 토양의 입단 형성을 저해할 수 있으므로, 유기농업에서는 경운을 하지 않고 작물의 잔재를 남겨 작물의 활착을 양호하게 한다.
③ 축분과 볏짚 등을 부숙시켜 만든 퇴구비를 사용한다.
④ 윤작을 하면 지력의 유지 및 증강, 토양 보호, 기지의 회피, 병충해 및 잡초의 경감, 토지 이용도 향상 등을 꾀할 수 있다.

53 유기농산물 인증기준에 맞게 생산·관리된 종자를 사용해야 하며, 유전자변형농산물의 종자를 사용해서는 안 된다.

54 ③ IPM(Integrated Pest Management)은 병해충종합관리를 나타내는 용어로, 여러 가지 방제법을 적절히 사용하여 해충의 발생 밀도를 경제적 피해 수준 이하로 억제하는 것을 말한다.
IPM의 효과
• 병해충 문제의 조기 식별 및 조치 능력 함양
• 농약 사용 감소에 따른 익충의 보호 및 확대
• 농약 사용 횟수 및 사용량 감소에 따른 농약에 대한 병해충 저항성 구축 감소
• 농민의 농약에 대한 위험성 감소
• 농약 비용 감소와 농작물 손실 예방에 따른 농가이윤의 증대
• 농약 사용 감소에 따른 토양 및 수자원 보호
• 농약의 식품 잔류 가능성 감소 및 안전한 농산물 공급

55 ① 토양의 함수량이 증대하면 토양 용기량(공극량)이 적어지고, 산소의 농도가 낮아진다.
② 수분은 물질의 용매로도 작용하여 여러 가지 영양분의 흡수 및 분포에 관계하는 수체 내의 모든 유기물을 합성하고 분해하는 데 없어서는 안 되는 요소이다.
③ 과실은 생체중의 80~90%, 잎은 70%, 줄기나 가지는 50%의 수분을 함유하고 있어 수분은 수체구성물질로서 중요한 역할을 한다. 이러한 수분은 토양수분으로 공급되고 토양수분은 대체로 강우에 의하여 공급된다.
④ 모관수는 표면장력에 의하여 토양 공극 내에서 중력에 저항하여 유지되는 수분으로, 모관현상에 의해서 지하수가 모관공극을 상승하여 공급된다. pF 2.7~4.5로서 작물의 흡수 및 생육에 가장 관계 깊은 토양수분이다.

56 청예사료는 곡식의 줄기나 잎을 건초나 사일리지 형태로 가축에게 급여하는 사료이며, 가소화 영양소총량(TDN)은 사료가 가축 등의 대사 작용에 의해 이용되는 에너지양을 말한다. 유채의 TDN은 75, 옥수수·호밀·귀리의 TDN은 각각 70이다.

57 ① 우렁이는 수면과 수면 아래에 있는 식물들을 먹기 때문에 우렁이농법을 사용하면 제초효과가 높다.
우렁이농법
우렁이의 먹이 습성을 이용한 농법으로, 논농사에서 빼놓을 수 없는 제초제를 생물적 자원으로 대체함으로써 토양 및 수질 오염 방지와 생태계 보호 등 친환경 농업 육성에 기여한다. 이앙 7일 후에 10a의 논에 5kg 정도의 우렁이를 넣는 것이 가장 효과적이다.

58 채종박은 유채꽃의 종자인 채종으로부터 기름을 짜고 남은 찌꺼기를 말하는 것으로, 질소성분과 유기물함량이 많아 질소 보충용(식물성 단백질의 공급원)으로 사용된다.

59 IFOAM은 세계유기농업운동연맹(International Federation of Organic Agriculture Movements)으로, 생태학적·사회학적·경제학적으로 유기농업 시스템을 전 세계에 적용시킬 것을 목적으로 창립된 국제적 조직이다. IFOAM의 국제유기산물 인증제도는 국제인증기관 간 다국적 동등성 협약에 따라 유기농산물을 보증하는 제도로서, 국가별로 차이가 있는 유기농산물의 특성과 기준을 국제적으로 통합하였다.

60 ④ 시설원예의 토양은 질소질 비료의 과다사용으로 아질산이 집적되어 토양 중 염류농도가 높다.
①·③ 염류의 과잉집적은 토양의 입단구조를 파괴하고 토양공극을 메워 통기성과 투수성의 불량을 초래한다.
② 시설하우스는 한두 종류의 작물만 계속하여 연작하면서 시용하는 비료량에 비하여 작물에 흡수 또는 세탈되는 비료량이 적어 토양 중 염류가 과잉집적되므로 토양이 산성화된다.

제2회 과년도 기출문제   p 69 ~ 76

01	02	03	04	05	06	07	08	09	10	11	12	13	14	15
①	②	③	②	②	④	②	④	④	①	②	③	③	③	④
16	17	18	19	20	21	22	23	24	25	26	27	28	29	30
②	①	④	④	③	③	②	①	①	①	③	①	②	③	③
31	32	33	34	35	36	37	38	39	40	41	42	43	44	45
①	③	③	④	②	④	②	③	③	④	③	③	①	④	①
46	47	48	49	50	51	52	53	54	55	56	57	58	59	60
①	④	②	③	④	②	①	①	①	①	③	②	②	①	②

01 • 변온에 발아 촉진되는 식물 : 셀러리, 아주까리, 오처드그래스, 버뮤다그래스, 켄터키블루그래스, 페튜니아, 담배 등
• 변온, 정온이 발아에 영향을 주지 못하는 식물 : 당근, 티머시, 파슬리 등

02 • 수중에서 발아되지 못하는 종자 : 퍼레니얼라이그래스, 가지, 귀리, 밀, 무 등
• 수중에서도 잘 발아되는 종자 : 상추, 당근, 셀러리

03 ③ 식물체의 한쪽에 빛을 조사하면 빛을 조사한 쪽의 옥신 농도가 낮아진다.

04 ① 토성은 양토를 중심으로 하여 사양토~식양토가 토양의 수분, 공기, 비료성분의 종합적 조건에서 알맞다.
③ 작물의 생육에 적당한 구조는 입단구조이다.
④ 비료의 3요소가 너무 많으면 오히려 식물 생육을 저해한다.

05 ① 토양입자들 사이의 모든 공극이 물로 채워진 상태의 수분 함량
③ 생육이 정지하고 하엽이 위조하기 시작하는 토양의 수분상태
④ 영구위조를 최초로 유발하는 토양의 수분상태

06 자연돌연변이나 자연교잡 등은 유전적 퇴화를 일으킨다.

07 덩굴쪼김병은 시들음병이라고도 하며 뿌리나 줄기가 썩거나 줄기의 물관부가 침해되어 물의 통로가 막히므로 결과적으로 포기 전체가 시드는 증상이다. 연작 시에는 반드시 덩굴쪼김병에 강한 대목에 접목하여 재배한다.

08 자주빛무늬병은 콩 종자에 자주색의 무늬가 생기는 병이다.

09 흐르지 않는 정체수는 오염되어 있을 확률이 높아 벼 침관수 피해는 흐르는 물보다 상대적으로 크다.

10 선충, 곰팡이, 세균은 식물병에 직접적인 원인(主因)이다. 침수는 부차적인 원인(副因)에 속한다.

11 $\dfrac{x}{20 \times 1,000\,\mathrm{mL}} \times 100 = 0.1\%$
∴ $x = 20\mathrm{g}$

12 ③ 벼 : 3,500~4,500℃
① 감자 : 1,300~3,000℃
② 메밀 : 1,000~1,200℃
④ 담배 : 3,200~3,600℃

13 ① 위조계수 : pF값 약 4
④ 건토상태 : pF값 약 7

14 벼는 화분 세포의 감수 분열기에 19℃ 이하의 저온과 만나면 영화의 불임이 크게 증가한다.

15 • 덩이뿌리(괴근) : 순무, 고구마, 마, 달리아, 쥐참외 등
• 땅속줄기(지하경) : 생강, 연, 박하, 호프 등

16 CCC : 인공적으로 합성한 생장조절 물질로 절간신장을 억제한다.

17 ① 맥류 : 보리, 밀, 호밀, 귀리 등
식용작물에서 벼는 미곡에 해당하고, 수수와 기장은 잡곡에 해당한다.

18 추파맥류 : 최아종자를 0~3℃에 30~60일 처리

19 땅을 깊이 갈면 땅 속 깊이까지 물이 스며들어 수분을 잘 유지시킬 수 있다.

20 수은, 납, 카드뮴은 중금속으로 환경오염원이다.

21 가수분해작용, 탄산화작용, 수화작용은 화학적 풍화작용이다.

22 토양의 용적밀도와 입자밀도를 통하여 공극률을 구할 수 있다. 이 공극률을 통해서 토양의 구조를 파악할 수 있다.

23 탈질 작용 : 질산태 질소(NO_3^-)가 유기물이 많고 환원상태인 조건에서 미생물에 의해 산소를 빼앗겨 일산화질소(NO)나 질소가스(N_2)가 되어 공중으로 날아가는 것

24 토양의 구성성분인 음전하는 규산염 점토광물에서 동형치환, 변두리 전하, 잠시적 전하(pH 의존 전하)에 의해 생성된다.

25 밭은 산화상태이므로 Fe^{3+} 형태로 존재한다. 반면 논은 환원상태이므로 Fe^{2+} 형태이다.

26 토양을 입단구조로 만들기 위해서 점토, 유기물, 석회 등의 사용과 목초의 재배와 더불어 토양개량제(아크릴소일, 크릴륨 등)를 첨가하기도 한다.

27 토양의 Eh 값은 토양의 pH, 무기물, 유기물, 배수 조건, 온도 및 식물의 종류에 따라 변화한다.

28 논은 환원상태가 되면 밭토양에 비해 인산의 유효도가 증가하여 작물의 이용률이 높아지고, 철과 망간은 용해된 후 토양의 아래층에 쌓이므로 토양이 노후화된다.

29 윤작의 효과 : 지력의 유지・증강, 토양 보호, 기지의 회피, 병충해・토양선충의 경감, 잡초의 경감, 수확량의 증대, 토지이용도의 향상, 노력분배의 합리화, 농업경영의 안정성 증대 등

30 사상균은 부식의 형성, 입단화와 관련하여 토양의 생성이나 비옥도에 크게 작용한다.

31 광산폐수에는 중금속(Cd, Cu, Pb, Zn 등)이 함유되어 있다.

32 재, 맥반석, 일라이트 등은 칼륨질 원료이다.

33 글레이(Glei)화 작용 : 지하 수위가 높은 저지대나 배수가 좋지 못한 토양 그리고 물에 잠겨 있는 논토양은 산소가 부족하여 토양 내 Fe, Mn 및 S가 환원상태가 되고 토양층은 청회색, 청색 또는 녹색의 특유한 색깔을 띠게 된다. 이러한 과정을 글레이화 작용이라 한다.

34 소수 작물이 연작되므로 특수 성분의 결핍이 초래되고, 집약화의 경향에 따라 요구도가 큰 특정 비료의 편중된 사용으로 염화물, 황화물, Ca, Mg, Na 등 염기가 부성분으로 토양에 집적된다.

35 논은 환원상태가 되면 밭토양에 비해 인산의 유효도가 증가하여 작물의 이용률이 높아지고, 철과 망간은 용해된 후 토양의 아래층에 쌓이므로 토양을 노후화시킨다.

36 침식에 대한 대책으로는 토양 표면의 피복, 토양개량, 등고선 재배, 초생대 재배, 배수로 설치 등이 있다.

37 유년기에 화강암 모재는 산성토양을 이루며, 석회암 모재는 중성이나 알칼리성 토양을 이룬다. 노년기에는 두 모재 모두 산성 또는 중성 토양을 생성한다.

38 용액 중 유리 양이온의 농도가 일정할 때 이액 순위는 $H^+ > Ca^{2+} \geqq Mg^{2+} > K^+ \geqq NH_4^+ > Na^+ > Li^+$의 순서를 가진다.

39 식물체는 녹색식물이기 때문에 균의 도움 없이도 살아갈 수는 있으나, 토양 속에 질소・인산 등의 비료가 모자랄 때에는 균근과 공생하는 편이 훨씬 생육이 좋고, 균근은 특히 인산의 흡수에 도움을 준다.

40 1ha = 10,000m^2
- 작토층의 부피 = 1ha × 10cm = 10,000m^2 × 0.1m
  = 1,000m^3
- 용적밀도 = 1.2g/cm^3 = 1,200kg/m^3
- ∴ 작토층 총질량 = 1,200kg/m^3 × 1,000m^3 = 1,200,000kg

41 개화 · 결실은 C/N율, 식물호르몬, 버널리제이션, 일장효과 등의 상호 작용이 영향을 미친다.

42 토양 용액의 전기전도도를 통해서 토양의 염류농도를 알 수 있다.

43 등고선식 재배방법은 토양침식방지의 방법 중 하나이다.

44 ① 초생법은 장단점이 청경법과 반대이며, 현재 과수원에서 많이 사용한다.
② 청경법은 과수원의 토양에 풀이 자라지 않도록 깨끗하게 김을 매주는 방법으로, 잡초와 양수분의 경쟁이 없고 병해충의 잠복처를 제공하지 않는 장점이 있으나, 토양침식과 토양온도 변화가 심하다.
③ 짚인 경우에는 Straw Mulch, 풀인 경우에는 Grass Mulch라 부른다.

45 EU 규정은 환경 보존적 기능의 수행을 위해 가축의 분뇨단위를 기준으로 농가의 경작면적당 가축 사육두수의 상한을 결정하는 것을 특징으로 한다.

46 화진현상의 예방법으로 조기낙엽, 질소과용, 그리고 과다결실을 피하여 저장양분을 충분히 축적시켜 꽃 기관이 잘 발달되도록 해 주는 것이 중요하다.

47 우리나라 과수재배의 과제로는 품질 향상, 생산비 절감, 생력 재배 등이 있다.

48 묘목은 가능한 한 뿌리를 상하지 않게 심는 것이 중요하며, 깊게 심는 것보다 얕게 심는 것이 활착이 빠르고 생육이 양호하다.

49 1991년 농림축산식품부 농산국에 유기농업발전기획단이 설치되었다.

50 작물의 유전자가 퇴화(돌연변이, 자연교잡 등)되면 저항성이 감수성으로 변형될 수 있다.

51 윤작의 효과 : 지력의 유지 · 증강, 토양 보호, 기지의 회피, 병충해 · 토양선충의 경감, 잡초의 경감, 수확량의 증대, 토지이용도의 향상, 노력분배의 합리화, 농업경영의 안정성 증대 등

52 현재 과채류는 비닐하우스에서 재배하여 계절에 관계없이 생산된다.

54 시설작물을 효율적으로 재배하기 위해서 시설 내에 이산화탄소(탄산가스) 발생기를 설치한 곳도 있다.

55 우리나라 플라스틱 외피복재 중 가장 많이 사용되는 것은 PE(70% 이상)이다.

56 ③은 유기농업의 장점에 해당한다.

57 화곡류의 채종적기는 황숙기이고, 채소류는 갈숙기가 적기이다.

58 난방기의 열이용 효율을 높이는 것이 가장 중요하다.

59 호기성 미생물은 산소, 온도, 양분 등의 영향을 많이 받는다.

60 농업부문에 대한 국제적 규제가 심화되고 있는 추세이다.

제3회 과년도 기출문제   p 77 ~ 84

01	02	03	04	05	06	07	08	09	10	11	12	13	14	15
③	①	③	②	①	③	①	③	①	①	②	③	④	①	①
16	17	18	19	20	21	22	23	24	25	26	27	28	29	30
②	③	③	④	③	④	③	③	③	②	④	②	①	④	②
31	32	33	34	35	36	37	38	39	40	41	42	43	44	45
②	①	③	③	④	①	③	③	②	①	③	①	②	①	④
46	47	48	49	50	51	52	53	54	55	56	57	58	59	60
②	②	④	②	②	①	④	③	④	③	④	①	③	①	④

01 춘화현상(버널리제이션)에서 감응하는 부위는 생장점이다.

02 질산태 질소
- 밭작물에서는 효과가 크지만, 토양에 잘 부착되지 못하는 성질이 있어 비가 많은 곳이나 논에서는 유실이 많아 손실이 크다.
- 질산태 질소는 한 번에 주는 것보다 여러 번 나누어 주는 것이 효과적이다.
- 질산태 질소에는 질산칼륨, 질산암모늄, 질산칼슘 등이 있다.

03 재배적 대책
- 내풍성 작물의 선택
- 내도복성 품종의 선택
- 작기 이동
- 담 수
- 배토 · 지주 및 결속
- 생육의 건실화
- 낙과 방지제의 살포

04 식토는 물과 양분을 흡착하는 힘이 커서 보수력과 보비력이 좋다.

05 최대 용수량 : 토양입자들 사이의 모든 공극이 물로 채워진 상태의 수분 함량을 의미하며 pF 0이다.

06 춘화처리 : 작물의 개화 유도 · 촉진 등을 위해 생육의 일정 시기에 저온 처리를 하는 것

07 꽃눈의 분화와 씨앗의 싹트기는 적색광(670nm 부근)이 촉진하고, 근적 외광(730nm 부근)은 억제한다.

08 이랑을 만들어 주면 물빠짐이 좋아 습해를 줄일 수 있으며, 토양 내의 공기 유통이 좋아진다.

09 질소 다용, 칼륨 · 규산 부족 등이 도복을 유발하므로 질소 편중의 시비를 피하고 칼륨 · 인산 · 규산 · 석회 등을 충분히 시용한다.

10 ② PAN(과산화아세틸질산염) : 탄화수소·오존·이산화질소가 화합해서 생성된다.
③ 아황산가스 : 중유·연탄이 연소할 때 황이 산소와 결합하여 발생한다.
④ 일산화질소 : 각종 배출가스에 포함되어 있으며, 공기와 결합하여 이산화질소를 생성한다.

11 대기 중에는 질소가스(N_2)가 약 79.1%를 차지한다.

12 작물은 야생식물보다 생존력이 약하기 때문에 재배가 인위적인 보호조치가 된다.

13 답전윤환(윤답) : 논을 논상태와 밭상태로 몇 해씩 번갈아 가며 재배하는 방식으로, 지력의 유지를 증강시키는 효과가 있다.

14 광합성에 가장 유효한 광선은 630~680nm의 적색광과 400~490nm의 청색광이다.

15 ② 광합성에는 630~680nm의 적색광과 400~490nm의 청색광이 유효하다.
③ 광합성이 활발해지면 동화물질이 축적되어 증산작용을 조장한다.
④ 자외선과 같은 단파장은 식물의 신장을 억제한다.

17 단장일식물 : 처음엔 단일이고 뒤에 장일이어야 화성이 유도되며 일정한 일장에 두면 개화하지 못하는 식물로 프리뮬러, 딸기 등이 해당된다.

18 석회유에 황산구리액을 가한다.

19 종자 휴면의 원인 : 경실(硬實), 종피의 산소 흡수 저해, 종피의 기계적 저항, 배의 미숙, 발아 억제 물질

22 탄산화작용은 대기 중의 이산화탄소가 물에 용해되어 일어난다.

23 카드뮴 : 원자번호 48의 중금속원소의 하나로 아연광 채광, 제련 시 생기는 폐수나 분진 등과 도료, 전지, 사진재료, 농약(살균제) 등의 폐기물, 자동차의 윤활유나 타이어 등에 함유되어 있어 토양을 오염시키며, 이타이이타이(Itai-Itai)병의 원인물질이다.

24 사상균
• 균사에 의하여 발육하는 곰팡이류의 대부분이 이에 속하며, 균사의 평균 지름은 5µm 정도이다.
• 호기성이며, 산성·중성·알칼리성의 어떠한 반응에서도 잘 생육하지만, 특히 세균이나 방사상균이 생육하지 못하는 산성에서도 잘 생육한다.
• 산성에 대한 저항력이 강하기 때문에 산성 토양 중에서 일어나는 화학 변화를 주도한다.

25 *Rhizobium*(리조비움속) : 콩과식물의 뿌리에 공생하며 공기 중의 질소를 고정하는 역할을 하는 박테리아이다.

26 화학적 풍화작용 : 용해작용, 가수분해, 산화·환원작용, 수화작용, 착체의 형성 등

27 규산 함량에 따른 분류
• 산성암 : 화강암, 유문암(65~75%)
• 중성암 : 섬록암, 안산암(55~65%)
• 염기성암 : 반려암, 현무암(40~55%)

29 양이온 치환용량에 대한 치환성 염기이온, 즉 Ca^{2+}, Mg^{2+}, K^+, Na^+ 등의 비율(%)을 염기포화도라고 한다.

30 배수 불량한 저습 지대의 전작지 토양이나 습답 토양에 유기물이 과잉 시용되면 혐기성 미생물에 의한 혐기적 분해를 받아 환원성 유해물인 각종 유기산이 생성·집적된다.

31 Ca^{2+}이 흡착되면 엉키는 현상이 일어나 입단화를 촉진시킨다.

32 양이온 치환용량이 클수록 비료로 시용하는 영양 성분이 작물에 이용되는 비율이 증대된다.

33 CEC(Cation Exchange Capacity) : 양이온 교환용량은 특정 pH에서 일정량의 토양에 전기적 인력에 의하여 다른 양이온과 교환이 가능한 형태로 흡착된 양이온의 총량을 의미한다.

34 산성 토양과 작물 생육과의 관계
• 수소이온이 과다하면 작물 뿌리에 해를 준다.
• 토양이 산성으로 되면 알루미늄 이온과 망간 이온이 용출되어 해를 준다.
• 인, 칼슘, 마그네슘, 몰리브덴, 붕소 등의 필수원소가 결핍된다.
• 석회가 부족하고 토양미생물의 활동이 저하되어 토양의 입단 형성이 저하된다.
• 질소고정균, 근류균 등의 활동이 약화된다.

35 지나친 경운은 떼알구조(입단)을 파괴한다.

36 간척지 토양은 유효인산, 유효아연의 함량이 낮다.

40 음이온의 치환 순서 : SiO_4^{4-} > PO_4^{3-} > SO_4^{2-} > NO_3^- > Cl^-

41 생물학적 제어는 미생물과 천적을 이용하는 것이다.

43 퇴비더미가 55~75℃를 유지하는 기간이 15일 이상 되어야 하고 이 기간 동안 5회 이상 뒤집어야 한다.

45 ① 2년 이상 기록한 영농관련 자료를 보관하고 국립농산물품질관리원장 또는 인증기관이 열람을 요구하는 때에는 이에 응할 수 있어야 한다.
② 전환기농산물의 전환기간은 다년생작물은 3년, 그 외 작물은 2년을 기준으로 한다.
③ 포장 내의 혼작·간작 및 공생식물의 재배 등 작물체 주변의 천적활동을 조장하는 생태계의 조성으로 병해충 및 잡초를 방제·조절하여야 한다.

46 시비량의 이론적 계산법 = $\dfrac{\text{비료요소흡수량} - \text{천연공급량}}{\text{비료요소흡수율}}$

48 점적 관수 장치
• 플라스틱 파이프나 튜브에 분출공을 만들어 물이 방울방울 떨어지게 하거나, 천천히 흘러나오게 하는 방법이다.
• 저압으로 물의 양을 절약할 수 있으며 하우스 내 습도의 영향도 줄일 수 있다.
• 잎과 줄기 및 꽃에 살수하지 않으므로 열매 채소의 관수에 특히 좋으며, 점적 단추, 내장형 점적 호스, 점적 튜브, 다지형 스틱 점적 방식 등이 있다.

49 종자 우렁이를 넣는 시기는 이앙 후 7일에 넣는 것이 가장 효과적이다.

50 환기는 공중습도를 적절하게 조절해 주는 역할을 한다.

51 **초생 재배** : 목초·녹비 등을 나무 밑에 가꾸는 재배법으로 토양 침식이 방지되고, 제초 노력이 경감되며, 지력도 증진된다.

52
• 연작의 피해가 적은 것 : 벼, 맥류, 조, 수수, 옥수수, 고구마, 삼, 담배, 무, 당근, 양파, 호박, 연, 순무, 뽕나무, 아스파라거스, 토당귀, 미나리, 딸기, 양배추, 꽃양배추 등
• 3년 휴작을 요하는 것 : 쑥갓, 토란, 참외, 강낭콩 등

53 도복 방지는 육묘 재배의 장점이다.

55 생장촉진제 처리 과실은 육질이 무르고 생리장해가 발생할 수 있으며 저장기간이 짧다.

57 겨울에는 태양고도가 낮아 동서 동의 시설 내 광량이 많다.

58 **외쪽 지붕형 온실**
• 남쪽 면의 지붕만 있는 온실로 보통 동서 방향으로 짓는다.
• 겨울에 채광과 보온이 잘 되지만 작물이 남쪽으로 구부러지는 결점이 있다.
• 가정에서 소규모의 취미 원예에 이용되는 경우가 많다.

59 유기합성농약은 유기화학적인 과정을 거쳐 제조된 농약으로 유기농산물 재배시 사용하지 않도록 한다.

60 친환경 농업은 유기농업과 저투입 지속농업까지를 포괄하는 보다 환경 친화적 농업을 의미하며, 농업의 경제적 생산성만을 고려하는 관행 농업에서 탈피하여 농업과 환경, 식품안전성을 동시에 고려하는 농업이다.

5일 완성
유기농업기능사

★ ★ ★

3/일

과년도 기출문제

5일 완성
유기농업기능사

3일 | 제1회 과년도 기출문제

01 엽삽이 잘 되는 식물로만 이루어진 것은?

① 베고니아, 산세비에리아
② 국화, 땅두릅
③ 자두나무, 앵두나무
④ 카네이션, 펠라고늄

02 다음 중 주로 벼에 발생하는 해충인 것은?

① 끝동매미충
② 박각시나방
③ 거세미나방
④ 조명나방

03 뿌리의 흡수량 또는 흡수력을 감소시키는 요인은?

① 토양 중 산소의 감소
② 건조한 공중 습도
③ 광합성량의 증가
④ 비료의 시용량 감소

04 작물의 이산화탄소(CO_2) 포화점이란?

① 광합성에 의한 유기물의 생성 속도가 더 이상 증가하지 않을 때의 CO_2 농도
② 광합성에 의한 유기물의 생성 속도가 최대한 빠르게 진행될 때의 CO_2 농도
③ 광합성에 의한 유기물의 생성 속도와 호흡에 의한 유기물의 소모 속도가 같을 때의 CO_2 농도
④ 광합성에 의한 유기물의 생성 속도가 호흡에 의한 유기물의 소모 속도보다 클 때의 CO_2 농도

05 맥류의 동상해 방지대책으로 거리가 먼 것은?

① 퇴비 등을 시용하여 토질을 개선함
② 내동성이 강한 품종을 재배함
③ 이랑을 세워 뿌림골을 깊게 함
④ 적기파종과 인산 비료를 증시함

06 형질이 다른 두 품종을 양친으로 교배하여 자손 중에서 양친의 좋은 형질이 조합된 개체를 선발하고 우량 품종을 육성하거나 양친이 가지고 있는 형질보다도 더 개선된 형질을 가진 품종으로 육성하는 육종법은?

① 선발 육종법
② 교잡 육종법
③ 도입 육종법
④ 조직배양 육종법

07 작물이 분화하는 데 가장 먼저 일어나는 것은?

① 적 응
② 격 리
③ 유전적 변이
④ 순 화

08 풍해의 생리적 장해로 거리가 먼 것은?

① 호흡 감소
② 광합성 감퇴
③ 작물의 체온 저하
④ 식물체 건조

09 다음 중 중경의 효과가 아닌 것은?

① 발아의 조장
② 제초 효과
③ 토양수분손실
④ 토양 물리성 개선

10 작물의 생존연한에 따른 분류에서 2년생 작물에 대한 설명으로 옳은 것은?

① 가을에 파종하여 그 다음 해에 성숙·고사하는 작물을 말한다.
② 가을보리, 가을밀 등이 포함된다.
③ 봄에 씨앗을 파종하여 그 다음 해에 성숙·고사하는 작물이다.
④ 생존연한이 길고 경제적 이용연한이 여러 해인 작물이다.

11 고립 상태에서 온도와 CO_2 농도가 제한조건이 아닐 때 광포화점이 가장 높은 작물은?

① 옥수수
② 콩
③ 벼
④ 감 자

12 잡초의 생태적 방제법에 대한 설명으로 거리가 먼 것은?

① 육묘이식재배를 하면 유묘가 잡초보다 빨리 선점하여 잡초와의 경합에서 유리하다.
② 과수원의 경우 피복 작물을 재배하면 잡초발생을 억제시킨다.
③ 논의 경우 일시적으로 낙수를 하면 수생 잡초를 방제하는 효과를 볼 수 있다.
④ 잡목림지나 잔디밭에는 열처리를 하여 잡초를 방제하는 것이 효과적이다.

13 종자의 활력을 검사하려고 할 때 테트라졸륨 용액에 종자를 담그면 씨눈 부분에만 색깔이 나타나는 작물이 아닌 것은?

① 벼
② 옥수수
③ 보 리
④ 콩

14 일반 벼재배 논토양에서 탈질 현상을 방지하기 위한 질소질 비료의 시비법은?

① 암모니아태 질소를 산화층에 준다.
② 질산태 질소를 산화층에 준다.
③ 암모니아태 질소를 환원층에 준다.
④ 질산태 질소를 환원층에 준다.

15 다음 중 토양수분의 표시방법이 아닌 것은?

① 부 피
② 중 량
③ 백분율(%)
④ 장력(pF)

16 다음 중 경작지 전체를 3등분하여 매년 1/3씩 경작지를 휴한 (休閑)하는 작부 방식은?

① 3포식 농법
② 이동경작 농법
③ 자유경작 농법
④ 4포식 농법

17 화성 유도에 관여하는 요인으로 부적절한 것은?

① C/N율
② 광
③ 온 도
④ 수 분

18 과수, 채소, 차나무 등의 동상해 응급대책으로 볼 수 없는 것은?

① 관개법
② 송풍법
③ 발연법
④ 하드닝법

19 질소 6kg/10a을 퇴비로 주려 할 때 시비해야 할 퇴비의 양은?(단, 퇴비 내 질소 함량은 4%이다)

① 100kg/10a
② 150kg/10a
③ 240kg/10a
④ 300kg/10a

20 다음 중 내염성이 약한 작물은?

① 양 란
② 케 일
③ 양배추
④ 시금치

21 노후화답의 특징이 아닌 것은?

① 작토층의 철은 미생물에 의해 환원되어 Fe^{2+}로 되어 용탈한다.
② 작토층 아래층의 철과 망간은 산화되어 용해도가 감소되어 Fe^{3+}와 Mn^{4+}형태로 침전한다.
③ 황화수소(H_2S)가 발생한다.
④ 규산 함량이 증가된다.

22 중성 토양 교질입자에 잘 흡착될 수 있는 질소의 형태는?

① 질산태
② 암모늄태
③ 요소태
④ 유기태

23 다음 중 토양 산성화로 인해 발생할 수 있는 내용으로 가장 거리가 먼 것은?

① 토양 중 알루미늄 용해도 증가
② 토양 중 인산의 고정
③ 토양 중 황 성분의 증가
④ 염기의 유실 및 용탈의 증가

24 암석의 물리적 풍화 작용 요인으로 볼 수 없는 것은?

① 공 기
② 물
③ 온 도
④ 용 해

25 토양이 자연의 힘으로 다른 곳으로 이동하여 생성된 토양 중 중력의 힘에 의해 이동하여 생긴 토양은?

① 충적토
② 붕적토
③ 빙하토
④ 풍적토

26 질소를 고정할 뿐만 아니라 광합성도 할 수 있는 것은?

① 효 모
② 사상균
③ 남조류
④ 방사상균

27 토양의 비열이란?

① 토양 100g을 1℃ 올리는 데 필요한 열량
② 토양 1g을 1℃ 올리는 데 필요한 열량
③ 토양 10g을 1℃ 올리는 데 필요한 열량
④ 토양 1g의 열량으로 수온을 1℃ 올리는 데 필요한 열량

28 토양의 토양목 중 토양 발달의 최종단계에 속하여 가장 풍화가 많이 진행된 토양으로 Fe, Al 산화물이 많은 것은?

① Mollisols
② Oxisols
③ Ultisols
④ Entisols

29 질산화 작용에 대한 설명으로 옳은 것은?

① 논토양에서는 일어나지 않는다.
② 암모늄태 질소가 산화되는 작용이다.
③ 결과적으로 질소의 이용률이 증가한다.
④ 사상균과 방사상균들에 의해 일어난다.

30 다음 중 토양반응(pH)과 가장 밀접한 관계가 있는 것은?

① 토 성
② 토 색
③ 염기포화도
④ 양이온 치환용량

31 작물의 생산량이 낮은 토양의 특징이 아닌 것은?

① 자갈이 많은 토양

② 배수가 불량한 토양

③ 지렁이가 많은 토양

④ 유황 성분이 많은 토양

32 토양 염기에 포함되는 치환성 양이온이 아닌 것은?

① Na^+

② S^{2+}

③ K^+

④ Ca^{2+}

33 유기재배 시 작물 생육에 크게 영향을 미치는 토양공기 조성에 관한 설명 중 알맞은 것은?

① 토양공기의 갱신은 바람의 이동 영향이 가장 크다.

② 토양공기는 대기와 교환되므로 이산화탄소 농도가 늘어난다.

③ 토양공기 중 이산화탄소는 식물 뿌리 호흡에 의해 발생된다.

④ 토양공기 중 산소는 혐기성 미생물에 의해 소비된다.

34 시설재배지의 토양 관리를 위해 토양의 비전도도(EC)를 측정한다. 다음 중 가장 큰 이유가 되는 것은?

① 토양 염류집적 정도의 평가

② 토양 완충능 정도의 평가

③ 토양 염기포화도의 평가

④ 토양 산화환원 정도의 평가

35 다음 중 논토양의 특징이 아닌 것은?

① 광범위한 환원층이 발달한다.

② 연작 장해가 나타나지 않는다.

③ 철이 쉽게 용탈된다.

④ 산성 피해가 잘 나타난다.

36 다음 중 2:2 규칙형 광물은?

① Kaolinite

② Allophane

③ Vermiculite

④ Chlorite

37 질소화합물이 토양 중에서 $NO_3^- \rightarrow NO_2^- \rightarrow N_2O$, N_2와 같은 순서로 질소의 형태가 바뀌는 작용을 무엇이라 하는가?

① 암모니아산화작용

② 탈질작용

③ 질산화작용

④ 질소고정작용

38 논에 녹비 작물을 재배한 후 풋거름으로 넣으면 기포가 발생하는 원인은 무엇인가?

① 메탄가스 용해도가 매우 낮기 때문에 발생된다.

② 메탄가스 용해도가 매우 높기 때문에 발생된다.

③ 이산화탄소 발생량이 매우 작기 때문에 발생된다.

④ 이산화탄소 용해도가 매우 높기 때문에 발생된다.

39 다음 중 표토에 염류집적 피해가 일어날 가능성이 큰 토양은?

① 벼 논
② 사과 과수원
③ 인삼밭
④ 보리밭

40 암석의 화학적인 풍화작용을 유발하는 현상이 아닌 것은?

① 산화작용
② 가수분해작용
③ 수축팽창작용
④ 탄산화작용

41 시설의 토양관리에서 토양반응이란?

① 식물체 근부의 상태
② 토양 용액 중 수소 이온의 농도
③ 토양의 고상, 기상, 액상의 분포
④ 토양의 미생물과 소동물의 행태

42 태양열 소독의 특징으로 거리가 먼 것은?

① 주로 노지토양 소독에 많이 이용된다.
② 선충 및 병해 방제에 효과가 있다.
③ 유기물 부숙을 촉진하여 토양이 비옥해진다.
④ 담수처리로 염류를 제거할 수 있다.

43 병해충관리를 위해서 식물에서 추출한 유기농 자재는?

① 님 제제
② 파라핀유
③ 보르도액
④ 벤토나이트

44 멘델(Mendel)의 법칙과 거리가 먼 것은?

① 분리의 법칙
② 독립의 법칙
③ 우성의 법칙
④ 최소의 법칙

45 다음 중 성페로몬을 이용하여 효과적으로 방제할 수 있는 해충은?

① 응애류
② 진딧물류
③ 노린재류
④ 나방류

46 유기농법을 위한 토양관리와 관련이 없는 것은?

① 퇴비를 적절히 투입한다.
② 윤작을 실시한다.
③ 휴경을 해서는 안 된다.
④ 침식을 예방한다.

47 딸기 시설재배에서 천적인 칠레이리응애를 방사하는 목적은?

① 해충인 응애를 잡기 위하여
② 해충인 진딧물을 잡기 위하여
③ 수분을 도와주기 위하여
④ 꿀벌의 일을 도와주기 위하여

48 과수의 내한성을 증진시키는 방법으로 옳은 것은?

① 적절한 결실 관리
② 적엽 처리
③ 환상박피 처리
④ 부초 재배

49 유기농업의 이해 및 관심 증가에 대한 1차적 배경으로 가장 적합한 것은?

① 지역사회개발론
② 생명 환경의 위기론
③ 농가소득보장으로 부의 농촌경제론
④ 육종학적 발달과 미래지향적 설계론

50 다음은 친환경농업과 관련이 있는 내용들이다. 친환경농업과 가장 밀접한 관계가 있는 것은?

① 저독성 농약의 지속적인 개발 필요
② 화학자재사용의 무한자유
③ 생물종의 단일성 유지
④ 단작중심 농법의 이행 필요

51 다음 중 화학비료의 문제점이 아닌 것은?

① 토양이 산성화가 된다.
② 토양 입단조성을 촉진한다.
③ 양분의 유실이 크다.
④ 수질이 오염된다.

52 일반적으로 볍씨의 발아 최적 온도는?

① 8~13℃
② 15~20℃
③ 30~34℃
④ 40~44℃

53 일장(日長)에 따라 화성(花成)이 유도·촉진되는 것을 구분하여 식물의 일장형(日長型)이라고 한다. 다음 중 일장감응명칭에 대한 설명이 올바른 것은?

① SL인 식물은 화아(花芽)가 분화되기 전에는 단일이고 화아가 분화된 이후 장일이 될 때 화성이 유도되는 것을 말하며 시금치, 콩 등이 해당된다.
② SI인 식물은 화아(花芽)가 분화되기 전에는 단일이고 화아가 분화된 이후 중일이 될 때 화성이 유도되는 것을 말하며 토마토 등이 해당된다.
③ LI인 식물은 화아(花芽)가 분화되기 전에는 장일이고 화아가 분화된 이후 중일이 될 때 화성이 유도되는 것을 말하며 사탕무 등이 해당된다.
④ LL인 식물은 화아(花芽)가 분화되기 전에는 장일, 화아가 분화된 이후에도 장일이 될 때 화성이 유도되는 것을 말하며 고추, 딸기 등이 해당된다.

54 다음 중 자연농업에 대한 설명으로 옳지 않은 것은?

① 무경운, 무비료, 무제초, 무농약 등 4대 원칙을 지킨다.
② 자연 생태계를 보전, 발전시킨다.
③ 화학적 자재를 가능한 한 배제한다.
④ 안전한 먹을거리를 생산한다.

55 수막하우스의 특징을 바르게 설명한 것은?

① 광투과성을 강화한 시설이다.
② 보온성이 뛰어난 시설이다.
③ 자동화가 용이한 시설이다.
④ 내구성을 강화한 시설이다.

56 다음 중 유기재배 시 제초 방제 방법으로 잘못된 것은?

① 저독성 화학합성물질 살포
② 멀칭・예취
③ 화염제초
④ 기계적 경운 및 손제초

57 작물 재배 시 도복 현상이 발생하는 주요한 원인은?

① 마그네슘이 부족하다.
② 질소가 과다하다.
③ 인산이 과다하다.
④ 칼륨이 과다하다.

58 지형을 고려하여 과수원을 조성하는 방법을 설명한 것으로 올바른 것은?

① 평탄지에 과수원을 조성하고자 할 때는 지하수위와 두둑을 낮추는 것이 유리하다.
② 경사지에 과수원을 조성하고자 할 때는 경사 각도를 낮추고 수평배수로를 설치하는 것이 유리하다.
③ 논에 과수원을 조성하고자 할 때는 경반층(硬盤層)을 확보하는 것이 유리하다.
④ 경사지에 과수원을 조성하고자 할 때는 재식열(栽植列) 또는 중간의 작업로를 따라 집수구(集水溝)를 설치하는 것이 유리하다.

59 다음 중 과수분류상 인과류에 속하는 것으로만 나열된 것은?

① 무화과, 복숭아
② 포도, 비파
③ 사과, 배
④ 밤, 포도

60 우리나라 논토양의 특성으로 볼 수 없는 것은?

① 염기치환용량이 낮다.
② 유기물 함량이 낮다.
③ 표토의 유실에 따른 작토의 깊이가 낮다.
④ 평균 칼륨 함량이 낮다.

3일 | 제2회 과년도 기출문제

01 작물의 광합성에 필요한 요소들 중 이산화탄소의 대기 중 함량은?

① 약 0.03%
② 약 0.3%
③ 약 3%
④ 약 30%

02 다음 중 장일성 식물이 아닌 것은?

① 시금치
② 양 파
③ 감 자
④ 콩

03 다음 중 중금속의 유해 작용을 경감시키는 것은?

① 붕 소
② 석 회
③ 철
④ 유 황

04 다음 중 종자의 발아억제물질은?

① 지베렐린
② ABA(Abscissic Acid)
③ 시토키닌
④ 에틸렌

05 수해의 사전대책으로 옳지 않은 것은?

① 경사지와 경작지의 토양을 보호한다.
② 질소과용을 피한다.
③ 작물의 종류나 품종의 선택에 유의한다.
④ 경지 정리를 가급적 피한다.

06 다음 중 칼륨비료에 대한 설명으로 바르지 못한 것은?

① 칼륨비료는 거의가 수용성이며 비효가 빠르다.
② 황산칼륨과 염화칼륨이 주된 칼륨질 비료이다.
③ 단백질과 결합된 칼륨은 수용성이며 속효성이다.
④ 유기태칼륨은 쌀겨, 녹비, 퇴비, 산야초 등에 많이 들어있다.

07 병충해 방제방법 중 경종적 방제법으로 옳은 것은?

① 벼의 경우 보온육묘한다.
② 풀잠자리를 사육하면 진딧물을 방제한다.
③ 이병된 개체는 소각한다.
④ 맥류 깜부기병을 방제하기 위해 냉수온탕침법을 실시한다.

11 벼 재배 시 발생하는 추락현상에 대한 설명으로 옳은 것은?

① 개답의 역사가 짧고 유기물 함량이 낮은 미숙답에서 주로 발생한다.
② 모래함량이 많고 용탈이 심한 사질답에서 주로 발생한다.
③ 개답의 역사가 짧은 간척지로 염분농도가 높은 염해답에서 주로 발생한다.
④ 황화철이 부족하여 무기양분흡수가 저해되는 노후화답에서 주로 발생한다.

08 기지현상의 원인이라고 볼 수 없는 것은?

① CEC의 증대
② 토양 중 염류집적
③ 양분의 소모
④ 토양선충의 피해

12 삼한시대에 재배된 오곡에 포함되지 않는 작물은?

① 수 수
② 보 리
③ 기 장
④ 피

09 식물의 미소식물군 중 독립영양생물에 속하는 것은?

① 녹조류
② 곰팡이
③ 효 모
④ 방선균

13 도복 방지대책과 가장 거리가 먼 것은?

① 키가 작고 대가 튼튼한 품종을 재배한다.
② 서로 지지가 되게 밀식한다.
③ 칼륨질 비료를 시용한다.
④ 규산질 비료를 시용한다.

10 논토양의 토층분화와 탈질현상에 대한 설명 중 옳지 않은 것은?

① 논토양에서 산화층은 산화제2철이, 환원층은 산화제1철이 쌓인다.
② 암모니아태 질소를 산화층에 주면 질화균에 의해서 질산이 된다.
③ 암모니아태 질소를 환원층에 주면 절대적 호기균인 질화균의 작용을 받지 않는다.
④ 질산태 질소를 논에 주면 암모니아태 질소보다 비효가 높다.

14 생육기간이 비슷한 작물들을 교호로 재배하는 방식으로 콩 2이랑에 옥수수 1이랑을 재배하는 작부체계는?

① 혼 작
② 교호작
③ 간 작
④ 주위작

15 작물수량을 최대로 올리기 위한 주요한 요인으로 나열된 것은?

① 품종, 비료, 재배 기술
② 유전성, 환경 조건, 재배 기술
③ 품종, 기상 조건, 종자
④ 유전성, 비료, 종자

16 작물에 광합성과 수분상실의 제어 역할을 하고, 결핍되면 생장점이 말라죽고 줄기가 약해지며 조기낙엽현상을 일으키는 필수원소는?

① K
② P
③ Mg
④ N

17 재배환경 중 온도에 대한 설명이 맞는 것은?

① 작물 생육이 가능한 범위의 온도를 유효 온도라고 한다.
② 작물의 생육단계 중 생식생장기간 동안에 소요되는 총온도량을 적산 온도라고 한다.
③ 온도가 1℃ 상승하는 데 따르는 이화학적 반응이나 생리 작용의 증가배수를 온도 계수라고 한다.
④ 일변화는 작물의 결실을 저해한다.

18 토양의 양이온 교환용량의 값이 크다는 의미는?

① 산도가 높음을 의미
② 토양의 공극량이 큼을 의미
③ 토양의 투수력이 큼을 의미
④ 비료성분을 지니는 힘이 큼을 의미

19 작물의 재배적 특징으로 옳지 않은 것은?

① 토지를 이용함에 있어 수확체감의 법칙이 적용된다.
② 자연환경의 영향으로 생산물량 확보가 자유롭지 못하다.
③ 소비면에서 농산물은 공산물에 비하여 수요탄력성과 공급 탄력성이 크다.
④ 노동의 수요가 연중 균일하지 못하다.

20 어떤 종자표본의 발아율이 80%이고 순도가 90%일 경우, 종자의 진가(용가)는?

① 90
② 85
③ 80
④ 72

21 다음 중 토양 산성화의 원인으로 작용하지 않는 것은?

① 인산이온의 불용화
② 유기물의 혐기성 분해 산물
③ 과도한 요소비료의 시용
④ 점토광물의 풍화에 따른 Al 이온의 가수분해

22 토양 내 미생물의 바이오매스량(ha당 생체량)이 가장 큰 것은?

① 세 균
② 방선균
③ 사상균
④ 조 류

23 토양침식에 미치는 영향과 가장 거리가 먼 것은?

① 토양 화학성
② 기상 조건
③ 지형 조건
④ 식물 생육

24 석회암지대의 천연동굴은 사람이 많이 드나들면 호흡 때문에 훼손이 심화될 수 있다. 천연동굴의 훼손과 가장 관계가 깊은 풍화 작용은?

① 가수분해(Hydrolysis)
② 산화 작용(Oxidation)
③ 탄산화 작용(Carbonation)
④ 수화 작용(Hydration)

25 우리나라 밭토양의 일반적인 특성이 아닌 것은?

① 곡간지 및 산록지와 같은 경사지에 많이 분포되어 있다.
② 토성별 분포를 보면 세립질 토양이 조립질 토양보다 많다.
③ 저위생산성인 토양이 많다.
④ 밭토양은 환원상태이므로 유기물의 분해가 논토양보다 빠르다.

26 유기물을 많이 시용한 토양의 보비력이 높은 이유는?

① 유기물이 공극을 막아 비료의 유실을 막아주기 때문에
② 유기물이 토양의 점토종류를 변화시키기 때문에
③ 유기물은 식물이 비료를 흡수하는 것을 막아주기 때문에
④ 유기물은 전기적으로 비료를 흡착하는 능력이 크기 때문에

27 입단구조의 생성에 대한 설명으로 가장 거리가 먼 것은?

① 양이온이 점토입자와 점토입자 사이에 흡착되어 입단을 형성한다.
② 유기물질의 수산기나 카르복실기가 점토광물과 결합하여 입단을 형성한다.
③ 식물 뿌리가 완전히 분해되면서 생기는 탄산에 의하여 입단을 형성한다.
④ 폴리비닐, 크릴륨 등은 입자를 접착시켜 입단을 형성한다.

28 다음 중 논토양의 특성으로 옳지 않은 것은?

① 호기성 미생물의 활동이 증가된다.
② 담수하면 토양은 환원상태로 전환된다.
③ 담수 후 대부분의 논토양은 중성으로 변한다.
④ 토양용액의 비전도도는 처음에는 증가되다가 최고에 도달한 후 안정된 상태로 낮아진다.

29 한랭습윤지역에 생성된 포드졸 토양의 설명으로 옳은 것은?

① 용탈층에는 규산이 남고, 집적층에는 Fe 및 Al이 집적된다.
② 용탈층에는 Fe 및 Al이 남고, 집적층에는 염기가 집적된다.
③ 용탈층에는 염기가 남고, 집적층에는 규산이 집적된다.
④ 용탈층에는 염기가 남고, 집적층에는 Fe 및 Al이 집적된다.

30 Munsell 표기법에 의한 토양색이 7.5R 7/2일 때 채도를 나타내는 기호로 옳은 것은?

① 7.5
② R
③ 7
④ 2

31 토양이 산성화됨으로써 발생하는 현상이 아닌 것은?

① 미생물의 활성 감소
② 인산의 불용화
③ 알루미늄 등 유해금속이온농도 증가
④ 탈질 반응에 따른 질소 손실 증가

35 토양의 3상에 속하지 않는 것은?

① 액 상
② 기 상
③ 고 상
④ 주 상

32 토양의 평균적인 입자밀도는?

① $0.7mg/m^3$
② $1.5mg/m^3$
③ $2.65mg/m^3$
④ $5.4mg/m^3$

36 균근(Mycorrhizae)의 특징에 대한 설명으로 옳지 않은 것은?

① 대부분 세균으로 식물뿌리와 공생
② 외생균근은 주로 수목과 공생
③ 내생균근은 주로 밭작물과 공생
④ 내외생균근은 균근 안에 균사망 형성

33 다음 중 양이온 치환용량이 가장 큰 것은?

① 부식(Humus)
② 카올리나이트(Kaolinite)
③ 몬모릴로나이트(Montmorillonite)
④ 버미큘라이트(Vermiculite)

37 다음 중 습답의 특징이 아닌 것은?

① 환원상태
② 토양 색깔의 회색화
③ 추락현상
④ 중금속 다량용출

34 다음 중 토양에 비교적 오랫동안 잔류되는 농약은?

① 유기인계 살충제
② 지방족계 제초제
③ 유기염소계 살충제
④ 요소계 살충제

38 입단구조의 발달과 유지를 위한 농경지 관리대책으로 활용할 수 없는 것은?

① 석회물질의 시용
② 유기물의 시용
③ 목초의 재배
④ 토양경운의 강화

39 토양 층위를 지표부터 지하 순으로 옳게 나열한 것은?

① R층 → A층 → B층 → C층 → O층
② O층 → A층 → B층 → C층 → R층
③ R층 → C층 → B층 → A층 → O층
④ O층 → C층 → B층 → A층 → R층

40 물에 의해 일어나는 기계적 풍화작용에 속하지 않는 것은?

① 침식작용
② 운반작용
③ 퇴적작용
④ 합성작용

41 다음 작물 중 일반적으로 배토를 실시하지 않는 것은?

① 파
② 토 란
③ 감 자
④ 상 추

42 유기축산물 인증기준에서 가축복지를 고려한 사육조건에 해당되지 않는 것은?

① 축사바닥은 딱딱하고 건조할 것
② 충분한 휴식공간을 확보할 것
③ 사료와 음수는 접근이 용이할 것
④ 축사는 청결하게 유지하고 소독할 것

43 유기농림산물의 인증기준에서 규정한 재배방법에 대한 설명으로 옳지 않은 것은?

① 화학비료의 사용은 금지한다.
② 유기합성농약의 사용은 금지한다.
③ 심근성 작물 재배는 금지한다.
④ 두과작물의 재배는 허용한다.

44 다음 중 물리적 종자 소독방법이 아닌 것은?

① 냉수온탕침법
② 건열처리
③ 온탕침법
④ 분의소독법

45 토양 속 지렁이의 역할이 아닌 것은?

① 유기물을 분해한다.
② 통기성을 좋게 한다.
③ 뿌리의 발육을 저해한다.
④ 토양을 부드럽게 한다.

46 현재 사육되고 있는 가축이 자체농장에서 생산된 사료를 급여하는 조건에서 목초지 및 사료작물 재배기의 전환기간의 기준은?

① 1년
② 2년
③ 3년
④ 4년

47 다음 중 시설원예용 피복재를 선택할 때 고려해야 할 순서로 바르게 나열된 것은?

① 피복재의 규격 → 온실의 종류와 모양 → 경제성 → 재배 작물 → 피복재의 용도
② 온실의 종류와 모양 → 재배 작물 → 피복재의 규격 → 피복재의 용도 → 경제성
③ 재배 작물 → 온실의 종류와 모양 → 피복재의 용도 → 피복재의 규격 → 경제성
④ 경제성 → 재배 작물 → 피복재의 용도 → 온실의 종류와 모양 → 피복재의 규격

48 다음은 경작지의 작토층에 대하여 토양의 무게(질량)를 산출하고자 한다. 아래의 표를 참고하여 10a의 경작토양에서 10cm 깊이의 건조토양의 무게를 산출한 결과로 맞는 것은?

10cm 두께의 10a 부피	용적밀도
100m³	$1.20g \cdot cm^{-3}$

① 100,000kg
② 120,000kg
③ 140,000kg
④ 160,000kg

49 온실효과에 대한 설명으로 옳지 않은 것은?

① 시설농업으로 겨울철 채소를 생산하는 효과이다.
② 대기 중 탄산가스 농도가 높아져 대기의 온도가 높아지는 현상을 말한다.
③ 산업발달로 공장 및 자동차의 매연가스가 온실효과를 유발한다.
④ 온실효과가 지속된다면 생태계의 변화가 생긴다.

50 다음 중 괴경을 이용하여 번식하는 작물은?

① 고 추
② 감 자
③ 고구마
④ 마 늘

51 친환경인증기관의 인증업무 중 축산물의 인증 종류는 몇 가지인가?(단, 인증대상지역은 대한민국으로 제한한다)

① 1가지
② 2가지
③ 3가지
④ 4가지

52 저투입 지속농업(LISA)을 통한 환경친화적 지속농업을 추진하는 국가는?

① 미 국
② 영 국
③ 독 일
④ 스위스

53 종자의 발아조건 3가지는?

① 온도, 수분, 산소
② 수분, 비료, 빛
③ 토양, 온도, 빛
④ 온도, 미생물, 수분

54 토양의 비옥도 유지 및 증진 방법으로 옳지 않은 것은?

① 토양 침식을 막아준다.
② 토양의 통기성, 투수성을 좋게 만든다.
③ 유기물을 공급하여 유용미생물의 활동을 활발하게 한다.
④ 단일 작목 작부 체계를 유지시킨다.

55 다음 중 품종의 형질과 특성에 대한 설명으로 맞는 것은?

① 품종의 형질이 다른 품종과 구별되는 특징을 특성이라고 표현한다.
② 작물의 형태적·생태적·생리적 요소는 특성으로 표현된다.
③ 작물 키의 장간·단간, 숙기의 조생·만생은 품종의 형질로 표현된다.
④ 작물의 생산성·품질·저항성·적응성 등은 품종의 특성으로 표현된다.

56 볏짚, 보릿짚, 풀, 왕겨 등으로 토양 표면을 덮어 주는 방법을 멀칭법이라고 하는데 멀칭의 이점이 아닌 것은?

① 토양침식 방지
② 뿌리의 과다호흡
③ 지온 조절
④ 토양수분 조절

57 친환경농업이 태동하게 된 배경에 대한 설명으로 옳지 않은 것은?

① 미국과 유럽 등 농업선진국은 세계의 농업정책을 소비와 교역 위주에서 증산 중심으로 전환하게 하는 견인 역할을 하고 있다.
② 국제적으로는 환경보전문제가 중요 쟁점으로 부각되고 있다.
③ 토양양분의 불균형문제가 발생하게 되었다.
④ 농업부분에 대한 국제적인 규제가 점차 강화되어가고 있는 추세이다.

58 품종의 퇴화원인을 3가지로 분류할 때 해당하지 않는 것은?

① 유전적 퇴화
② 생리적 퇴화
③ 병리적 퇴화
④ 영양적 퇴화

59 세포에서 상동염색체가 존재하는 곳은?

① 핵
② 리보솜
③ 골지체
④ 미토콘드리아

60 토마토를 재배하는 온실에 탄산가스를 주입하는 목적은?

① 호흡을 억제하기 위하여
② 광합성을 촉진하기 위하여
③ 착색을 촉진하기 위하여
④ 수분을 도와주기 위하여

3일 | 제3회 과년도 기출문제

01 광(Light)과 작물생리작용에 관한 설명으로 옳지 않은 것은?

① 광합성에 주로 이용되는 파장역은 300~400nm이다.
② 광합성 속도는 광의 세기 이외에 온도, CO_2, 풍속에도 영향을 받는다.
③ 광의 세기가 증가함에 따라 작물의 광합성 속도는 광포화점까지 증가한다.
④ 녹색광(500~600nm)은 투과 또는 반사하여 이용률이 낮다.

02 토양에 흡수·고정되어 유효성이 적은 인산질 비료의 이용을 높이는 방법으로 거리가 먼 것은?

① 유기물시용으로 토양 내 부식함량을 높인다.
② 토양과 인산질 비료와의 접촉면이 많아지게 한다.
③ 작물 뿌리가 많이 분포하는 곳에 시용한다.
④ 기온이 낮은 지역에서는 보통 시용량보다 2~3배 많이 시용한다.

03 수해에 관여하는 요인으로 옳지 않은 것은?

① 생육단계에 따라 분얼 초기에는 침수에 약하고, 수잉기~출수기에 강하다.
② 수온이 높으면 물속의 산소가 적어져 피해가 크다.
③ 질소비료를 많이 주면 호흡작용이 왕성하여 관수해가 커진다.
④ 4~5일의 관수는 피해를 크게 한다.

04 기상생태형과 작물의 재배적 특성에 대한 설명으로 틀린 것은?

① 파종과 모내기를 일찍 하면 감온형은 조생종이 되고 감광형은 만생종이 된다.
② 감광형은 못자리기간 동안 영양이 결핍되고 고온기에 이르면 쉽게 생식생장기로 전환된다.
③ 만파만식할 때 출수기 지연은 기본영양생장형과 감온형이 크다.
④ 조기수확을 목적으로 조파조식을 할 때 감온형이 알맞다.

05 벼를 논에 재배할 경우 발생하는 주요 잡초가 아닌 것은?

① 방동사니, 강피
② 망초, 쇠비름
③ 가래, 물피
④ 물달개비, 개구리밥

06 토양 pH의 중요성이라고 볼 수 없는 것은?

① 토양 pH는 무기성분의 용해도에 영향을 끼친다.
② 토양 pH가 강산성이 되면 Al과 Mn이 용출되어 이들 농도가 높아진다.
③ 토양 pH가 강알칼리성이 되면 작물 생육에 불리하지 않다.
④ 토양 pH가 중성 부근에서 식물양분의 흡수가 용이하다.

07 도복을 방지하기 위한 방법이 아닌 것은?

① 키가 작고 대가 실한 품종을 선택한다.
② 칼륨, 인산, 석회를 충분히 시용한다.
③ 벼에서 마지막 논김을 맬 때 배토를 한다.
④ 출수 직후에 규소를 엽면살포한다.

08 다음 중 토양 염류집적이 문제가 되기 가장 쉬운 곳은?

① 벼 재배 논
② 고랭지채소 재배지
③ 시설채소 재배지
④ 일반 밭작물 재배지

09 식물병 중 세균에 의해 발병하는 병이 아닌 것은?

① 벼 흰잎마름병
② 감자 무름병
③ 콩 불마름병
④ 고구마 무름병

10 농경의 발상지라고 볼 수 없는 곳은?

① 큰 강의 유역
② 각 대륙의 내륙부
③ 산간부
④ 해안 지대

11 토양의 물리적 성질에 대한 설명으로 옳지 않은 것은?

① 모래, 미사 및 점토의 비율로 토성을 구분한다.
② 토양입자의 결합 및 배열 상태를 토양 구조라 한다.
③ 토양입자들 사이의 모든 공극이 물로 채워진 상태의 수분 함량을 포장용수량이라 한다.
④ 토양은 공기가 잘 유통되어야 작물 생육에 이롭다.

12 작물 재배 시 배수의 효과가 아닌 것은?

① 습해와 수해를 방지한다.
② 잡초의 생육을 억제한다.
③ 토양의 성질을 개선하여 작물의 생육을 촉진한다.
④ 농작업을 용이하게 하고, 기계화를 촉진한다.

13 냉해의 종류가 아닌 것은?

① 지연형 냉해
② 장해형 냉해
③ 한해형 냉해
④ 병해형 냉해

14 1843년 식물의 생육은 다른 양분이 아무리 충분해도 가장 소량으로 존재하는 양분에 의해서 지배된다는 설을 제창한 사람과 이에 관한 학설은?

① Liebig, 최소량의 법칙
② Darwin, 순계설
③ Mendel, 부식설
④ Salfeld, 최소량의 법칙

15 기원지로서 원산지를 파악하는 데 근간이 되고 있는 학설은 유전자 중심설이다. Vavilov의 작물의 기원지로 해당하지 않는 곳은?

① 지중해 연안
② 인도・동남아시아
③ 남부 아프리카
④ 코카서스・중동

16 수분함량이 충분한 토양의 경우, 일반적으로 식물의 뿌리가 수분을 흡수하는 토양깊이는?

① 표토 30cm 이내
② 표토 40~50cm
③ 표토 60~70cm
④ 표토 80~90cm

17 작부 체계의 이점이라고 볼 수 없는 것은?

① 병충해 및 잡초발생의 경감
② 농업노동의 효율적 분산 곤란
③ 지력의 유지증강
④ 경지 이용도의 제고

18 멀칭의 효과에 대한 설명 중 옳지 않은 것은?

① 지온 조절
② 토양, 비료 양분 유실
③ 토양건조 예방
④ 잡초 발생 억제

19 논에 요소비료를 15.0kg을 주었다. 이 논에 들어간 질소의 유효성분 함유량은 몇 kg인가?

① 약 3.0kg
② 약 6.9kg
③ 약 8.3kg
④ 약 9.0kg

20 벼 모내기부터 낙수까지 m^2당 엽면증산량이 480mm, 수면증발량이 400mm, 지하침투량이 500mm이고, 유효우량이 375mm일 때, 10a에 필요한 용수량은 얼마인가?

① 약 500kL
② 약 1,000kL
③ 약 1,500kL
④ 약 2,000kL

21 토양 단면상에서 확연한 용탈층을 나타나게 하는 토양 생성작용은?

① 회색화 작용(Gleyzation)
② 라토졸화 작용(Laterization)
③ 석회화 작용(Calcification)
④ 포드졸화 작용(Podzolization)

22 토성 결정의 고려대상이 아닌 것은?

① 모 래
② 미 사
③ 유기물
④ 점 토

23 담수된 논토양의 환원층에서 진행되는 화학반응으로 옳은 것은?

① $S \rightarrow H_2S$
② $CH_4 \rightarrow CO_2$
③ $Fe^{2+} \rightarrow Fe^{3+}$
④ $NH_4 \rightarrow NO_3$

27 다음이 설명하는 것은?

> 토양이 양이온을 흡착할 수 있는 능력을 가리키며, 이것의 크기는 풍건토양 1kg이 흡착할 수 있는 양이온의 총량($cmol_c$)으로 나타낸다.

① 교환성 염기
② 포장용수량
③ 양이온 교환용량
④ 치환성 양이온

24 작물 생육에 대한 토양미생물의 유익작용이 아닌 것은?

① 근류균에 의하여 유리질소를 고정한다.
② 유기물에 있는 질소를 암모니아로 분해한다.
③ 불용화된 무기성분을 가용화한다.
④ 황산염의 환원으로 토양산도를 조절한다.

28 간척지 토양의 특성에 대한 설명으로 틀린 것은?

① Na^+에 의하여 토양분산이 잘 일어나서 토양공극이 막혀 수직배수가 어렵다.
② 토양이 대체로 EC가 높고 알칼리성에 가까운 토양반응을 나타낸다.
③ 석고($CaSO_4$)의 시용은 황산기(SO_4^{2-})가 있어 간척지에 시용하면 안 된다.
④ 토양유기물의 시용은 간척지 토양의 구조발달을 촉진시켜 제염효과를 높여 준다.

25 다음 토양 중 일반적으로 용적밀도가 작고, 공극량이 큰 토성은?

① 사 토
② 사양토
③ 양 토
④ 식 토

29 미생물의 수를 나타내는 단위는?

① cfu
② ppm
③ mole
④ pH

26 토양의 풍식작용에서 토양입자의 이동과 관계가 없는 것은?

① 약동(Saltation)
② 포행(Soil Creep)
③ 부유(Suspension)
④ 산사태이동(Sliding Movement)

30 배수 불량으로 토양환원작용이 심한 토양에서 유기산과 황화수소의 발생 및 양분흡수 방해가 주요 원인이 되어 발생하는 벼의 영양장해 현상은?

① 노화 현상
② 적고 현상
③ 누수 현상
④ 시들음 현상

31 우리나라 논토양의 퇴적양식은 어떤 것이 많은가?

① 충적토
② 붕적토
③ 잔적토
④ 풍적토

32 물에 의한 침식을 가장 잘 받는 토양은?

① 토양입단이 잘 형성되어 있는 토양
② 유기물 함량이 많은 토양
③ 팽창성 점토광물이 많은 토양
④ 투수력이 큰 토양

33 경사지 밭토양의 유거수 속도조절을 위한 경작법으로 적합하지 않은 것은?

① 등고선재배법
② 간작재배법
③ 등고선대상재배법
④ 승수로설치재배법

34 Illite는 2 : 1격자광물이나 비팽창형 광물이다. 이는 결정단위 사이에 어떤 원소가 음전하의 부족한 양을 채우기 위하여 고정되어 있기 때문인데 그 원소는?

① Si
② Mg
③ Al
④ K

35 우리나라의 주요 광물인 화강암의 생성위치와 규산함량이 바르게 짝지어진 것은?

① 생성위치 – 심성암, 규산함량 – 66% 이상
② 생성위치 – 심성암, 규산함량 – 55% 이하
③ 생성위치 – 반심성암, 규산함량 – 66% 이상
④ 생성위치 – 반심성암, 규산함량 – 55% 이하

36 다음 중 미나마타병을 일으키는 중금속은?

① Hg
② Cd
③ Ni
④ Zn

37 토양의 입단형성에 도움이 되지 않는 것은?

① Ca 이온
② Na 이온
③ 유기물의 작용
④ 토양개량제의 작용

38 토양의 물리적 성질이 아닌 것은?

① 토 성
② 토양온도
③ 토양색
④ 토양반응

39 토양단면을 통한 수분이동에 대한 설명으로 틀린 것은?

① 수분이동은 토양을 구성하는 점토의 영향을 받는다.
② 각 층위의 토성과 구조에 따라 수분의 이동양상은 다르다.
③ 토성이 같을 경우 입단화의 정도에 따라 수분이동 양상은 다르다.
④ 수분이 토양에 침투할 때 토양입자가 미세할수록 침투율은 증가한다.

40 토양온도에 미치는 요인이 아닌 것은?

① 토양의 비열
② 토양의 열전도율
③ 토양피복
④ 토양공기

41 종자용 벼를 탈곡기로 탈곡할 때 가장 적합한 분당 회전속도는?

① 50회
② 200회
③ 400회
④ 800회

42 작물의 육종목표 중 환경친화형과 관련되는 것은?

① 수량성
② 기계화 적성
③ 품질 적성
④ 병해충 저항성

43 시설토양을 관리하는 데 이용되는 텐시오미터의 중요한 용도는?

① 토양수분장력측정
② 토양염류농도측정
③ 토양입경분포조사
④ 토양용액산도측정

44 과수재배에 적합한 토양의 물리적 조건은?

① 토심이 낮아야 한다.
② 지하수위가 높아야 한다.
③ 점토함량이 높아야 한다.
④ 삼상분포가 알맞아야 한다.

45 유기축산에서 올바른 동물관리방법과 거리가 먼 것은?

① 항생제에 의존한 치료
② 적절한 사육 밀도
③ 양질의 유기사료 급여
④ 스트레스 최소화

46 소의 사료는 기본적으로 어떤 것을 급여하는 것을 원칙으로 하는가?

① 곡 류
② 박 류
③ 강피류
④ 조사료

47 비닐하우스에 이용되는 무적필름의 주요 특징은?

① 값이 싸다.
② 먼지가 붙지 않는다.
③ 물방울이 맺히지 않는다.
④ 내구연한이 길다.

48 유기농업의 목표가 아닌 것은?

① 토양의 비옥도를 유지한다.
② 자연계를 지배하려 하지 않고 협력한다.
③ 안전하고 영양가 높은 식품을 생산한다.
④ 인공적 합성화합물을 투여하여 증산한다.

49 일반적으로 발효퇴비를 만드는 과정에서 탄질비(C/N율)로 가장 적합한 것은?

① 1 이하
② 5~10
③ 20~35
④ 50 이상

50 토양에서 작물이 흡수하는 필수성분의 형태가 옳게 짝지어진 것은?

① 질소 – NO_3^-, NH_4^+
② 인산 – HPO_3^+, PO_4^-
③ 칼륨 – K_2O^+
④ 칼슘 – CaO^+

51 유기축산물 생산을 위한 유기사료의 분류시 조사료에 속하지 않는 것은?

① 건 초
② 생 초
③ 볏 짚
④ 대두박

52 친환경농업의 필요성이 대두된 원인으로 거리가 먼 것은?

① 농업부문에 대한 국제적 규제 심화
② 안전농산물을 선호하는 추세의 증가
③ 관행농업 활동으로 인한 환경오염 우려
④ 지속적인 인구증가에 따른 증산 위주의 생산 필요

53 토마토의 배꼽썩음병의 발생원인은?

① 칼슘결핍
② 붕소결핍
③ 수정불량
④ 망간과잉

54 유기농산물을 생산하는 데 있어 올바른 잡초 제어법에 해당하지 않는 것은?

① 멀칭을 한다.
② 손으로 잡초를 뽑는다.
③ 화학 제초제를 사용한다.
④ 적절한 윤작을 통하여 잡초 생장을 억제한다.

55 다음 과실비대에 영향을 끼치는 요인 중 온도와 관련한 설명으로 올바른 것은?

① 기온은 개화 후 일정 기간 동안은 과실의 초기생장속도에 크게 영향이 미치지 않지만 성숙기에는 크게 영향을 끼친다.

② 생장적온에 달할 때까지 온도가 높아짐에 따라 과실의 생장속도도 점차 빨라지나 생장적온을 넘은 이후부터는 과실의 생장속도는 더욱 빨라지는 경향이 있다.

③ 사과의 경우, 세포분열이 왕성한 주간에 가온을 하면 세포 수가 증가하게 된다.

④ 야간에 가온을 하면 과실의 세포비대가 오히려 저하되는 경향을 나타낸다.

56 일대잡종(F_1) 품종이 갖고 있는 유전적 특성은?

① 잡종강세
② 근교약세
③ 원연교잡
④ 자식열세

57 토양을 가열소독할 때 적당한 온도와 가열시간은?

① 60℃, 30분
② 60℃, 60분
③ 100℃, 30분
④ 100℃, 60분

58 유기재배용 종자 선정 시 사용이 절대 금지된 것은?

① 내병성이 강한 품종
② 유전자변형 품종
③ 유기재배된 종자
④ 일반종자

59 병해충 관리를 위해 사용이 가능한 유기농 자재 중 식물에서 얻는 것은?

① 목초액
② 보르도액
③ 규조토
④ 유 황

60 농업의 환경보전기능을 증대시키고, 농업으로 인한 환경오염을 줄이며, 친환경농업을 실천하는 농업인을 육성하여 지속가능하고 환경친화적인 농업을 추구함을 목적으로 하는 법은?

① 친환경농어업 육성 및 유기식품 등의 관리·지원에 관한 법률
② 환경정책기본법
③ 토양환경보전법
④ 농수산물품질관리법

3일 | 정답 및 해설

제1회 과년도 기출문제   p 95 ~ 102

01	02	03	04	05	06	07	08	09	10	11	12	13	14	15
①	①	①	①	④	②	③	①	③	③	①	④	④	③	전항정답
16	17	18	19	20	21	22	23	24	25	26	27	28	29	30
①	④	④	②	①	④	②	③	④	②	③	②	②	②	③
31	32	33	34	35	36	37	38	39	40	41	42	43	44	45
③	②	③	①	④	④	②	①	③	③	②	①	①	④	④
46	47	48	49	50	51	52	53	54	55	56	57	58	59	60
③	①	①	②	③	②	③	③	③	②	①	②	④	③	④

01 엽삽은 잎을 묘상에 꽂아 뿌리를 내리게 하는 꺾꽂이 방법으로 베고니아, 산세비에리아, 바이올렛 등에 이용한다.

02 끝동매미충
벼 검은줄오갈병이나 벼 오갈병을 옮겨 피해를 주고 배설물에 의한 그을음병을 유발시키며 직접 흡즙에 의해 피해를 주기도 한다. 주로 벼 상부에 서식하면서 피해를 준다.

03 토양 중의 공기가 적거나 산소가 부족하고 이산화탄소가 많으면 작물 뿌리의 생장과 기능을 저해한다.

04 이산화탄소 농도가 어느 한계까지 높아지면 그 이상 높아져도 광합성이 증대하지 않는 한계농도에 도달하게 된다. 이것을 이산화탄소 포화점이라고 하며 작물의 이산화탄소 포화점은 대기 중 농도의 7~10배(0.21~0.3%)가 된다.

05 맥류의 동상해 방지대책
• 이랑을 세워 뿌림골을 깊게 한다.
• 칼륨 비료를 증시하고, 퇴비를 종자 위에 준다.
• 적기에 파종하고, 한지에서는 파종량을 늘린다.
• 과도하게 자랐거나 서릿발이 설 때에는 보리밟기를 한다.

06 ① 선발 육종법 : 교배를 하지 않고 재래종에서 우수한 특성을 가진 개체를 골라 품종으로 만드는 방법
③ 도입 육종법 : 외국으로부터 육종 소재나 완성된 품종을 도입하여 육종 재료로 쓰거나, 곧바로 품종으로 쓰는 방법

07 작물의 분화 과정 : 유전적 변이 → 도태 또는 적응 → 순화

08 풍해로 인해 상처가 나면 호흡이 증대하여 체내 양분의 소모가 증대한다.

09 • 중경의 이점 : 발아 조장, 토양통기 조장, 토양수분의 증발 경감, 비효 증진, 잡초 제거
• 중경의 단점 : 단근, 풍식 조장, 동상해 조장

10 ①·② 월년생 작물에 대한 설명이다.
④ 영년생 작물에 대한 설명이다.

11 일반 작물의 광포화점은 옥수수 40~60%, 벼 40~50%, 감자 30%, 콩 20% 정도이다.

13 테트라졸륨 용액에 콩 종자를 담그면 종자 전체에 색깔이 나타난다.

14 • 탈질 현상 : 질산태 질소가 논토양의 환원층에 들어가면 환원되어 산화질소(NO), 이산화질소(N_2O), 질소 가스(N_2)를 생성하며 공중으로 흩어지게 된다.
• 탈질 현상의 예방법 : 암모니아태 질소를 환원층에 주는 심층 시비를 한다.

16 3포식 농법 : 경작지의 2/3에는 추파 또는 춘파의 곡류를 심고 1/3은 휴한하는 농법이며 지력 회복이 목적이다.

17 화성 유도의 주요 요인
• 내적 요인
  – 영양상태, 특히 C/N율로 대표되는 동화생산물의 양적 관계
  – 식물호르몬, 특히 옥신과 지베렐린의 체내 수준 관계
• 외적 요인
  – 광조건, 특히 일장효과의 관계
  – 온도조건, 특히 버널리제이션(Vernalization)과 감온성의 관계

18 동상해 응급대책으로는 관개법, 발연법, 송풍법, 피복법, 연소법, 살수 빙결법 등이 있다.

19 퇴비 내 질소 함량이 4%이므로, $6 \times 100 / 4 = 150kg$

21 ④ 노후화답에서는 규산이 결핍될 수 있다.

22 암모늄태 질소는 양이온을 띠므로 음전하를 띠고 있는 다른 형태의 질소보다 잘 흡착된다.

23 토양 산성화의 영향
• 토양이 산성화되면 수소 이온이 직접 해를 끼치기도 하지만 알루미늄, 망간 등이 많이 녹아 나와 독성을 일으키고, 칼슘, 마그네슘, 붕소 등의 양분이 부족해지기 쉽다.
• 미생물의 활동이 감소하므로 유기물의 분해가 느려져서 질소나 황 등 양분의 공급이 감소하고, 떼알 형성이 잘되지 않으므로 토양의 물리적 성질이 나빠진다.

24 용해작용은 본질적으로 화학반응은 아니지만 광물 또는 구성 성분이나 이온이 용출되어 모재가 변하는 화학적 풍화작용이다.

25 ① 충적토 : 하천의 유수에 의하여 형성된 토양으로 우리나라 논토양의 대부분을 이룬다.
③ 빙하토 : 빙하의 계속적인 유동과 빙하가 녹아서 흐르는 물에 의해 운반·퇴적되는 토양이다.
④ 풍적토 : 모래, 미세한 입자 등이 바람에 의하여 운반, 퇴적된 토양이다.

26 ③ 남조류는 단세포로서 세균처럼 핵막이 없고, 엽록소와 남조소를 가지고 있어 광합성을 하며 이분법으로 번식한다.
뿌리혹박테리아, 아조토박터, 클로스트리디움, 남조류 등은 공기 성분의 약 78%를 차지하고 있는 공중 질소를 고정하여 질소 화합물을 형성할 수 있다.

27 비열 : 어떤 물질 1g의 온도를 1℃ 높이는 데 필요한 열량

28 ② 옥시졸(Oxisols) : Fe, Al 산화물이 풍부하고 열대 기후에 의해 심하게 풍화된 토양이다.
① 몰리졸(Mollisols) : 주로 초지나 활엽수 분포 지역에서 발달하며 유기물 함량이 높은 토양이다.
③ 얼티졸(Ultisols) : 온대·열대의 습윤한 토양으로 적색을 띠며 염기 공급 능력이 낮다.
④ 엔티졸(Entisols) : 특징적인 토양층의 분화가 없거나 미약한 최근 형성 토양이다.

29 질산화(질화) 작용
토양 안에 존재하거나 비료로 사용된 암모늄태 질소(NH_4^N)는, 탄질률(C/N율)이 10 : 1 이하까지 저하되고 이용할 수 있는 산소가 충분한 산화적 조건하에서, 호기성 무기영양세균인 암모니아 산화균과 아질산 산화균에 의해 2단계 반응($NH_3^+ \rightarrow NO_2^- \rightarrow NO_3^-$)을 거쳐 질산으로 변화된다.

30 토양반응은 토양의 pH를 측정하여 표시하는데, 교질물의 종류와 함량이 일정한 토양에서는 pH와 염기포화도 사이에 일정한 관계가 있다.

31 지렁이는 토양의 구조를 좋게 하고 비옥도를 증진시키는 작용을 한다.

33 토양공기의 조성
• 토양에서의 미생물 번식과 작물의 뿌리 호흡으로 산소가 소모되고 이산화탄소가 방출된다.
• 토양공기는 대기와의 가스 교환이 더디므로 산소가 적어지고 이산화탄소가 많아진다.
• 토양공기 중 산소는 호기성 미생물에 의해 소비된다.

35 논토양의 pH는 약산성이다.

36 클로라이트(Chlorite)
2 : 1형 규산염 광물로 실리카층, 알루미나층, 2번째 실리카층, 그리고 다른 알루미나 혹은 브루사이트층으로 구성되어 있으며 2 : 2 규칙형 광물이라고도 한다.

37 탈질 작용 : 암모니아태 질소가 산화층에서 산화되어 질산이 된 후, 환원층에서 환원되어 질소가스로 변하여 공기 중으로 휘산되는 현상

39 인삼은 한번 본 밭에 옮겨 심으면 같은 장소에서 3~5년 동안 자라는 작물이며, 비료를 투여하면 상당량의 비료 성분이 토양에 잔류해 축적되기 때문에 염류집적 피해가 발생할 수 있다.

40 암석의 화학적 풍화작용으로는 용해, 가수분해, 산화와 환원, 수화작용 등이 있다.

41 • 토양반응은 토양의 수용액이 나타내는 산성, 중성 또는 알칼리성이며, 토양의 pH를 측정하여 표시한다.
• pH는 순수한 물 1L에 녹아 있는 수소 이온의 역수의 대수이다.

43 님 제제는 아열대 및 열대지방에 서식하는 상록광엽식물인 님나무(*Azadiracta indica*)에서 추출한 식물성분 제제이다.

44 멘델의 유전법칙
• 우열의 법칙 : 서로 대립하는 형질인 우성 형질과 열성 형질이 있을 때 우성 형질만이 드러난다.
• 분리의 법칙 : 순종을 교배한 잡종 제1대를 자가교배했을 때 우성과 열성이 나뉘어 나타난다.
• 독립의 법칙 : 서로 다른 대립형질은 서로에게 영향을 미치지 않고 독립적으로 발현한다.

45 성페로몬을 이용한 방법은 같은 곤충 종끼리 유인하기 위해 분비하는 화학물질을 이용하는 방법으로 특히 나방류의 방제에 효과적이다.

46 기지현상 등으로 휴경이 필요하다면 적절하게 시행해야 한다.

47 칠레이리응애는 응애의 천적으로 응애 방제를 위해 방사한다.

48 과다 결실이 과실의 품질 불량·해거리 등을 일으키고, 수체 내의 탄수화물 축적이 적어져 내한성이 저하되므로 결실관리를 적절히 해 준다.

49 농업 환경이 오염되면서 국민들의 환경 보전의 필요성에 대한 인식이 높아졌으며 소비자들의 건강과 환경 보전을 위한 무공해 및 안전 식품 선호도가 높아지게 되었고, 생산자들 또한 환경 보전, 안전한 농산물 생산 등의 이유로 유기농업으로의 의식 전환이 이루어지기 시작했다.

51 유기물, 토양 개량제 등의 사용으로 입단 구조가 형성되면 토양의 수분과 공기 상태가 좋아진다.

52 벼 종자의 발아 적온은 32℃ 정도로서 높은 온도가 적합하다.

53 식물의 일장감응의 상세구분

명 칭	화아분화 전	화아분화 후	종 류
LL식물	장일성	장일성	시금치, 봄보리
LI식물	장일성	중일성	사탕무
LS식물	장일성	단일성	볼토니아, 피소스테기아
IL식물	중일성	장일성	밀
II식물	중일성	중일성	고추, 벼(조생종), 메밀, 토마토
IS식물	중일성	단일성	소빈국
SL식물	단일성	장일성	앵초, 시네라리아, 딸기
SI식물	단일성	중일성	벼(만생종), 도꼬마리
SS식물	단일성	단일성	코스모스, 나팔꽃, 콩(만생종)

54 자연농업 : 무경운, 무비료, 무제초, 무농약 등 4대 원칙에 입각한 유기농업으로, 자연 환경을 파괴하지 않고 자연 생태계를 보전·발전시키면서 안전한 먹거리를 생산하는 방법이다.

55 수막하우스 : 비닐하우스 안에 적당한 간격으로 노즐이 배치된 커튼을 설치하고, 커튼 표면에 살수하여 얇은 수막을 형성하는 보온시설로, 주로 겨울철 실내온도 하강을 막기 위해 사용한다.

56 유기재배에서는 화학적으로 합성된 농약, 제초제 등을 사용하지 않는다.

57 밀식·질소 다용·칼륨 부족·규산 부족 등이 도복을 유발한다.

59 인과류는 꽃받기가 비대하여 과육 부위가 식용 부분으로 자란 과실로 사과, 배, 모과, 비파 등이 있다.

60 우리나라 논토양은 토양 중 평균 칼륨 함량이 높고 산도·규산 함량이 낮다.

09 **독립영양생물** : 생육에 필요한 유기물을 독자적으로 합성하여 조달하는 생물로 주로 녹색식물, 조류, 광합성세균, 화학합성세균 등이 있다.

10 질산태 질소는 밭작물에서는 효과가 크지만 논에서는 유실이 많아 손실이 크기 때문에 논토양에는 질산태보다 암모니아태 질소를 시비하는 것이 유리하다.

11 노후화 답에서는 철이 부족하기 때문에 뿌리가 해를 받고 그 결과 칼륨, 규산 등의 흡수가 저해된다. 또한 토양 중에 망간도 결핍되어 깨씨무늬병이 발생하고 근부 현상이 일어나서 추락현상이 나타난다.

12 **삼한시대에 재배된 오곡** : 보리, 기장, 피, 콩, 참깨

13 재식 밀도가 과도하게 높으면 대가 약해져서 도복이 유발될 우려가 크기 때문에 재식 밀도를 적절하게 조절해야 한다.

14 생육기간이 비등한 작물들을 서로 건너서 교호로 재배하는 방식을 교호작(交互作, 번갈아짓기)이라고 한다.

15 작물 수량은 유전성·환경 조건·재배 기술을 3요소로 하는 삼각형으로 표시할 수 있다.

제2회 과년도 기출문제   p 103 ～ 110

01	02	03	04	05	06	07	08	09	10	11	12	13	14	15
①	④	②	②	④	③	①	①	①	④	④	①	②	②	②
16	17	18	19	20	21	22	23	24	25	26	27	28	29	30
①	①	④	③	④	①	③	①	③	④	④	③	①	①	④
31	32	33	34	35	36	37	38	39	40	41	42	43	44	45
④	③	①	③	④	①	④	④	②	④	④	①	③	④	③
46	47	48	49	50	51	52	53	54	55	56	57	58	59	60
①	③	②	④	②	②	①	④	①	②	①	④	①	②	②

01 대기 중 이산화탄소의 농도는 약 0.03%로, 이는 작물이 충분한 광합성을 수행하기에 부족하다. 광합성량을 최고도로 높일 수 있는 이산화탄소의 농도는 약 0.25%이다.

02 **장일식물** : 가을보리, 가을밀, 양귀비, 시금치, 양파, 상추, 아주까리, 감자 등

03 **중금속 오염 토양 대책**
- 석회성분을 투입하여 토양산도를 높여 중금속을 불용화한다.
- 인산과 유기물을 시용한다.
- pH를 높이고 Eh를 낮추는 등 토양 산도를 조정하여 토양환원을 촉진한다.
- 흡수력이 강한 묘목류, 화훼류 등의 식물을 이용하여 토양 중 오염물질을 제거한다.

04
- **발아억제물질** : 암모니아, 시안화수소, ABA(아브시스산 ; Abscisic Acid), 페놀성 화합물, 쿠마린(Coumarin)
- **발아촉진물질** : 지베렐린, 시토키닌, 키네틴, 옥신, 에틸렌, 질산화합물, 티오요소, 과산화수소 등
- ※ 발아억제물질을 총칭하여 블라스토콜린(Blastokolin)이라 한다.

05 경지 정리를 잘 하여 배수가 잘 되게 해야 한다.

06 지방산과 결합된 칼륨이 수용성·속효성을 가지며, 단백질과 결합된 칼륨은 물에 잘 녹지 않는 지효성을 가진다.

07 **경종적 방제 방법** : 윤작(두과—화분과), 토양관리, 건전 재배, 병·해충 유인방법, 트랩설치, 기상조건(기온, 습도 등)의 제어

08 **기지현상의 원인**
- 토양 비료분의 소모
- 토양 중의 염류집적
- 토양 물리성의 악화
- 잡초의 번성
- 유독물질의 축적
- 토양선충의 피해
- 토양전염의 병해

16 **칼륨(K)**
- 광합성, 탄수화물 및 단백질 형성, 세포 내의 수분 공급, 증산에 의한 수분 상실의 제어 등의 역할을 하며, 여러 가지 효소 반응의 활성제로서 작용
- 결핍되면 생장점이 말라 죽고, 줄기가 연약해지며, 잎의 끝이나 둘레가 누렇게 변하고 결실이 저해됨

17 ② 작물의 싹트기에서 수확할 때까지 평균 기온이 0℃ 이상인 날의 일평균 기온을 합산한 것을 적산 온도라고 한다.
③ 온도가 10℃ 상승하는 데 따르는 이화학적 반응이나 생리 작용의 증가배수를 온도 계수라고 한다.
④ 가을에 결실하는 작물은 대체로 일변화에 의해서 결실이 조장된다.

18 양이온 교환용량은 음전하를 띠고 있는 점토나 유기물(부식)의 함량이 높을수록 크다.

19 농산물은 공산품에 비해 수요와 공급이 비탄력적이다.

20
$$종자의\ 진가(용가) = \frac{발아율(\%) \times 순도(\%)}{100}$$

$$\therefore \frac{80 \times 90}{100} = 72$$

21 **토양 산성화의 원인**
- 무기산(HNO₃, H₃PO₄, H₂SO₄) 등의 해리로 H⁺ 방출
- 토양수분은 공기의 CO₂와 평형 상태에 있게 되며, 물에 녹아 탄산이 되고 해리하여 H⁺ 방출
- 유기물이 분해될 때 생기는 유기산이 해리되어 H⁺ 방출
- 식물의 뿌리에서 양분을 흡수하기 위해 H⁺ 방출
- 산성 비료, 인분 등으로 토양 산성화
- 염기가 용탈되거나 유실되어 산성화 진행

23 토양침식은 기상 조건, 지형, 토양 성질, 식물 생육 상태 등에 의해 영향을 받는다.

24 탄산화 작용은 대기 중의 이산화탄소가 물에 용해되어 일어난다. 물에 산이 가해지면 암석의 풍화 작용이 촉진된다.

25 밭토양은 산화상태이기 때문에 유기물의 분해가 논토양보다 빠르다.

26 유기물이 분해해서 생기는 부식콜로이드는 양분을 흡착하는 힘이 강하다.

28 담수하면 대기 중에서 토양으로의 기체 공급이 저하되므로 담수 후 수 시간 내에 토양에 함유되어 있던 산소가 호기성 미생물에 의해 완전히 소모된다. 때문에 산소가 부족한 조건하에서 호기성 미생물의 활동이 정지되고 혐기성 미생물의 호흡 작용이 우세하여 혐기성 미생물의 활동이 증가한다.

29 포드졸 토양은 상부층(A층)의 Fe, Al이 유기물과 결합하여 하층(B층)으로 이동하고, 용탈층(A2)에는 안정된 석영과 비정질의 규산이 남아서 백색의 표백층을 형성한다.

30 먼셀(Munsell) 표기법은 3속성에 의하여 H(색상) V(명도)/C(채도)로 기록한다. 따라서 7.5R 7/2일 때 채도는 2이다.

31 산성 토양과 작물 생육과의 관계
• 수소이온이 과다하면 작물 뿌리에 해를 준다.
• 토양이 산성으로 되면 알루미늄 이온과 망간 이온이 용출되어 해를 준다.
• 인, 칼슘, 마그네슘, 몰리브덴, 붕소 등의 필수원소가 결핍된다.
• 석회가 부족하고 토양미생물의 활동이 저하되어 토양의 입단 형성이 저하된다.
• 질소고정균, 근류균 등의 활동이 약화된다.

32 입자밀도(진밀도)
토양입자의 단위 용적당 무게를 말하며 일반적인 무기질토양의 평균비중은 2.65이다.

33 부식(100~300) > 버미큘라이트(8~150) > 몬모릴로나이트(60~100) > 클로라이트(30) > 카올리나이트(3~27)

35 토양의 3상은 고상, 액상, 기상으로 작물 생육에 알맞은 토양의 3상 분포는 고상 50%, 액상 25%, 기상 25% 정도이다.

36 균근은 사상균(곰팡이) 중에서 식물의 뿌리와 공생하는 것을 말한다.

37 습 답
• 배수가 불량해 포화 상태 이상의 수분을 함유하고 있는 논토양을 말한다.
• 대체로 지온이 낮고 유기물의 분해가 늦으며 통기가 나쁘기 때문에 토양의 이화학적 성질이 떨어지고 미생물의 번식이 불량하다.
• 여름 기온이 높아지면 지온이 상승하여 유기물이 급격히 분해되므로 토양이 강한 환원 상태로 되고 황화수소를 비롯한 각종 유기산이 발생하여 뿌리썩음을 일으키는 등 추락의 원인이 되기 쉽다.

38 입단 구조의 형성
• 유기물과 석회의 사용
• 콩과 작물의 재배
• 토양의 피복
• 토양 개량제의 사용

39 토 층
• 유기물층(O층) : 동식물의 잔해가 쌓여 있는 맨 위의 층
• 용탈층(A층) : 유기물층 밑에 있는 층으로 토양 성분이 빗물에 의하여 씻겨 내려간 토층
• 집적층(B층) : 용탈층으로부터 씻겨 내려간 물질이 쌓이는 층
• 모재층(C층) : 집적층 밑의 층
• 암반(R층) : 단단한 암반층

42 축사의 바닥은 부드러우면서도 미끄럽지 아니하고, 청결 및 건조하여야 하며, 충분한 휴식공간을 확보하여야 하고, 휴식공간에서는 건조깔짚을 깔아 줄 것(친환경농축산물 및 유기식품 등의 인증에 관한 세부실시요령 – 유기축산물의 사육장 및 사육조건 [별표 1])

43 유기농산물의 재배방법(친환경농축산물 및 유기식품 등의 인증에 관한 세부실시요령 [별표 1])
• 화학비료와 합성농약 또는 합성농약 성분이 함유된 자재를 전혀 사용하지 아니하여야 한다.
• 두과작물·녹비작물 또는 심근성작물을 이용하여 장기간의 적절한 윤작계획을 수립하고 이행하여야 한다. 다만, 전환기간 생략대상은 예외로 한다.
• 토양에 투입하는 유기물은 유기농산물의 인증기준에 맞게 생산된 것이어야 한다.

44 분의소독법은 농약분말을 종자에 묻혀 소독하는 방법으로 화학적 종자소독방법에 속한다.

46 동일 농장에서 가축·목초지 및 사료작물 재배지가 동시에 전환하는 경우에는 현재 사육되고 있는 가축이 자체농장에서 생산된 사료를 급여하는 조건하에서 목초지 및 사료작물 재배지의 전환기간은 1년으로 한다(친환경농축산물 및 유기식품 등의 인증에 관한 세부실시요령 – 유기축산물의 전환기간 [별표 1]).

49 대기 중의 수증기, 이산화탄소 등 온실가스가 장파장의 복사에너지를 흡수하여 대기와 지표면의 온도가 높아지는 현상을 온실효과라고 한다.

50 괴경(덩이줄기)은 영양증식기관의 하나로 땅속줄기의 일부분이 비대성장하여 양분을 축적한다. 감자, 돼지감자 등이 있고 고구마는 괴근(덩이뿌리)으로 번식하며, 마늘은 인경(비늘줄기)으로 번식한다.

52 미국은 농약 사용을 최소화하고 토양과 작물의 양분 상태에 따라 적정시비를 하는 저투입 지속농업(LISA ; Low Input Sustainable Agriculture)을 추진하고 있다.

53 종자의 발아 조건은 수분, 산소, 온도, 빛이다.

54 같은 작물을 동일 장소에서 연작하면 염류가 집적되고 유독물질이 축적되며 토양물리성이 악화되는 등 여러 피해가 발생한다.

55 ② 작물의 형태적·생태적·생리적 요소는 형질이라고 표현한다.
③ 작물 키의 장간·단간, 숙기의 조생·만생은 품종의 특성으로 표현된다.
④ 작물의 생산성·품질·저항성·적응성 등은 품종의 형질로 표현된다.

56 멀칭의 효과 : 지온의 조절, 토양의 건조 예방, 토양의 유실 방지, 비료성분의 유실 방지, 잡초 발생의 억제 등

57 증산 중심에서 소비와 교역 위주로 전환하고 있다.

58 종자의 퇴화
- 유전적 퇴화 : 집단의 유전적 조성이 불리한 방향으로 변화되어 품종의 균일성 및 성능이 저하되는 것
- 생리적 퇴화 : 적합하지 않은 재배 환경 및 조건으로 인해 생리적으로 열세하여 품종 성능이 저하되는 것
- 병리적 퇴화 : 병충해가 원인이 되어 품종 성능이 저하되는 것

59 상동염색체 : 동일한 대립유전자가 같은 위치, 순서로 배열되어있는 1쌍의 염색체로 체세포의 핵에 있다.

60 대기 중 이산화탄소의 농도를 높여 주면 광합성이 증대하여 작물 생육이 촉진되고 수량·품질이 향상된다. 작물의 증수를 위하여 작물 주변의 대기 중에 인공적으로 이산화탄소를 공급해 주는 것을 탄산 시비 또는 이산화탄소 시비, 탄산비료라고 한다.

제3회 과년도 기출문제   p 111 ~ 118

01	02	03	04	05	06	07	08	09	10	11	12	13	14	15
①	②	①	②	②	③	④	③	④	②	③	②	③	①	③
16	17	18	19	20	21	22	23	24	25	26	27	28	29	30
①	②	②	②	②	④	③	①	④	④	④	③	③	①	②
31	32	33	34	35	36	37	38	39	40	41	42	43	44	45
①	③	②	④	①	①	②	④	④	④	③	④	①	④	①
46	47	48	49	50	51	52	53	54	55	56	57	58	59	60
④	③	④	④	③	①	④	④	④	③	①	①	②	①	①

01 광합성 작용에는 650~700nm의 적색광과 400~500nm의 청색광이 가장 효과적이다.

03 수해의 요인과 작용
- 토양이 부양하여 산사태·토양 침식 등을 유발
- 유토에 의해서 전답이 파괴·매몰
- 유수에 의해서 농작물이 도복·손상되고 표토가 유실
- 침수에 의해서 흙앙금이 가라앉고, 생리적인 피해를 받아서 생육 저해
- 병의 발생이 많아지며, 벼에서는 흰빛잎마름병을 비롯하여 도열병·잎집무늬마름병이 발생
- 벼는 분얼 초기에는 침수에 강하지만 수잉기와 출수 개화기에는 약해 수잉기~출수 개화기에 특히 피해가 큼
- 수온이 높을수록 호흡기질의 소모가 많아 피해가 큼
- 흙탕물과 고인 물은 흐르는 물보다 산소가 적고 온도가 높아 피해가 큼

04 ② 못자리기간 동안 영양이 결핍되고 고온기에 이르면 쉽게 생식생장기로 전환되는 것은 감온형이다.
   ① 파종과 모내기를 일찍 하면 blt형, 감온형은 조생종이 되고 기본영양생장형, 감광형은 만생종이 된다.
   ③ 만파만식할 때 출수기 지연은 기본영양생장형과 감온형이 크고, 감광형이 작다.
   ④ 조기수확을 목적으로 조파조식을 할 때 blt형, 감온형이 알맞다.

05 ② 망초, 쇠비름은 밭잡초이다.

우리나라의 주요 잡초

	1년생	다년생
논잡초	강피, 돌피, 물피, 알방동사니, 올챙이고랭이, 여뀌, 물달개비, 물옥잠, 사마귀풀, 자귀풀, 여뀌바늘, 가막사리 등	나도겨풀, 너도방동사니, 올방개, 쇠털골, 매자기, 가래, 올미, 벗풀, 보풀, 개구리밥, 생이가래 등

	1년생	2년생	다년생
밭잡초	바랭이, 강아지풀, 미국개기장, 돌피, 참방동사니, 금방동사니, 개비름, 명아주, 여뀌, 쇠비름, 깨풀 등	뚝새풀, 냉이, 꽃다지, 속속이풀, 망초, 개망초, 개갓냉이, 별꽃 등	참새피, 띠, 향부자, 쑥, 씀바귀, 민들레, 쇠뜨기, 메꽃, 토끼풀 등

06 토양 pH가 강알칼리성이 되면 B, Fe, Mn 등의 용해도가 감소하여 작물 생육에 불리해지며, 토양 내 탄산나트륨(Na_2CO_3)과 같은 강염기가 존재하게 되어 작물 생육에 장해가 된다.

08 시설재배지 토양의 문제점
- 한두 종류의 작물만 계속하여 연작함으로써 특수성분의 결핍을 초래한다.
- 집약화의 경향에 따라 요구도가 큰 특정 비료의 편중된 사용으로 염화물, 황화물 등이 집적된다. 또한 Ca, Mg, Na 등 염기가 부성분으로 토양에 집적된다.
- 토양의 pH가 작물 재배에 적합하지 못한 적정 pH 이상으로 높아진다.
- 토양의 비전도도(EC)가 기준 이상인 경우가 많아 토양 용액의 삼투압이 매우 높고, 활성도비가 불균형하여 무기 성분 간 길항 작용에 의해 무기 성분의 흡수가 어렵게 된다.
- 대량 요소의 사용에만 주력하여 미량 요소의 결핍이 일반적인 특징이다.

09 고구마 무름병은 진균의 한 종류인 조균류에 의해 발생한다.

10 농경의 발상지
- 큰 강의 유역 : 중국의 황하나 양자강 유역, 메소포타미아의 유프라테스강 유역 및 이집트의 나일강 유역 등
- 산간부 : 멕시코의 농업은 산간부로부터 시작하여 점차 평야부로 전파됨
- 해안 지대 : 북부 유럽의 일부 해안 지대와 일본의 해안 지대 등

11 토양수분 함량
- 최대 용수량 : 토양입자들 사이의 모든 공극이 물로 채워진 상태의 수분 함량
- 포장 용수량 : 최대 용수량 상태에서 중력수가 완전히 제거된 후 남아 있는 수분 함량

12 배수의 효과
- 습해·수해를 방지한다.
- 토양의 성질을 개선하여 작물의 생육을 조장한다.
- 일모작답을 2·3모작답으로 하여 경지이용도를 높인다.
- 농작업을 용이하게 하고 기계화를 촉진한다.

13 냉해의 구분
- 지연형 냉해 : 등숙이 지연되어 후기의 냉온에 의하여 등숙 불량을 초래하는 형의 냉해
- 장해형 냉해 : 유수형성기부터 개화기까지, 특히 생식 세포의 감수분열기의 냉온에 의해서 정상적인 생식 기관이 형성되지 못하거나 화분 방출·수정 등에 장해를 일으켜 불임 이상이 나타나는 형의 냉해
- 병해형 냉해 : 냉온 하에서 규질의 감소, 암모니아 축적 증가 등의 원인으로 인해 병균의 침입·번식이 용이해져 병의 발생이 많아지는 냉해

14 Liebig는 1840년에 무기물이 식물의 생장에 이용될 수 있다는 무기영양설을 제창했으며 1843년에 식물의 생육은 다른 양분이 아무리 충분해도 가장 소량으로 존재하는 양분에 의해서 지배된다는 최소량의 법칙을 제창하였다.

15 Vavilov의 작물의 기원지 : 중국, 인도·동남아시아, 중앙아시아, 코카서스·중동지역, 지중해 연안지역, 중앙아프리카지역, 멕시코·중앙아메리카지역, 남아메리카지역

17 작부체계의 중요성
• 생물학·재배기술적인 효과
• 농업경영에서의 효과
 - 경지 이용도 제고
 - 병충해·잡초발생 감소
 - 지력의 유지증강
 - 농업노동의 효율적 배분
 - 잉여노동의 최대한 활용
 - 농업생산성 향상 및 생산 안정화
 - 종합적인 수익성 향상 및 안정화 도모

18 멀칭의 효과 : 지온의 조절, 토양의 건조 예방, 토양의 유실 방지, 비료성분의 유실 방지, 잡초 발생의 억제

21 포드졸은 냉온대로부터 온대의 습윤한 기후에서 침엽수 또는 침엽-활엽 혼림지에 생성되기 쉬운 토양으로 상층의 Fe, Al이 유기물과 결합하여 하층으로 이동하므로 용탈층과 집적층을 갖게 된다.

22 토성이란 모래, 미사, 점토 부분의 분포, 즉 상대적인 비율을 가리키며, 식물 생육에 중요한 여러 가지 이화학적 성질을 결정하는 기본 요인이 된다.

24 작물 생육에 토양미생물의 작용 : 병해·선충해 유발, 질산염의 환원과 탈질작용, 황산염의 환원, 환원성 유해물질의 생성·집적, 무기성분의 형태 변화, 작물과 미생물 간의 양분 쟁탈

25 식 토
• 점토의 비율이 높아서 점토의 성질이 뚜렷하게 나타나는 토양
• 투기·투수가 불량하고 유기질의 분해가 더디며 습해나 유해 물질에 의한 피해를 받기 쉽다.
• 점착력이 강하고 건조하면 굳어져서 경작이 곤란하다.

26 산사태는 수해로 인해 일어난다.

27 토양 1kg이 보유하는 치환성 양이온의 총량을 cmol(+)kg^{-1}으로 표시한 것을 양이온교환용량(CEC) 또는 염기치환용량(BEC)이라 한다.

28 석고·토양개량제·생짚 등을 시용해서 토양의 물리성을 개량한다.

29 ① CFU(균총형성단위) : 균총(콜로니)을 형성하는 최소단위로서 포자, 균사절편, 유주자 등을 뜻함
③ mole : 물질의 양을 나타내는 단위
④ pH : 용액의 산성이나 알칼리성의 정도를 나타내는 수치

30 엽록소의 변화 및 파괴로 인해 벼가 적갈색으로 변해서 죽는 적고 현상이 발생한다.

31 충적토는 토양의 생성작용에 의하여 크게 변화하지 않는 하천의 충적층과 관련된 토양으로서 범람원, 삼각주, 선상지에서 주로 나타난다. 우리나라 논토양의 대부분을 차지하며 토양단면은 층상을 이루고 있다.

33 ① 등고선에 따라 이랑을 만들어 유거수의 속도를 완화시키고 저수통 역할을 하게 한다.
③ 비에 의한 침식을 막기 위하여 경사지에 목초 등을 밀생시키는 방법을 초생법이라고 한다. 과수원이나 계단밭 등의 경사면에는 연중 초생상태로 두는 경우가 많으나, 밭의 경우에는 밭이랑 등에 일정 기간만 초생법을 이용하거나 풀과 작물의 돌려짓기 등을 한다.
④ 물이 흐를 수 있는 도랑을 만들어 물의 유거 및 토양 유실을 감소시킬 수 있다.
경사도별 작물재배법
• 5℃ 이하 : 등고선 재배 - 토양보전 가능
• 5~15℃ : 승수구 설치, 초생대 재배
• 15℃ 이상 : 계단식 개간 재배

34 일라이트(Illite) : 주로 백운모와 흑운모로부터 생성되며 4개의 Si 중에서 한 개가 Al으로 치환되며, 실리카층 사이의 K이온에 의해 전하의 평형이 이루어진다.

35 심성암에는 화강암, 섬록암, 반려암 등이 있다.
규산함량에 따른 분류
• 산성암 : 화강암, 유문암(65~75%)
• 중성암 : 섬록암, 안산암(55~65%)
• 염기성암 : 반려암, 현무암(40~55%)

36 수은(Hg)은 미나마타(Minamata)병의 원인 물질로 인체에 대한 유독성이 알려졌다.

38 토양반응은 화학적 성질로 볼 수 있다.

39 토양입자가 미세한 점토의 비율이 높으면 투기와 투수가 불량하다.

40 토양에 흡수되는 열량은 토양 구성물의 비열, 열전도도, 표면의 색, 피복물의 상태, 열을 받는 방향과 경사도 등에 따라 달라지며, 그 밖에 지표에서의 물의 증발과 열의 직접적인 방사 등에 따라 달라진다.

41 일반 탈곡 시 회전속도는 480~540m/min이고, 종자용 탈곡 시 회전속도는 분당 400회가 넘지 않아야 한다.

43 텐시오미터(Tensiometer)는 토양수분 측정도구이다.

45 유기축산에서 가축의 질병을 예방하기 위한 가장 근본적인 사항은 저항성이 있는 축종을 선택하는 것이며, 그 후 가축의 위생관리를 철저히 하고 운동할 수 있는 충분한 공간 등을 제공하는 것이다. 또한 비타민 및 무기물 등을 통해 면역기능을 증진시키는 것도 중요하다.

46 반추가축의 주요 사료는 볏짚, 건초, 사일리지, 청초, 산야초, 생초 등의 조사료이다.

47 무적필름은 필름에 부착된 물이 물방울이 되어 떨어져 작물에 피해를 주는 것을 막도록 필름의 표면을 따라 흘러내리기 쉽게 개량한 하우스용 필름이다.

48 **유기농업의 기본목적**
- 가능한 한 폐쇄적인 농업시스템 속에서 적당한 것을 취하고, 지역 내 자원에 의존하는 것
- 장기적으로 토양 비옥도를 유지하는 것
- 현대 농업기술이 가져온 심각한 오염을 회피하는 것
- 영양가 높은 식품을 충분히 생산하는 것
- 농업에 화석연료의 사용을 최소화하는 것
- 전체 가축에 대하여 그 심리적 필요성과 윤리적 원칙에 적합한 사양 조건을 만들어 주는 것
- 농업 생산자에 대해서 정당한 보수를 받을 수 있도록 하는 것과 더불어 일에 대해 만족감을 느낄 수 있도록 하는 것
- 전체적으로 자연환경과의 관계에서 공생·보호적인 자세를 견지하는 것

49 탄질비는 미생물들이 먹이로 쓰는 질소의 함량을 맞춰주기 위한 것으로 30 이하로 맞추어야 퇴비화가 잘 일어난다.

51 조사료는 용적이 많고 거친 사료를 총칭하며 볏짚, 건초, 사일리지, 청초, 산야초, 생초 등이 있다. 농후사료는 부피가 적고 조섬유 함량도 비교적 적게 함유된 것으로, 단백질이나 탄수화물 그리고 지방의 함량이 비교적 많이 함유된 것을 말하며 각종 곡류, 단백질 사료 및 배합 사료가 이에 속한다.

52 미국과 유럽 등 농업선진국은 세계의 농업정책을 증산 위주에서 소비와 교역 위주로 전환하게 하는 견인 역할을 하고 있다.

53 칼슘이 부족하면 토마토 배꼽썩음병이 발생한다. 붕소가 결핍되면 무·배추 속썩음병, 사과 축과병 등이 생기고, 망간이 과잉하면 사과 적진병이 발생한다.

54 잡초 관리에 있어서 윤작, 경운 등 경종적 방법이 근간이 되어야 하고 화학제초제의 사용은 금한다.

56 잡종강세 육종법은 잡종강세 현상이 왕성하게 나타나는 1대 잡종을 품종으로 이용하는 육종법이다.

58 유기종자는 물리적·화학적 처리과정을 거치지 않아야 한다.

59 목초액은 나무를 숯으로 만들 때 발생하는 연기가 외부 공기와 접촉하면서 액화되는 것으로, 그 성분은 초산이다.

60 **목적(친환경농어업 육성 및 유기식품 등의 관리·지원에 관한 법률 제1조)**
이 법은 농어업의 환경보전기능을 증대시키고 농어업으로 인한 환경오염을 줄이며, 친환경농어업을 실천하는 농어업인을 육성하여 지속가능한 친환경농어업을 추구하고 이와 관련된 친환경농수산물과 유기식품 등을 관리하여 생산자와 소비자를 함께 보호하는 것을 목적으로 한다.

지식에 대한 투자가 가장 이윤이 많이 남는 법이다.

-벤자민 프랭클린-

5일 완성
유기농업기능사

4 /일

과년도 기출문제

★ ★ ★

5일 완성
유기농업기능사

★ ★ ★

4일 | 제1회 과년도 기출문제

01 작물 재배 시 일정한 면적에서 최대수량을 올리려면 수량 삼각형의 3변이 균형 있게 발달하여야 한다. 수량 삼각형의 요인으로 볼 수 없는 것은?

① 유전성
② 환경 조건
③ 재배 기술
④ 비 료

02 유기재배 시 활용할 수 있는 병해충 방제방법 중 생물학적 방제법으로 분류되지 않는 것은?

① 천적곤충 이용
② 유용미생물 이용
③ 길항미생물 이용
④ 내병성 품종 이용

03 관수피해로 성숙기에 가까운 맥류가 장기간 비를 맞아 젖은 상태로 있거나, 이삭이 젖은 땅에 오래 접촉해 있을 때 발생되는 피해는?

① 기계적 상처
② 도 복
③ 수발아
④ 백수현상

04 균근균의 역할로 옳은 것은?

① 과도한 양의 염류 흡수 조장
② 인산성분의 불용화 촉진
③ 독성 금속이온의 흡수 촉진
④ 식물의 수분흡수 증대에 의한 한발저항성 향상

05 도복의 피해가 아닌 것은?

① 수량감소
② 품질손상
③ 수확작업의 간편
④ 간작물(間作物)에 대한 피해

06 벼 냉해에 대한 설명으로 옳은 것은?

① 냉온의 영향으로 인한 수량감소는 생육시기와 상관없이 같다.
② 냉온에 의해 출수가 지연되어 등숙기에 저온장해를 받는 것이 지연형 냉해이다.
③ 장해형 냉해는 영양생장기와 생식생장기의 중요한 순간에 일시적 저온으로 냉해받는 것이다.
④ 수잉기는 저온에 매우 약한 시기로 냉해기상 시에는 관개를 얕게 해준다.

07 인공영양번식에서 발근 및 활착효과를 기대하기 어려운 것은?

① 엽록소형성 억제처리
② 설탕액에 침지처리
③ ABA처리
④ 환상박피나 절상처리

08 작물 군락의 수광태세를 개선하는 방법으로 틀린 것은?

① 질소비료를 많이 주어 엽면적을 늘리고, 수평엽을 형성하
게 한다.
② 규산, 칼륨을 충분히 주어 수직엽을 형성하게 한다.
③ 줄 사이를 넓히고 포기 사이를 좁혀 파상군락을 형성하게
한다.
④ 맥류는 드릴파재배를 하여 잎이 조기에 포장 전면을 덮게
한다.

09 토양 비옥도를 유지 및 증진하기 위한 윤작대책으로 실효성이
가장 낮은 것은?

① 콩과 작물 재배를 통해 질소원을 공급한다.
② 근채류, 알팔파 등의 재배로 토양의 입단형성을 유도한다.
③ 피복작물 재배로 표층토의 유실을 막는다.
④ 채소작물 재배로 토양선충 피해를 경감한다.

10 작물의 수분 부족장해가 아닌 것은?

① 무기양분이 결핍된다.
② 증산작용이 억제된다.
③ ABA양이 감소된다.
④ 광합성능이 떨어진다.

11 병해충 방제방법의 일반적 분류에 해당하지 않는 것은?

① 법적 방제법
② 유전공학적 방제법
③ 생물학적 방제법
④ 화학적 방제법

12 토양 조류의 작용에 대한 설명으로 틀린 것은?

① 조류는 이산화탄소를 이용하여 유기물을 생성함으로써 대
기로부터 많은 양의 이산화탄소를 제거한다.
② 조류는 질소, 인 등 영양원이 풍부하면 급속히 증식하여 녹
조현상을 일으킨다.
③ 조류는 사상균과 공생하여 지의류를 형성하고, 지의류는
규산염의 생물학적 풍화에 관여한다.
④ 조류가 급속히 증식하여 지표수 표면에 조류막을 형성하면
물의 용존산소량이 증가한다.

13 토양의 공극량(空隙量)에 관여하는 요인이 될 수 없는 것은?

① 토 성
② 토양구조
③ 토양 pH
④ 입단의 배열

14 대기조성과 작물에 대한 설명으로 틀린 것은?

① 대기 중 질소(N_2)가 가장 많은 함량을 차지한다.
② 대기 중 질소는 콩과 작물의 근류균에 의해 고정되기도
한다.
③ 대기 중의 이산화탄소 농도는 작물이 광합성을 수행하기에
충분한 과포화상태이다.
④ 산소농도가 극히 낮아지거나 90% 이상이 되면 작물의 호
흡에 지장이 생긴다.

15 재배식물을 여름작물과 겨울작물로 분류하였다면 이는 어느 생태적 특성에 의해 분류한 것인가?

① 작물의 생존연한
② 작물의 생육시기
③ 작물의 생육적온
④ 작물의 생육형태

16 풍속이 4~6km/h 이하인 연풍에 대한 설명으로 거리가 먼 것은?

① 병균이나 잡초종자를 전파한다.
② 연풍이라도 온도가 낮은 냉풍은 냉해를 유발한다.
③ 증산작용을 촉진한다.
④ 풍매화의 수분을 방해한다.

17 벼의 생육기간 중에 시비되는 질소질 비료 중에서 쌀의 식미에 가장 큰 영향을 미치는 것은?

① 밑거름
② 알거름
③ 분얼비
④ 이삭거름

18 작물의 이식시기로 틀린 것은?

① 과수는 이른봄이나 낙엽이 진 뒤의 가을이 좋다.
② 일조가 많은 맑은 날에 실시하면 좋다.
③ 묘대일수감응도가 적은 품종을 선택하여 육묘한다.
④ 벼 도열병이 많이 발생하는 지대는 조식을 한다.

19 작물 생육에 대한 수분의 기본적 역할이라고 볼 수 없는 것은?

① 식물체 증산에 이용되는 수분은 극히 일부분에 불과하다.
② 원형질의 생활상태를 유지한다.
③ 필요물질을 흡수할 때 용매가 된다.
④ 필요물질의 합성·분해의 매개체가 된다.

20 기지의 해결책으로 가장 거리가 먼 것은?

① 수박을 재배한 후 땅콩 또는 콩을 재배한다.
② 산야토를 넣은 후 부숙된 나뭇잎을 넣어준다.
③ 하우스재배는 다비재배를 실시한다.
④ 인삼을 재배한 후 물을 가득 채운다.

21 토양에 대한 설명으로 틀린 것은?

① 토양은 광물입자인 무기물과 동식물의 유체인 유기물, 그리고 물과 공기로 구성되어 있다.
② 토양의 삼상은 고상, 액상, 기상이다.
③ 토양 공극의 공기의 양은 물의 양에 비례한다.
④ 토양공기는 지상의 대기보다 산소는 적고 이산화탄소는 많다.

22 근류균이 3분자의 공중 질소(N_2)를 고정하면 몇 분자의 암모늄(NH_4^+)이 생성되는가?

① 2분자
② 4분자
③ 6분자
④ 8분자

23 우리나라 화강암 모재로부터 유래된 토양의 입자밀도(진밀도)는?

① $1.20kg \cdot cm^{-3}$
② $1.65g \cdot cm^{-3}$
③ $2.30kg \cdot cm^{-3}$
④ $2.65g \cdot cm^{-3}$

24 토양의 생성 및 발달에 대한 설명으로 틀린 것은?

① 한랭습윤한 침엽수림 지대에서는 Podzol 토양이 발달한다.
② 고온다습한 열대 활엽수림 지대에서는 Latosol 토양이 발달한다.
③ 경사지는 침식이 심하므로 토양의 발달이 매우 느리다.
④ 배수가 불량한 저지대는 황적색의 산화토양이 발달한다.

25 염해지 토양의 개량방법으로 가장 적절하지 않은 것은?

① 암거배수나 명거배수를 한다.
② 석회질 물질을 시용한다.
③ 전층 기계 경운을 수시로 실시하여 토양의 물리성을 개선시킨다.
④ 건조시기에 물을 대줄 수 없는 곳에서는 생짚이나 청초를 부초로 하여 표층에 깔아주어 수분증발을 막아준다.

26 유기물의 분해에 관여하는 생물체의 탄질률(C/N Ratio)은 일반적으로 얼마인가?

① 100 : 1
② 65 : 1
③ 18 : 1
④ 8 : 1

27 양이온 교환용량에 대한 표기와 $1cmol_c \cdot kg^{-1}$과 같은 양으로 옳은 것은?

① CEC, $0.01mol_c \cdot kg^{-1}$
② EC, $0.01mol_c \cdot kg^{-1}$
③ Eh, $100mol_c \cdot kg^{-1}$
④ CEC, $100mol_c \cdot kg^{-1}$

28 청색증(메세모글로빈혈증)의 직접적인 원인이 되는 물질은?

① 암모니아태질소
② 질산태질소
③ 카드뮴
④ 알루미늄

29 다음 중 산성토양인 것은?

① pH 5인 토양
② pH 7인 토양
③ pH 9인 토양
④ pH 11인 토양

30 밭상태보다는 논상태에서 독성이 강하여 작물에 해를 유발하는 비소유해화합물의 형태는?

① $As_{(s)}$
② As^{1+}
③ As^{3+}
④ As^{5+}

31 밭토양에 비해 논토양은 대조적으로 어두운 색깔을 띤다. 그 주된 이유는 무엇인가?

① 유기물 함량 차이
② 산화환원 특성 차이
③ 토성 차이
④ 재배작물 차이

32 알칼리성의 염해지 밭토양 개량에 적합한 석회물질로 옳은 것은?

① 석 고
② 생석회
③ 소석회
④ 탄산석회

33 다음 중 경작지의 토양온도가 가장 높은 것은?

① 황적색 토양으로 동쪽으로 15° 경사진 토양
② 황적색 토양으로 서쪽으로 15° 경사진 토양
③ 흑색 토양으로 남쪽으로 15° 경사진 토양
④ 흑색 토양으로 북쪽으로 15° 경사진 토양

34 토양의 물리적 성질로서 토양 무기질입자의 입경조성에 의한 토양분류를 무엇이라 하는가?

① 토 립
② 토 성
③ 토 색
④ 토 경

35 부식의 효과에 해당하지 않는 것은?

① 미생물의 활동 억제효과
② 토양의 물리적 성질 개선효과
③ 양분의 공급 및 유실 방지효과
④ 토양 pH의 완충효과

36 토양 생성학적인 층위명에 대한 일반적인 설명으로 틀린 것은?

① O층에는 O1, O2층이 있다.
② A층에는 A1, A2, A3층이 있다.
③ B층에는 B1, B2, B3층이 있다.
④ C층에는 C1, C2, R층이 있다.

37 다음 중 양이온 치환용량(CEC)이 가장 큰 것은?

① 카올리나이트(Kaolinite)
② 몬모릴로나이트(MontMorillonite)
③ 일라이트(Illite)
④ 클로라이트(Chlorite)

38 다음 토양소동물 중 가장 많은 수로 존재하면서 작물의 뿌리에 크게 피해를 입히는 것은?

① 지렁이
② 선 충
③ 개 미
④ 톡토기

39 강물이나 바닷물의 부영양화를 일으키는 원인 물질로 가장 거리가 먼 것은?

① 질 소
② 인 산
③ 칼 리
④ 염 소

40 개간지 토양의 숙전화(熟田化)방법으로 적합하지 않은 것은?

① 유효토심을 증대시키기 위해 심경과 함께 침식을 방지한다.
② 유기물 함량이 낮으므로 퇴비 등 유기물을 다량 시용한다.
③ 염기포화도가 낮으므로 농용석회와 같은 석회물질을 시용한다.
④ 인산흡수계수가 낮으므로 인산 시용을 줄인다.

41 생산력이 우수하던 품종이 재배연수(年數)를 경과하는 동안에 생산력 및 품질이 저하되는 것을 품종의 퇴화라 하는데, 다음 중 유전적 퇴화의 원인이라 할 수 없는 것은?

① 자연교잡
② 이형종자 혼입
③ 자연돌연변이
④ 영양번식

42 농림수산부에서 유기농업발전 기획단을 설치한 연도는?

① 1991년
② 1993년
③ 1995년
④ 1997년

43 병의 발생과 병원균에 대한 설명으로 틀린 것은?

① 병원균에 대하여 품종간 반응이 다르다.
② 진딧물 같은 해충은 병 발생의 요인이 된다.
③ 환경요인에 의하여 병이 발생되는 일은 거의 없다.
④ 병원균은 분화된다.

44 10a의 논에 16kg의 칼륨을 시용하려면 황산칼륨(칼륨함량 45%)으로 약 몇 kg을 시용해야 하는가?

① 16kg
② 36kg
③ 57kg
④ 102kg

45 일반적으로 돼지의 임신기간은 약 얼마인가?

① 330일
② 280일
③ 152일
④ 114일

46 포도의 개화와 수정을 방해하는 요인이 아닌 것은?

① 도장억제
② 저 온
③ 영양부족
④ 강 우

47 유기축산물 생산에는 원칙적으로 동물용 의약품을 사용할 수 없게 되어 있는데, 예방관리에도 불구하고 질병이 발생할 경우 수의사 처방에 따라 질병을 치료할 수도 있다. 이 때 최소 어느 정도의 기간이 지나야 도축하여 유기축산물로 판매할 수 있는가?

① 해당 약품 휴약기간의 1배
② 해당 약품 휴약기간의 2배
③ 해당 약품 휴약기간의 3배
④ 해당 약품 휴약기간의 4배

48 작물 또는 과수 등을 재배하는 경작지의 지형적 요소에 대한 설명으로 옳은 것은?

① 경작지가 경사지일 때 토양유실정도는 부식질이 많을수록 심하다.
② 과수수간(果樹樹幹)에서의 일소(日燒)피해는 과수원의 경사방향이 동향 또는 동남향일 때 피해를 받기 쉽다.
③ 산기슭을 제외한 경사지의 과수원은 이른 봄의 발아 및 개화시에 상해를 덜 받는 장점이 있다.
④ 경사지는 평지보다도 토양유실이 심한 점을 감안하여 가급적 토양을 얇게 갈고 돈분·계분 등의 유기물을 많이 넣어 주어야 한다.

49 국제유기농업운동연맹을 바르게 표시한 것은?

① IFOAM
② WHO
③ FAO
④ WTO

50 유기농업과 가장 관련이 적은 용어는?

① 생태학적 농업
② 자연농업
③ 관행농업
④ 친환경농업

51 토양 떼알구조의 이점이 아닌 것은?

① 양분의 유실이 많다.
② 지온이 상승한다.
③ 수분의 보유가 많다.
④ 익충 및 유효균의 번식이 왕성하다.

52 과수의 착색을 지연시키는 요인이 아닌 것은?

① 질소과다
② 도 장
③ 조기낙엽
④ 햇 빛

53 벼 종자 소독 시 냉수온탕침법을 실시할 때 가장 알맞은 물의 온도는?

① 약 30℃ 정도
② 약 35℃ 정도
③ 약 43℃ 정도
④ 약 55℃ 정도

54 농후사료 중심으로 유기가축을 사육할 때 예상되는 문제점으로 가장 거리가 먼 것은?

① 국내 유기농후사료 생산의 한계
② 고가의 수입 유기농후사료가 필요
③ 물질의 지역 순환원리에 어긋남
④ 낮은 품질의 축산물 생산

55 과수 재배에서 심경(깊이갈이)하기에 가장 적당한 시기는?

① 낙엽기
② 월동기
③ 신초생장기
④ 개화기

58 호기성 발효퇴비의 구별방법으로 거리가 먼 것은?

① 냄새가 거의 나지 않는다.
② 중량 및 부피가 줄어든다.
③ 비옥한 토양과 같은 어두운 색깔이다.
④ 모재료의 원래 형태가 잘 남아 있다.

56 우렁이농법에 의한 유기벼 재배에서 우렁이 방사에 의해 주로 기대되는 효과는?

① 잡초 방제
② 유기물 대량공급
③ 해충 방제
④ 양분의 대량공급

59 토양의 기능이 아닌 것은?

① 동식물에게 삶의 터전을 제공한다.
② 작물생산배지로서 작물을 지지하거나 양분을 공급한다.
③ 오염물질 등의 폐기물과 물을 여과한다.
④ 독성이 강한 중금속 성분을 작물에 공급한다.

57 다음 설명이 정의하는 농업은?

> 합성농약, 화학비료 및 항생제·항균제 등 화학자재를 사용하지 아니하거나 그 사용을 최소화하고 농업·수산업·축산업·임업 부산물의 재활용 등을 통하여 생태계와 환경을 유지·보전하면서 안전한 농산물·수산물·임산물을 생산하는 산업

① 지속적 농업
② 친환경농어업
③ 정밀농업
④ 태평농업

60 유기농업에서 사용해서는 안 되는 품종은?

① 병충해저항성품종
② 고품질생산품종
③ 재래품종
④ 유전자변형품종

4일 | 제2회 과년도 기출문제

01 기지현상의 대책으로 옳지 않은 것은?

① 토양소독을 한다.
② 연작한다.
③ 담수한다.
④ 새 흙으로 객토한다.

02 Vavilov는 식물의 지리적 기원을 탐구하는데 큰 업적을 남긴 사람이다. 그에 대한 설명으로 틀린 것은?

① 농경의 최초 발상지는 기후가 온화한 산간부 중 관개수를 쉽게 얻을 수 있는 곳으로 추정하였다.
② 1883년에 '재배식물의 기원'을 저술하였다.
③ 지리적 미분법을 적용하여 유전적 변이가 가장 많은 지역을 그 작물의 기원중심지라고 하였다.
④ Vavilov의 연구 결과는 식물종의 유전자중심설로 정리되었다.

03 춘화처리에 대한 설명으로 틀린 것은?

① 춘화처리하는 동안 및 처리 후에도 산소와 수분공급이 있어야 춘화처리효과가 유지된다.
② 춘파성이 높은 품종보다 추파성이 높은 품종의 식물이 춘화요구도가 적다.
③ 국화과 식물에서는 저온처리 대신 지베렐린을 처리하면 춘화처리와 같은 효과를 얻을 수 있다.
④ 춘화처리의 효과를 얻기 위한 저온처리 온도는 작물에 따라 다르나 일반적으로 0~10℃가 유효하다.

04 작물에 발생되는 병의 방제방법에 대한 설명으로 옳은 것은?

① 병원체의 종류에 따라 방제방법이 다르다.
② 곰팡이에 의한 병은 화학적 방제가 곤란하다.
③ 바이러스에 의한 병은 화학적 방제가 비교적 쉽다.
④ 식물병은 생물학적 방법으로는 방제가 곤란하다.

05 유축(有畜)농업 또는 혼동(混同)농업과 비슷한 뜻으로 식량과 사료를 서로 균형 있게 생산하는 농업을 가리키는 것은?

① 포경(圃耕)
② 곡경(穀耕)
③ 원경(園耕)
④ 소경(疎耕)

06 생물학적 방제법에 속하는 것은?

① 윤 작
② 병원미생물 사용
③ 온도 처리
④ 소토 및 유살 처리

07 양분의 흡수 및 체내이동과 가장 관련이 깊은 환경요인은?

① 빛
② 수 분
③ 공 기
④ 토 양

08 벼에서 관수해(冠水害)에 가장 민감한 시기는?

① 유수형성기
② 수잉기
③ 유효분얼기
④ 이앙기

09 빛이 있으면 싹이 잘 트지만 빛이 없는 조건에서는 싹이 트지 않는 종자는?

① 토마토
② 가 지
③ 담 배
④ 호 박

10 일반적인 육묘 재배의 목적으로 거리가 먼 것은?

① 조기수확
② 집약관리
③ 추대촉진
④ 종자절약

11 습해의 방지대책으로 가장 거리가 먼 것은?

① 배 수
② 객 토
③ 미숙유기물 시용
④ 과산화석회 시용

12 바람에 의한 피해(풍해)의 종류 중 생리적 장해의 양상이 아닌 것은?

① 기계적 상해 시 호흡이 증대하여 체내 양분의 소모가 증대하고, 상처가 건조하면 광산화반응에 의하여 고사한다.
② 벼의 경우 수분과 수정이 저하되어 불임립이 발생한다.
③ 풍속이 강하고 공기가 건조하면 증산량이 커져서 식물체가 건조하며 벼의 경우 백수현상이 나타난다.
④ 냉풍은 작물의 체온을 저하시키고 심하면 냉해를 유발한다.

13 맥류나 벼를 재배할 때 성숙기의 강우에 의해 발생하는 수발아현상을 막기 위한 대책이 아닌 것은?

① 벼의 경우 유효분얼초기에 3~5cm 깊이로 물을 깊게 대어주고 생장조절제인 세리타드 입제를 살포한다.
② 밀보다는 성숙기가 빠른 보리를 재배한다.
③ 조숙종이 만숙종보다 수발아 위험이 적고 휴면기간이 길어 수발아에 대한 위험이 낮다.
④ 도복이 되지 않도록 재배관리를 잘 한다.

14 다음 작물에서 요수량이 가장 적은 작물은?

① 수 수
② 메 밀
③ 밀
④ 보 리

15 농작물에 영향을 끼칠 우려가 있는 유해가스가 아닌 것은?

① 아황산가스
② 불화수소
③ 이산화질소
④ 이산화탄소

16 경운에 대한 설명으로 틀린 것은?

① 경토를 부드럽게 하고 토양의 물리적 성질을 개선하며 잡초를 없애주는 역할을 한다.
② 유기물의 분해를 촉진하고 토양통기를 조장한다.
③ 해충을 경감시킨다.
④ 천경(9~12cm)은 식질토양, 벼의 조식재배 시 유리하다.

17 도복의 양상과 피해에 대한 설명으로 틀린 것은?

① 질소 다비에 의한 증수재배의 경우 발생하기 쉽다.
② 좌절도복이 만곡도복보다 피해가 크다.
③ 양분의 이동을 저해시킨다.
④ 수량은 떨어지지만 품질에는 영향을 미치지 않는다.

18 고립상태의 광합성 특성으로 틀린 것은?

① 생육적온까지 온도가 상승할 때 광합성속도는 증가되고 광포화점은 낮아진다.
② 이산화탄소 농도가 상승하여 이산화탄소 포화점까지 광포화점이 높아진다.
③ 온도, CO_2 등이 제한요인이 아닐 때 C_4식물은 C_3식물보다 광합성률이 2배에 달한다.
④ 냉량한 지대보다는 온난한 지대에서 더욱 강한 일사가 요구된다.

19 휴한지에 재배하면 지력의 유지·증진에 가장 효과가 있는 작물은?

① 클로버
② 밀
③ 보 리
④ 고구마

20 밭 관개 시 재배상의 유의점으로 틀린 것은?

① 관개를 하면 비료의 이용효과를 높일 수 있어 다비재배가 유리하다.
② 가능한 한 수익성이 높은 작물은 밀식할 수 있다.
③ 식질토양에서는 휴립재배보다 평휴재배를 실시한다.
④ 다비재배에 따라 내도복성 품종을 재배한다.

21 토양미생물 중 황세균의 최적 pH는?

① 2.0~4.0
② 4.0~6.0
③ 6.8~7.3
④ 7.0~8.0

22 토양의 입자밀도가 2.65인 토양에 퇴비를 주어 용적밀도를 1.325에서 1.06으로 낮추었다. 다음 중 바르게 설명한 것은?

① 토양의 공극이 25%에서 30%로 증가하였다.
② 토양의 공극이 50%에서 60%로 증가하였다.
③ 토양의 고상이 25%에서 30%로 증가하였다.
④ 토양의 고상이 50%에서 60%로 증가하였다.

23 작물의 생육에 가장 적합하다고 생각되는 토양구조는?

① 판상구조
② 입상구조
③ 주상구조
④ 괴상구조

24 점토광물에 대한 설명으로 옳은 것은?

① 석고, 탄산염, 석영 등 점토 크기 분획의 광물들도 점토광물이다.
② 토양에서 점토광물은 입경이 0.002mm 이하인 입자이므로 표면적이 매우 적다.
③ 결정질 점토광물은 규산 4면체판과 알루미나 8면체판의 겹쳐있는 구조를 가지고 있다.
④ 규산판과 알루미나판이 하나씩 겹쳐져 있으면 2 : 1형 점토 광물이라고 한다.

25 우리나라 시설재배지 토양에서 흔히 발생되는 문제점이 아닌 것은?

① 연작으로 인한 특정 병해의 발생이 많다.
② EC가 높고 염류집적 현상이 많이 발생한다.
③ 토양의 환원이 심하여 황화수소의 피해가 많다.
④ 특정 양분의 집적 또는 부족으로 영양생리장해가 많이 발생한다.

26 논토양의 일반적 특성은?

① 유기물의 분해가 밭토양보다 빨라서 부식함량이 적다.
② 담수하면 산화층과 환원층으로 구분된다.
③ 담수하면 토양의 pH가 산성토양은 낮아지고 알칼리성토양은 높아진다.
④ 유기물의 존재는 담수토양의 산화환원전위를 높이는 결과가 된다.

27 우리나라의 전 국토의 2/3가 화강암 또는 화강편마암으로 구성되어 있다. 이러한 종류의 암석은 토양생성과정 인자 중 어느 것에 해당하는가?

① 기 후
② 지 형
③ 풍화기간
④ 모 재

28 염기포화도에 대한 설명으로 틀린 것은?

① pH와 비례적인 상관관계가 있다.
② 염기포화도가 증가하면 완충력도 증가하는 경향이다.
③ (교환성 염기의 총량/양이온 교환용량) × 100이다.
④ 우리나라 논토양의 염기포화도는 대략 80% 내외이다.

29 식물이 자라기에 가장 알맞은 수분상태는?

① 위조점에 있을 때
② 포장용수량에 이르렀을 때
③ 중력수가 있을 때
④ 최대용수량에 이르렀을 때

30 토양에서 탈질작용이 느려지는 조건은?

① pH 5 이하의 산성토양
② 유기물 함량이 많은 토양
③ 투수가 불량한 토양
④ 산소가 부족한 토양

31 다음 영농활동 중 토양미생물의 밀도와 활력에 가장 긍정적인 효과를 가져다 줄 수 있는 것은?

① 유기물 시용
② 상하경 재배
③ 농약 살포
④ 무비료 재배

32 운적토는 풍화물이 중력, 풍력, 수력, 빙하력 등에 의하여 다른 곳으로 운반되어 퇴적하여 생성된 토양이다. 다음 중 운적토양이 아닌 것은?

① 붕적토
② 선상퇴토
③ 이탄토
④ 수적토

33 용적비중(가비중) 1.3인 토양의 10a당 작토(깊이 10cm)의 무게는?

① 약 13톤
② 약 130톤
③ 약 1,300톤
④ 약 13,000톤

34 토양의 입단구조 형성 및 유지에 유리하게 작용하는 것은?

① 옥수수를 계속 재배한다.
② 논에 물을 대어 써레질을 한다.
③ 퇴비를 시용하여 유기물 함량을 높인다.
④ 경운을 자주 한다.

35 식물과 공생관계를 가지는 것은?

① 사상균
② 효 모
③ 선 충
④ 균근균

36 토양공극에 대한 설명으로 틀린 것은?

① 공극은 공기의 유통과 토양수분의 저장 및 이동통로가 된다.
② 입단 내에 존재하는 토성공극은 양분의 저장에 이용된다.
③ 퇴비의 시용은 토양의 공극량을 증대시킨다.
④ 큰 공극과 작은 공극이 함께 발달되어야 한다.

37 토양의 무기성분 중 가장 많은 성분은?

① 산화철(Fe_2O_3)
② 규산(SiO_2)
③ 석회(CaO)
④ 고토(MgO)

38 물에 의한 토양의 침식과정이 아닌 것은?

① 우적침식
② 면상침식
③ 선상침식
④ 협곡침식

39 토성 분석 시 사용되는 토양입자의 크기는 얼마 이하를 말하는가?

① 2.5mm
② 2.0mm
③ 1.0mm
④ 0.5mm

40 지렁이가 가장 잘 생육할 수 있는 토양환경은?

① 배수가 어려운 과습토양
② pH 3 이하의 산성토양
③ 통기성이 양호한 유기물 토양
④ 토양온도가 18~25℃인 토양

41 토양입자의 입단화(粒團化)를 촉진시키는 것은?

① Na^+
② Ca^{2+}
③ K^+
④ NH_4^+

42 정부에서 친환경농업원년을 선포한 연도는?

① 1991년도
② 1994년도
③ 1997년도
④ 1998년도

43 유기농업에서는 화학비료를 대신하여 유기물을 사용하는데, 유기물의 사용효과가 아닌 것은?

① 토양완충능 증대
② 미생물의 번식조장
③ 보수 및 보비력 증대
④ 지온 감소 및 염류 집적

44 품종의 특성 유지방법이 아닌 것은?

① 영양번식에 의한 보존재배
② 격리재배
③ 원원종재배
④ 집단재배

45 우량종자의 증식체계로 옳은 것은?

① 기본식물 → 원원종 → 원종 → 보급종
② 기본식물 → 원종 → 원원종 → 보급종
③ 원원종 → 원종 → 기본식물 → 보급종
④ 원원종 → 원종 → 보급종 → 기본식물

46 유기축산물 인증기준에 따른 유기사료급여에 대한 설명으로 틀린 것은?

① 천재·지변의 경우 유기사료가 아닌 사료를 일정기간 동안 일정비율로 급여하는 것을 허용할 수 있다.
② 사료를 급여할 때 유전자변형농산물이 함유되지 않아야 한다.
③ 유기배합사료 제조용 단미사료용 곡물류는 유기농산물인증을 받은 것에 한한다.
④ 반추가축에게는 사일리지만 급여한다.

47 노포크(Norfork)식 윤작법에 해당되는 것은?

① 알팔파-클로버-밀-보리
② 밀-순무-보리-클로버
③ 밀-휴한-순무
④ 밀-보리-휴한

48 과수원에 부는 적당한 바람과 생육과의 관계에 대한 설명으로 틀린 것은?

① 양분흡수를 촉진한다.
② 동해발생을 촉진한다.
③ 광합성을 촉진한다.
④ 증산작용을 촉진한다.

49 퇴비의 부숙도 검사방법이 아닌 것은?

① 관능적 방법
② 탄질비 판정법
③ 물리적 방법
④ 종자발아법

50 유기재배 시 작물의 병해충 제어법으로 가장 적합하지 않은 것은?

① 화학적 토양 소독법
② 토양 소토법
③ 생물적 방제법
④ 경종적 재배법

51 과수의 전정방법(剪定方法)에 대한 설명으로 옳은 것은?

① 단초전정(短梢剪定)은 주로 포도나무에서 이루어지는데 결과모지를 전정할 때 남기는 마디 수는 대개 4~6개이다.
② 갱신전정(更新剪定)은 정부우세현상(頂部優勢現想)으로 결과모지가 원줄기로부터 멀어져 착과되는 과실의 품질이 불량할 때 이용하는 전정방법이다.
③ 세부전정(細部剪定)은 생장이 느리고 연약한 가지·품질이 불량한 과실을 착생시키는 가지를 제거하는 방법이다.
④ 큰 가지전정(太枝剪定)은 생장이 느리고 외부에 가지가 과다하게 밀생하며 가지가 오래되어 생산이 감소할 때 제거하는 방법이다.

52 답전윤환 체계로 논을 밭으로 이용할 때 유기물이 분해되어 무기태질소가 증가하는 현상은?

① 산화작용
② 환원작용
③ 건토효과
④ 윤작효과

53 다음중 C/N율이 가장 높은 것은?

① 톱 밥
② 옥수수 대와 잎
③ 클로버 잔유물
④ 박테리아, 방사상균 등 미생물

54 유기식품 등의 인증기준 등에서 유기농산물 재배 시 기록·보관해야하는 경영 관련 자료로 틀린 것은?

① 농산물 재배포장에 투입된 토양개량용 자재, 작물 생육용 자재, 병해충관리용 자재 등 농자재 사용 내용을 기록한 자료
② 유기합성 농약 및 화학비료의 구매·사용·보관에 관한 사항을 기록한 자료
③ 유전자변형종자의 구입·보관·사용을 기록한 자료
④ 농산물의 생산량 및 출하처별 판매량을 기록한 자료

55 윤작의 효과로 거리가 먼 것은?

① 자연재해나 시장변동의 위험을 분산시킨다.
② 지력을 유지하고 증진시킨다.
③ 토지 이용률을 높인다.
④ 풍수해를 예방한다.

58 유기축산물 생산을 위한 사육장 조건으로 틀린 것은?

① 축사・농기계 및 기구 등은 청결하게 유지한다.
② 충분한 환기와 채광이 되는 케이지에서 사육한다.
③ 사료와 음수는 접근이 용이해야 한다.
④ 축사 바닥은 부드러우면서도 미끄럽지 않아야 한다.

56 품종육성의 효과로 기대하기 어려운 것은?

① 품질 개선
② 지력 증진
③ 재배지역 확대
④ 수량 증가

59 예방관리에도 불구하고 가축의 질병이 발생한 경우 수의사의 처방하에 질병을 치료할 수 있다. 이 경우 동물용 의약품을 사용한 가축은 해당 약품 휴약기간의 최소 몇 배가 지나야만 유기축산물로 인정할 수 있는가?

① 2배
② 3배
③ 4배
④ 5배

57 유기재배 과수의 토양표면 관리법으로 가장 거리가 먼 것은?

① 청경법
② 초생법
③ 부초법
④ 플라스틱 멀칭법

60 한 포장에서 연작을 하지 않고 몇 가지 작물을 특정한 순서로 규칙적으로 반복하여 재배하는 것은?

① 돌려짓기
② 답전윤환
③ 간 작
④ 교호작

4일 | 제3회 과년도 기출문제

01 대기 중의 약한 바람이 작물 생육에 피해를 주는 사항과 가장 거리가 먼 것은?

① 광합성을 억제한다.
② 잡초씨나 병균을 전파시킨다.
③ 건조할 때 더욱 건조를 조장한다.
④ 냉풍은 냉해를 유발할 수 있다.

02 유효질소 10kg이 필요한 경우에 요소로 질소질 비료를 사용한다면 필요한 요소량은?(단, 요소비료의 흡수율은 83%, 요소의 질소함유량은 46%로 가정한다)

① 약 13.1kg
② 약 26.2kg
③ 약 34.2kg
④ 약 48.5kg

03 잡초의 방제는 예방과 제거로 구분할 수 있는데, 예방의 방법으로 가장 거리가 먼 것은?

① 답전윤환 실시
② 제초제의 사용
③ 방목 실시
④ 플라스틱 필름으로 포장 피복

04 녹식물체버널리제이션(Green Plant Vernalization)처리효과가 가장 큰 식물은?

① 추파맥류
② 완 두
③ 양배추
④ 봄올무

05 질소 비료의 흡수형태에 대한 설명으로 옳은 것은?

① 식물이 주로 흡수하는 질소의 형태는 논토양에서는 NH_4^+, 밭토양에서는 NO_3^-이온의 형태이다.
② 식물이 흡수하는 인산의 형태는 PO_4^-와 PO_3^-형태이다.
③ 암모니아태질소는 양이온이기 때문에 토양에 흡착되지 않아 쉽게 용탈이 된다.
④ 질산태질소는 음이온으로 토양에 잘 흡착이 되어 용탈이 되지 않는다.

06 대체로 저온에 강한 작물로만 나열된 것은?

① 보리, 밀
② 고구마, 감자
③ 배, 담배
④ 고추, 포도

07 수해(水害)의 요인과 작용에 대한 설명으로 틀린 것은?

① 벼에 있어 수잉기~출수 개화기에 특히 피해가 크다.
② 수온이 높을수록 호흡기질의 소모가 많아 피해가 크다.
③ 흙탕물과 고인물이 흐르는 물보다 산소가 적고 온도가 높아 피해가 크다.
④ 벼, 수수, 기장, 옥수수 등 화본과 작물이 침수에 가장 약하다.

08 다음 중 가장 집약적으로 곡류 이외에 채소, 과수 등의 재배에 이용되는 형식은?

① 원경(園耕)
② 포경(圃耕)
③ 곡경(穀耕)
④ 소경(疎耕)

09 계란 노른자와 식용유를 섞어 병충해를 방제하였다. 계란노른자의 역할로 옳은 것은?

① 살충제
② 살균제
③ 유화제
④ pH조절제

10 작물의 분류방법 중 식용작물, 공예작물, 약용작물, 기호작물, 사료작물 등으로 분류하는 것은?

① 식물학적 분류
② 생태적 분류
③ 용도에 따른 분류
④ 작부방식에 따른 분류

11 광합성 작용에 가장 효과적인 광은?

① 백색광
② 황색광
③ 적색광
④ 녹색광

12 10a의 밭에 종자를 파종하고자 한다. 일반적으로 파종량(L)이 가장 많은 작물은?

① 오 이
② 팥
③ 맥 류
④ 당 근

13 벼 등 화곡류가 등숙기에 비, 바람에 의해서 쓰러지는 것을 도복이라고 한다. 도복에 대한 설명으로 틀린 것은?

① 키가 작은 품종일수록 도복이 심하다.
② 밀식, 질소다용, 규산부족 등은 도복을 유발한다.
③ 벼 재배시 벼멸구, 문고병이 많이 발생되면 도복이 심하다.
④ 벼는 마지막 논김을 맬 때 배토를 하면 도복이 경감된다.

14 농경의 발상지와 거리가 먼 것은?

① 큰 강의 유역
② 산간부
③ 내륙지대
④ 해안지대

15 작물의 파종과 관련된 설명으로 옳은 것은?

① 선종이란 파종 전 우량한 종자를 가려내는 것을 말한다.
② 추파맥류의 경우 추파성정도가 낮은 품종은 조파(일찍파종)를 한다.
③ 감온성이 높고 감광성이 둔한 하두형 콩은 늦은 봄에 파종을 한다.
④ 파종량이 많을 경우 잡초발생이 많아지고, 토양수분과 비료 이용도가 낮아져 성숙이 늦어진다.

16 작물이 주로 이용하는 토양수분의 형태는?

① 흡습수
② 모관수
③ 중력수
④ 결합수

17 수광태세가 가장 불량한 벼의 초형은?

① 키가 너무 크거나 작지 않다.
② 상위엽이 늘어져 있다.
③ 분얼이 조금 개산형이다.
④ 각 잎이 공간적으로 되도록 균일하게 분포한다.

18 작물의 건물 1g을 생산하는 데 소비된 수분량은?

① 요수량
② 증산능률
③ 수분소비량
④ 건물축적량

19 저장 중 종자의 발아력이 감소되는 원인이 아닌 것은?

① 종자소독
② 효소의 활력 저하
③ 저장양분 감소
④ 원형질 단백질 응고

20 공기가 과습한 상태일 때 작물에 나타나는 증상이 아닌 것은?

① 증산이 적어진다.
② 병균의 발생빈도가 낮아진다.
③ 식물체의 조직이 약해진다.
④ 도복이 많아진다.

21 논토양과 밭토양에 대한 설명으로 틀린 것은?

① 밭토양은 불포화 수분상태로 논에 비해 공기가 잘 소통된다.
② 특이산성 논토양은 물에 잠긴 기간이 길수록 토양 pH가 올라간다.
③ 물에 잠긴 논토양은 산화층과 환원층으로 토층이 분화한다.
④ 밭토양에서 철은 환원되기 쉬우므로 토양은 회색을 띤다.

22 유기물이 다음 중 가장 많이 퇴적되어 생성된 토양은?

① 이탄토
② 붕적토
③ 선상퇴토
④ 하성충적토

23 토양의 포장용수량에 대한 설명으로 옳은 것은?

① 모관수만이 남아 있을 때의 수분함량을 말하며 수분장력은 대략 15기압으로서 밭작물이 자라기에 적합한 상태를 말한다.

② 모관수만이 남아 있을 때의 수분함량을 말하며 수분장력은 대략 31기압으로서 밭작물이 자라기에 적합한 상태를 말한다.

③ 토양이 물로 포화되었을 때의 수분 함량이며 수분장력은 대략 1/3기압으로서 벼가 자라기에 적합한 수분 상태를 말한다.

④ 물로 포화된 토양에서 중력수가 제거되었을 때의 수분함량을 말하며, 이때의 수분장력은 대략 1/3기압으로서 밭작물이 자라기에 적합한 상태를 말한다.

24 토양미생물인 사상균에 대한 설명으로 틀린 것은?

① 균사로 번식하며 유기물 분해로 양분을 획득한다.
② 호기성이며 통기가 잘되지 않으면 번식이 억제된다.
③ 다른 미생물에 비해 산성토양에서 잘 적응하지 못한다.
④ 토양 입단 발달에 기여한다.

25 규산의 함량에 따른 산성암이 아닌 것은?

① 현무암
② 화강암
③ 유문암
④ 석영반암

26 일시적 전하(잠시적 전하)의 설명으로 옳은 것은?

① 동형치환으로 생긴 전하
② 광물결정 변두리에 존재하는 전하
③ 부식의 전하
④ 수산기(OH^-) 증가로 생긴 전하

27 부식의 음전하 생성 원인이 되는 주요한 작용기는?

① R-COOH
② Si-$(OH)_4$
③ $Al(OH)_3$
④ $Fe(OH)_2$

28 질소와 인산에 의한 토양의 오염원으로 가장 거리가 먼 것은?

① 광산폐수
② 공장폐수
③ 축산폐수
④ 가정하수

29 밭의 CEC(양이온 교환용량)를 높이려고 한다. 다음 중 CEC를 가장 크게 증가시키는 물질은?

① 부식(토양유기물)의 시용
② 카올리나이트(Kaolinite)의 시용
③ 몬모릴로나이트(Montmorillonite)의 시용
④ 식양토의 객토

30 토양에 집적되어 Solonetz화 토양의 염류집적을 나타내는 것은?

① Ca
② Mg
③ K
④ Na

31 토양의 색에 대한 설명으로 틀린 것은?

① 토색을 보면 토양의 풍화과정이나 성질을 파악하는데 큰 도움이 된다.
② 착색재료로는 주로 산화철은 적색, 부식은 흑색/갈색을 나타낸다.
③ 신선한 유기물은 녹색, 적철광은 적색, 황철광은 황색을 나타낸다.
④ 토색 표시법은 Munsell의 토색첩을 기준으로 하며, 3속성을 나타내고 있다.

32 습답(고논)의 일반적인 특성에 대한 설명으로 틀린 것은?

① 배수시설이 필요하다.
② 양분부족으로 추락현상이 발생되기 쉽다.
③ 물이 많아 벼 재배에 유리하다.
④ 환원성 유해물질이 생성되기 쉽다.

33 물에 의한 토양침식의 방지책으로 가장 적당하지 않은 것은?

① 초생대 대상재배법
② 토양개량제 사용
③ 지표면의 피복
④ 상하경재배

34 토양온도에 대한 설명으로 틀린 것은?

① 토양온도는 토양 생성작용, 토양미생물의 활동, 식물 생육에 중요한 요소이다.
② 토양온도는 토양유기물의 분해속도와 양에 미치는 영향이 매우 커서 열대토양의 유기물 함량이 높은 이유가 된다.
③ 토양비열은 토양 1g을 1℃ 올리는데 소요되는 열량으로, 물이 1이고 무기성분은 더 낮다.
④ 토양의 열원은 주로 태양광선이며 습윤열, 유기물 분해열 등이다.

35 토양유기물의 특징에 대한 설명으로 틀린 것은?

① 토양유기물은 미생물의 작용을 통하여 직접 또는 간접적으로 토양입단 형성에 기여한다.
② 토양유기물은 포장 용수량 수분 함량이 낮아, 사질토에서 유효수분의 공급력을 적게 한다.
③ 토양유기물은 질소 고정과 질소 순환에 기여하는 미생물의 활동을 위한 탄소원이다.
④ 토양유기물은 완충능력이 크고, 전체 양이온 교환용량의 30~70%를 기여한다.

36 용적밀도가 다음 중 가장 큰 토성은?

① 사양토
② 양 토
③ 식양토
④ 식 토

37 밭토양에 비하여 논토양의 철(Fe)과 망간(Mn) 성분이 유실되어 부족하기 쉬운데 그 이유로 가장 적합한 것은?

① 철(Fe)과 망간(Mn) 성분이 논토양에 더 적게 함유되어 있기 때문이다.
② 논토양은 벼 재배기간 중 담수상태로 유지되기 때문이다.
③ 철(Fe)과 망간(Mn) 성분은 벼에 의해 흡수 이용되기 때문이다.
④ 철(Fe)과 망간(Mn) 성분은 미량요소이기 때문이다.

38 개간지 토양의 일반적인 특징으로 옳은 것은?

① pH가 높아서 미량원소가 결핍될 수도 있다.
② 유효인산의 농도가 낮은 척박한 토양이다.
③ 작토는 환원상태이지만 심토는 산화상태이다.
④ 황산염이 집적되어 pH가 매우 낮은 토양이다.

39 토양의 질소 순환작용에서 작용과 반대작용으로 바르게 짝지어져 있는 것은?

① 질산환원작용 – 질소고정작용
② 질산화작용 – 질산환원작용
③ 암모늄화작용 – 질산환원작용
④ 질소고정작용 – 유기화작용

40 모래, 미사, 점토의 상대적 함량비로 분류하며, 흙의 촉감을 나타내는 용어는?

① 토 색
② 토양온도
③ 토 성
④ 토양공기

41 벼에 규소(Si)가 부족했을 때 나타나는 주요 현상은?

① 황백화, 괴사, 조기낙엽 등의 증세가 나타난다.
② 줄기, 잎이 연약하여 병원균에 대한 저항력이 감소한다.
③ 수정과 결실이 나빠진다.
④ 뿌리나 분얼의 생장점이 붉게 변하여 죽게 된다.

42 유기농후사료 중심의 유기축산의 문제점으로 거리가 먼 것은?

① 국내에서 생산이 어려워 대부분 수입에 의존
② 고비용 유기농후사료 구입에 의한 생산비용 증대
③ 열등한 축산물 품질 초래
④ 물질순환의 문제 야기

43 과수의 심경시기로 가장 알맞은 것은?

① 휴면기
② 개화기
③ 결실기
④ 생육절정기

44 종자갱신을 하여야 할 이유로 부적당한 것은?

① 자연교잡
② 돌연변이
③ 재배 중 다른 계통의 혼입
④ 토양의 산성화

45 자식성 작물의 육종방법과 거리가 먼 것은?

① 순계선발
② 교잡육종
③ 여교잡육종
④ 집단합성

46 과실에 봉지씌우기를 하는 목적과 가장 거리가 먼 것은?

① 당도 증가
② 과실의 외관 보호
③ 농약오염 방지
④ 병해충으로부터 과실보호

47 복숭아의 줄기와 가지를 주로 가해하는 해충은?

① 유리나방
② 굴나방
③ 명나방
④ 심식나방

48 TDN은 무엇을 기준으로 한 영양소 표시법인가?

① 영양소 관리
② 영양소 소화율
③ 영양소 희귀성
④ 영양소 독성물질

49 유기복합비료의 중량이 25kg이고, 성분함량이 N-P-K(22-22-11) 일 때, 질소 함량은?

① 3.5kg
② 5.5kg
③ 8.5kg
④ 11.5kg

50 친환경농업이 출현하게 된 배경으로 틀린 것은?

① 세계의 농업정책이 증산위주에서 소비자와 교역중심으로 전환되어가고 있는 추세이다.
② 국제적으로 공업부분은 규제를 강화하고 있는 반면 농업부분은 규제를 다소 완화하고 있는 추세이다.
③ 대부분의 국가가 친환경농법의 정착을 유도하고 있는 추세이다.
④ 농약을 과다하게 사용함에 따라 천적이 감소되어가는 추세이다.

51 벼의 유묘로부터 생장단계의 진행순서가 바르게 나열된 것은?

① 유묘기 → 활착기 → 이앙기 → 유효분얼기
② 유묘기 → 이앙기 → 활착기 → 유효분얼기
③ 유묘기 → 활착기 → 유효분얼기 → 이앙기
④ 유묘기 → 유효분얼기 → 이앙기 → 활착기

52 친환경농산물에 해당되지 않는 것은?

① 천연우수농산물
② 무농약농산물
③ 무항생제축산물
④ 유기농산물

53 유기축산물의 경우 사료 중 NPN을 사용할 수 없게 되었다. NPN은 무엇을 말하는가?

① 에너지 사료
② 비단백태질소화합물
③ 골 분
④ 탈지분유

54 벼 재배 시 도복현상이 발생했는데 다음 중에서 일어날 수 있는 현상은?

① 벼가 튼튼하게 자란다.
② 병해충 발생이 없어진다.
③ 병해충이 발생하며, 쓰러질 염려가 있다.
④ 품질이 우수해진다.

55 토양의 지력을 증진시키는 방법이 아닌 것은?

① 초생재배법으로 지력을 증진시킨다.
② 완숙퇴비를 사용한다.
③ 토양미생물을 증진시킨다.
④ 생 톱밥을 넣어 지력을 증진시킨다.

56 하나 또는 몇 개의 병원균과 해충에 대하여 대항할 수 있는 기주의 능력을 무엇이라 하는가?

① 민감성
② 저항성
③ 병회피
④ 감수성

57 자연생태계와 비교했을 때 농업생태계의 특징이 아닌 것은?

① 종의 다양성이 낮다.
② 안정성이 높다.
③ 지속기간이 짧다.
④ 인간 의존적이다.

58 다음 중 포식성 천적에 해당하는 것은?

① 기생벌
② 세 균
③ 무당벌레
④ 선 충

59 시설 내의 약광 조건에서 작물을 재배하는 방법으로 옳은 것은?

① 재식 간격을 좁히는 것이 매우 유리하다.
② 엽채류를 재배하는 것이 아주 불리하다.
③ 덩굴성 작물은 직립재배보다는 포복재배하는 것이 유리하다.
④ 온도를 높게 관리하고 내음성 작물보다는 내양성 작물을 선택하는 것이 유리하다.

60 유기농업의 목표로 보기 어려운 것은?

① 환경보전과 생태계 보호
② 농업생태계의 건강 증진
③ 화학비료·농약의 최소사용
④ 생물학적 순환의 원활화

4일 | 정답 및 해설

제1회 과년도 기출문제   p 129～136

01	02	03	04	05	06	07	08	09	10	11	12	13	14	15
④	④	③	④	④	②	③	①	④	④	②	④	③	③	②
16	17	18	19	20	21	22	23	24	25	26	27	28	29	30
④	②	②	①	③	④	③	④	④	④	④	①	②	①	③
31	32	33	34	35	36	37	38	39	40	41	42	43	44	45
②	①	③	②	①	④	②	④	④	④	④	①	③	②	④
46	47	48	49	50	51	52	53	54	55	56	57	58	59	60
①	②	③	①	③	①	④	④	④	④	①	①	②	④	④

01 작물 수량은 유전성 · 환경 조건 · 재배 기술을 3요소로 하는 삼각형으로 표시할 수 있다.

환경 조건   작물 수량   유전성
재배 기술

02 내병성 품종을 이용하는 것은 경종적 방제법에 해당한다.

03 ③ 수발아 : 성숙기에 가까운 맥류가 장기간 비를 맞아 젖은 상태로 있거나, 우기에 도복하여 이삭이 젖은 땅에 오래 접촉해 있을 때 수확 전의 이삭에서 싹이 트는 것
② 도복 : 화곡류, 두류 등이 비바람으로 인해 쓰러지는 것
④ 백수현상 : 생리적 원인이나 병원균, 해충 등에 의해 피해를 입은 벼과 작물의 이삭이 흰 쭉정이가 되는 현상

05 도복의 피해 : 수량 감소, 품질 손상, 수확작업의 불편, 간작물에 대한 피해 등

06 ① 같은 품종이라도 내냉성은 발육단계별로 크게 다르다.
③ 장해형 냉해는 유수형성기부터 개화기까지, 특히 감수분열기에 발생한다.
④ 감수분열기에 저온이 닥쳤을 때 생장점을 물에 잠기게 하면 물의 비열로 냉해를 방지할 수 있다.
※ 벼의 생육단계와 관개 정도

생육단계	관개 정도
모내기(이앙) 준비	10～15cm 관개
이앙기	2～3cm 담수
이앙기～활착기	10cm 담수
활착기～최고분얼기	2～3cm 담수
최고분얼기～유수형성기	중간낙수
유수형성기～수잉기	2～3cm 담수
수잉기～유숙기	6～7cm 담수
유숙기～황숙기	2～3cm 담수
황숙기(출수 후 30일경)	완전낙수

07 인공영양번식에서 발근 및 활착을 촉진하는 처리
• 황화 : 새 가지의 일부에 흙을 덮거나, 검은 종이로 싸서 일광을 차단하여 엽록소의 형성을 억제하고 황화시킨다.
• 생장호르몬처리 : 삽목 시 β-IBA, NAA, IAA 등의 옥신류를 처리해 준다.
• 자당(Sucrose)액 침지
• 과망간산칼륨액처리 : 0.1～1.0% 과망간산칼륨($KMnO_4$)용액에 삽수의 기부를 24시간 정도 침지한다.
• 환상박피 : 취목 시 발근시킬 부위에 환상박피, 절상, 연곡 등의 처리를 해준다.
• 증산경감제 : 접목 시 대목의 절단면에 라놀린(Lanolin)을 발라 주면 증산이 경감되어 활착이 좋아지게 된다.

08 작물군락의 수광태세
• 벼 : 질소질 비료 표준시비량을 지키고, 규산질 비료를 넉넉하게 주어 잎이 직립상태가 되게 할 수 있다.
• 콩 : 줄 사이를 넓히고 포기 사이를 좁히면 아랫잎까지 광의 투과를 좋게 하므로 수량이 증가할 수 있다.
• 맥류 : 줄뿌림재배가 흩어뿌림재배보다 수광태세가 좋고 재배관리가 편하다.
※ 드릴파 : 파종할 때 골의 너비를 아주 좁게 하고 골 사이도 좁게 하여 배게 여러 줄을 뿌리는 방법으로 밭이나 질지 않은 논에서 기계파종을 할 때 실시된다.

09 윤작의 원리
• 식량작물과 사료작물 생산을 병행한다.
• 지력유지작물이 반드시 포함되어야 한다.
• 중경작물이나 피복작물 : 잡초경감, 토양보호를 위함이다.
• 여름작물과 겨울작물 : 토지이용도를 높인다.

10 ③ ABA량이 증가한다.
수분의 역할
• 유기물 및 무기물의 용질 이동
• 작물 세포의 신장, 작물 구조 및 잎의 전개 촉진
• 효소 구조의 유지 및 촉매
• 작물의 광합성, 가수분해 과정 및 다른 화학 반응의 재료로 이동
• 작물의 증산 작용

11 병해충 방제법 : 경종적 방제법, 생물학적 방제법, 물리적 방제법, 화학적 방제법, 법적 방제법, 종합적 방제법

12 조류가 증식하면 물의 용존산소량이 감소한다.

13 토성, 토양구조, 입단의 크기, 배열상태 등이 토양 공극량에 관여한다.

14 ③ 대기 중 이산화탄소의 농도는 약 0.03%로, 이는 작물이 충분한 광합성을 수행하기에 부족하다. 광합성량을 최고도로 높일 수 있는 이산화탄소의 농도는 약 0.25%이다.
① · ② 대기 중에는 질소가스(N_2)가 약 79.1%를 차지하며 근류균 · Azotobacter 등이 공기 중의 질소를 고정한다.
④ 호흡 작용에 알맞은 대기 중의 산소 농도는 약 20.9%이다.

15 작물의 생태적인 분류
• 생존연한에 따른 분류 : 한해살이 작물, 두해살이 작물, 여러해살이 작물로 분류
• 생육계절에 따른 분류 : 재배하는 계절을 기준으로 여름작물, 겨울작물로 분류
• 생육적온에 따른 분류 : 발아나 생육에 적합한 온도 범위가 어느 정도 인지에 따라 저온성 작물, 고온성 작물 등으로 분류
• 생육형태에 따른 분류 : 자라는 모양에 따라 주형 작물(벼, 보리와 같이 여러 포기가 합쳐져 하나의 큰 포기를 형성하는 작물), 포복형 작물(고구마처럼 줄기가 땅을 기어서 토양 표면을 덮는 작물)로 분류
• 저항성에 따른 분류 : 어떤 특정 환경에서 견디는 특성에 따라 내산성 작물, 내건성 작물, 내습성 작물, 내염성 작물, 내풍성 작물로 분류

16 연풍은 특히 풍매화의 수정과 결실을 조장한다.

17 ② 알거름 : 열매의 충실한 발육을 위해 출수기의 전후에 주는 거름
① 밑거름 : 작물을 파종이나 이앙 및 이식하기 전에 주는 거름[기비(基肥)]
③ 분얼비 : 식물이 가지치기(분얼)하는 데 필요한 영양분을 공급해 주는 거름
④ 이삭거름 : 곡류 등의 이삭이 줄기 속에서 자라나오기 시작할 무렵에 주는 웃거름

18 햇빛이 강하면 잎에서의 증산작용으로 인해 수분의 손실이 증가하므로 구름이 있거나 흐린 날에 이식하는 것이 좋다.

19 ① 식물체 내의 함유 수분은 흡수한 수분량 또는 증산량에 비해 극히 적은 양이다.
수분의 역할
• 원형질의 생활상태를 유지한다.
• 식물체 구성물질의 성분이 된다.
• 필요물질 흡수의 용매가 된다.
• 식물체 내의 물질 분포를 고르게 한다.
• 세포의 긴장 상태를 유지한다.

20 연작장해(기지)를 해소하기 위한 방법으로는 윤작(돌려짓기), 담수, 토양소독, 유독물질의 유거(流去), 객토 및 환토, 접목, 지력 배양 등이 있다.

24 지하 수위가 높은 저지대나 배수가 좋지 못한 토양 그리고 물에 잠겨 있는 논토양은 산소가 부족하여 토양 내 Fe, Mn 및 S이 환원 상태로 되므로 토양층은 청회색, 청색 또는 녹색의 특유한 색깔을 띠게 된다.

25 잦은 경운은 오히려 토양생태계를 파괴하므로 전충 기계경운을 수시로 실시하는 것은 적절하지 않고, 석고・토양개량제・생짚 등을 시용하여 토양의 물리성을 개량한다.

26 탄질률이 높으면 단백질을 합성하는 데 필요한 질소가 결핍되어 미생물의 증식이 적어져 유기물의 분해가 지연된다.

27 양이온 치환용량(= 양이온 교환용량)
• 토양이 양이온을 흡착할 수 있는 양을 양이온 치환용량(CEC ; Cation Exchange Capacity)이라 하며, 염기 치환용량(BEC ; Base Exchange Capacity)이라고도 한다.
• 양이온 치환용량은 일정량의 토양 또는 교질물이 가지고 있는 치환성 양이온의 총량을 당량으로 보통 토양이나 교질물 100g이 보유하는 치환성 양이온의 총량을 mg당량으로 표시한다.

28 농지에 사용한 질소비료는 질산태 질소로 변화하는데, 질산이온은 마이너스 전기를 띠기 때문에 토양 콜로이드에 흡착되지 않고 식물의 뿌리에도 흡수되기 쉽지만 동시에 물에 용해되어 유출되기도 쉽다. 질산태 질소는 지표수를 오염시킬 뿐만 아니라 지하수 속으로도 용출되어 질산염 오염을 일으키기도 하는데, 질산염에 오염된 물을 마신 경우 성인에게는 그다지 유해하지 않지만 유아에게는 청색증을 일으킬 수 있다.

29 pH는 1~14의 수치로 표시되며 7이 중성이고, 7 이하가 산성이며, 7 이상이 알칼리성이다.

30 비소는 무기비소와 유기비소로 구분하는데, 무기비소가 유기비소보다 독성이 더 강하다. 무기비소 중에서는 3가 비소(As^{3+})가 5가 비소(As^{5+})보다 독성이 강하다.

32 간척 초기 산도가 높은 염해논의 제염 및 개량을 위하여 소석회를 시용하게 되면 산도가 너무 올라가기 때문에 소석회 대신 석고를 사용하는 것이 더 효과적이다.

33 토양온도는 북반구에 있어서 남향이나 동남향의 경사면 토양은 평탄지나 북향면에 비하여 아침에 빨리 더워지며 평균 온도가 높은 것이 보통이다.

34 토성이란 모래, 미사, 점토 부분의 분포, 즉 상대적인 비율을 가리킨다.

35 부식된 유기물은 미생물의 번식을 조장한다.

36 R층 : C층 또는 C층이 없을 경우에는 B층 밑에 있는 모암을 말하는데, D층이라고도 한다.

37 부식(100~300) > 버미큘라이트(8~150) > 몬모릴로나이트(60~100) > 클로라이트(30) > 카올리나이트(3~27) 순이다.

38 토양선충(Nematode)은 특정의 작물근을 식해하여 직접적인 피해를 주고 식상을 통하여 병원균의 침투를 조장하여 간접적인 작물 병해를 유발시킨다.

39 부영양화는 생활하수나 산업폐수, 가축의 배설물 등의 유기물질이 강이나 바다에 유입되어 물속의 질소와 인, 칼륨과 같은 영양물질이 많아지면서 일어난다.

40 개간지는 토양 구조가 불량하며, 인산 등 비료 성분도 적어서 토양의 비옥도가 낮다. 특히 인산흡수계수가 낮으므로 인산을 시용해준다.

41 유전적 퇴화의 원인 : 자연돌연변이, 자연교잡, 이형종자의 기계적 혼입, 미고정형질의 분리, 자식(근교)약세, 역도태 등

42 1991년 농림수산부에 유기농업발전기획단이 설치되었고, 1993년 유기농산물 품질 인증제가 실시되었으며, 1994년 농림부에 환경 농업과가 설치되었다.

43 식물병의 원인은 대개 비정상적인 환경조건이나 병원체이다.

45 돼지의 임신기간은 114일이며 3~7마리의 새끼를 낳는데, 다산종인 경우는 8~12마리의 새끼를 낳는다.

46 포도의 순지르기는 꽃이 피기 5~6일 전에 하는데, 가지의 생장을 억제하여 가지가 자라는 데 이용할 수 있는 양분을 꽃송이 쪽으로 전환시켜 열매맺음이 잘 되도록 하기 위한 것이다.

47 유기축산물의 동물복지 및 질병관리(친환경농축산물 및 유기식품 등의 인증에 관한 세부실시요령 [별표 1])
규정에 따른 예방관리에도 불구하고 질병이 발생한 경우 수의사 처방에 의해 동물용 의약품을 사용하여 질병을 치료할 수 있으며, 동물용 의약품을 사용한 가축은 전환기간(해당 약품의 휴약기간 2배가 전환기간보다 더 긴 경우 휴약기간의 2배 기간을 적용)이 지나야 유기축산물로 출하할 수 있다.

49 세계유기농업운동연맹(International Federation of Organic Agriculture Movements ; IFOAM)은 전 세계 110개국의 750개 유기농 단체가 가입한 민간단체이다.

50 관행농업은 인위적인 경운과 농약·비료를 사용하는 경작법이다.

51 보수력·보비력이 좋아져서 양분의 유실이 적다.

52 햇빛은 과수의 착색을 촉진한다.

53 냉수온탕침법
• 맥류의 겉깜부기병 : 냉수에서 6~8시간 침지 → 45~50℃의 온탕에서 2분 침지 → 겉보리 53℃, 밀 54℃의 온탕에서 5분 침지 → 냉수 세척 후 파종
• 벼 선충심고병 : 냉수에서 24시간 침지 → 45℃의 온탕에 2분 침지 → 52℃의 온탕에서 10분 침지 → 냉수 세척 후 파종

54 농후사료는 부피가 적고 조섬유 함량도 비교적 적게 함유된 것으로, 단백질이나 탄수화물 그리고 지방의 함량이 비교적 많이 함유된 것을 말하며 영양가가 높다. 각종 곡류, 단백질 사료 및 배합 사료가 이에 속한다.

55 낙엽이 진 후 퇴비, 인산, 석회 등을 골고루 땅에 펴고 깊게 갈아엎는다. 낙엽이 지고 나서 밑거름을 주면 뿌리가 휴면이 끝난 다음 바로 흡수·이용할 수 있기 때문에 유리하다.

56 먹이 습성을 이용하여 제초제를 대용한 왕우렁이 농법은 논농사에서 빼놓을 수 없는 제초제를 생물적 자원으로 대체함으로써 토양 및 수질 오염 방지와 생태계 보호 등 친환경 농업 육성에 기여할 수 있다.

57 친환경농어업이란 합성농약, 화학비료 및 항생제·항균제 등 화학자재를 사용하지 아니하거나 그 사용을 최소화하고 농업·수산업·축산업·임업 부산물의 재활용 등을 통하여 생태계와 환경을 유지·보전하면서 안전한 농산물·수산물·축산물·임산물을 생산하는 산업을 말한다(친환경농어업 육성 및 유기식품 등의 관리·지원에 관한 법률 제2조 제1호).

60 종자는 유기농산물 인증기준에 맞게 생산·관리된 종자를 사용해야 하며, 유전자변형농산물인 종자를 사용하지 아니하여야 한다.

제2회 과년도 기출문제   p 137 ~ 144

01	02	03	04	05	06	07	08	09	10	11	12	13	14	15
②	②	②	①	①	②	②	②	③	③	③	②	①	①	④
16	17	18	19	20	21	22	23	24	25	26	27	28	29	30
④	④	④	①	④	③	②	②	③	③	②	④	④	②	①
31	32	33	34	35	36	37	38	39	40	41	42	43	44	45
①	③	③	④	④	②	③	③	②	③	④	④	④	④	①
46	47	48	49	50	51	52	53	54	55	56	57	58	59	60
④	④	②	④	①	②	③	①	③	④	②	④	②	①	①

01 기지 대책 : 윤작, 담수, 토양소독, 유독 물질의 유거, 객토 및 환토, 접목, 지력배양 등

02 De Candolle은 작물 야생종의 분포를 광범위하게 조사하고 유물·유적·전설 등에 나타난 사실을 기초로 고고학·역사학 및 언어학적 고찰을 통하여 재배식물의 조상형이 자생하는 지역을 기원지로 추정하였다. 1883년에는 유명한 '재배식물의 기원'을 저술하였다.

03 • 국화과·배추과(십자화과·볏과) 등 여러 과의 저온요구식물을 버널리제이션처리 하지 않고 장일조건에서 재배하면서 지베렐린(Gibberellin)처리를 하면 그 가운데서 많은 식물의 화성이 유도되는데, 이러한 경우를 지베렐린의 버널리제이션 대체효과라고 한다.
• 일반적으로 월년생 장일식물은 비교적 저온인 0~10℃의 처리가 유효한데, 이를 저온버널리제이션(저온처리, 저온춘화)이라고 한다.

04 • 바이러스에 의한 병 방제법 : 별도의 방제법이 없으며 병의 발병 이전 예방을 위해 관리적 노력을 강구, 건전 종자 사용, 저항성 품종 육성, 매개곤충을 방제
• 화학적 방제 : 농약 살포를 통한 방제

05 농업의 형태
• 포경농업 : 유축농업 또는 혼동농업과 비슷한 뜻으로, 식량과 사료를 서로 균형 있게 생산하는 농업
• 곡경농업 : 벼·밀·옥수수 등의 곡류가 넓은 지대에 걸쳐 재배되는 농업 형태이다. 매년 같은 작물이 이어짓기되는 특징의 형태
• 원경농업 : 작은 면적의 농경지를 집약적으로 경영하여 단위면적당 채소, 과수 등의 수확량을 많게 하는 농업 형태
• 소경농업 : 문화가 발달되기 이전의 농업 형태로서 쟁기나 가축을 이용하지 않은 것은 물론, 비료를 사용하지 않았다. 지력의 소모가 빠른 만큼 새로운 토지를 찾아서 옮기는 이른바 약탈농법

06 • 농작물을 가해하는 해충을 포식하거나 또는 해충에 기생하는 곤충이나 미생물들이 있다. 이러한 것들을 천적이라고 하며, 이와 같은 천적을 이용하는 방제법을 생물학적 방제법이라고 한다. 천적의 주된 종류는 기생성 곤충, 포식성 곤충, 병원미생물 등이 있다.
• 경종적 방제법 : 토지의 선정, 품종의 선택, 종자의 선택, 윤작, 혼식, 생육기의 조절, 시비법의 개선, 정결한 관리, 수확물의 건조, 중간기주식물의 제거 등
• 물리적(기계적) 방제법 : 포살 및 채란, 소각, 소토, 담수, 차단, 유실, 온도처리 등

07 수분은 어느 물질보다도 작물체 내에 많이 함유되어 있고, 작물체의 2/3 이상을 구성하며, 식물체 내의 물질분포를 고르게 하는 매개체가 된다.

08 어린 이삭(유수)이 분화하면서 동시에 이삭의 줄기가 급신장하며, 후반부에는 꽃가루가 만들어지는 감수분열기(생식세포분열기)를 맞이하고 이때부터 이삭이 패기 전까지를 수잉기라고 한다. 화분모세포와 배낭모세포는 감수분열을 하여 수정태세를 갖추는 시기로서, 환경(한해, 냉해, 수해 등)에 대한 반응이 가장 민감한 시기이다.

09 광과 종자발아와의 관계

구 분	식물의 종류
호광성 종자	담배, 상추, 우엉, 페튜니아, 차조기, 금어초, 디기탈리스, 베고니아, 뽕나무, 벤트그래스, 버뮤다그래스, 켄터키블루그라스, 캐나다블루그라스, 스탠다드휘트그래스, 셀러리 등
혐광성 종자	토마토, 가지, 파, 양파, 수박, 수세미, 호박, 무, 오이 등
광무관계 종자	화곡류의 대부분, 콩과 작물의 대부분 등

10 육묘재배의 목적
- 수확 및 출하기를 앞당길 수 있다.
- 품질향상과 수량증대가 가능하다.
- 집약적인 관리와 보호가 가능하다.
- 종자를 절약하고 토지이용도를 높일 수 있다.
- 직파(直播)가 불리한 딸기, 고구마 등의 재배에 유리하다.

11 습해 대책 : 배수, 이랑만들기, 토양개량, 시비, 과산화석회의 시용, 병충해 방제의 철저, 내습성 작물 및 품종의 선택

12 ②는 기계적 장해에 속한다.

13 수발아 : 성숙기에 가까운 맥류가 저온강우 조건, 특히 장기간 비를 맞아서 젖은 상태로 있거나, 우기에 도복해서 이삭이 젖은 땅에 오래 접촉해 있으면 수확 전의 이삭에서 싹이 트는 것
대 책
- 작물의 선택 : 맥류에서 보리가 밀보다 성숙기가 빠르므로 성숙기에 비를 맞는 일이 적어서 수발아의 위험이 적다.
- 품종의 선택 : 맥류는 조숙종이 만숙종보다 수확기가 빠르므로 수발아의 위험이 적고 숙기가 같더라도 휴면기간이 긴 품종은 수발아가 적다.
- 조기수확 : 벼 · 보리는 수확 7일 전쯤에 건조제 50mL를 물 20L(1말)에 타서 10a당 140L쯤 저녁 때 경엽에 골고루 뿌린다.
- 도복방지 : 도복하면 수발아가 조장되므로, 도복방지에 노력해야 한다.
- 발아억제제 살포 : 출수 후 발아억제제를 살포하면 수발아가 억제된다.

14 작물의 요수량 (단위 : g)

작 물	조사자	
	Briggs · Shantz	Shantz · Piemeisel
보 리	534	523
밀	513	550
수 수	322	287
메 밀	–	540

15 작물에 영향을 미치는 유해가스 : 아황산가스, 불화수소, 이산화질소, 오존, PAN 등

16 토양을 갈아 일으켜 흙덩이를 반전시키고, 대강 부스러뜨리는 작업을 경운이라고 하는데, 경운은 토양의 물리화학성을 개선하고 잡초와 땅속의 해충을 경감시키는 효과가 있다.

17 도복의 피해
- 감수 : 도복이 되면 잎이 엉클어져서 광합성이 감퇴하고, 줄기와 잎이 꺾여 동화양분의 전류가 전해되며, 줄기와 잎에 상처가 나서 양분의 호흡소모가 많아지므로 등숙이 나빠져서 수량이 감소되며, 부패립이 생기면 수량은 더욱 감소된다.
- 품질의 손상 : 도복이 되면 결실이 불량해서 품질이 저하될 뿐만 아니라, 종실이 젖은 토양이나 물에 닿아 변질 · 부패 · 수발아 등이 유발되어 품질이 손상된다.
- 수확작업의 불편 : 기계수확을 할 때 도복이 되면 수확이 매우 곤란해진다.
- 간작물에 대한 피해 : 맥류에 콩이나 목화를 간작하였을 때 맥류가 도복하면 어린 간작물을 덮어서 생육을 저해한다.

20 밭관개의 효과
- 생리적으로 필요한 수분 공급
- 재배 수준의 향상
- 지온의 조절
- 비료 성분의 보급과 이용의 효율화
- 풍식 방지
관개(물주기) 시 유의사항
- 물의 온도가 너무 낮으면 생육이나 발아에 영향을 준다.
- 오염 정도에 따른 피해도 있으므로 사용할 물을 미리 확인해야 한다.
- 작물이 어느 정도 자란 이후에 물을 줄 경우에는 너무 많이 주면 쓰러지는 경우가 많으므로 도복을 고려해야 한다.
- 비료 성분이 유실되지 않도록 양을 조절해야 한다.
- 물주기를 한 이후에 잡초나 병해충이 증가할 우려가 있으므로 약제 살포시기를 조절해야 한다.

21 황세균류 : 혐기적 황화물을 에너지원으로 하는 세균으로 보통 중성으로 잘 활동 · 번식하는데 황세균은 강한 산성에서도 잘 견디어 최적 pH는 2.0~4.0이다.

23 입상구조
- 토양입자가 대체로 작은 구상체를 이루어 형성되지만 인접한 집합체와는 밀접되어 있지 않다.
- 비교적 공극의 형성이 좋지 않다.
- 주로 유기물이 많은 작토에서 많이 생산된다.

24 점토광물의 일반구조
- 결정형의 점토광물은 판상격자를 가지고 있으며 규산판과 알루미나판이 결합되어 결정단위를 이루고 있다.
- 규산판 : 규산4면체가 판상으로 배열된 것이며 정육각형의 각 정점에 해당하는 부위에 규소가 위치하고 정육각형의 내부에 공극이 생기는데 그 크기는 K^+나 NH_4^+의 크기와 비슷하다.
- 알루미나판 : 알루미늄8면체가 기본단위가 되어 판상으로 배열된 것이며 중심 원자는 알루미늄이나 마그네슘이다. 이 판의 내부에는 공극이 없으므로 어떤 작물무기양분의 고정은 일어나지 않는다.
- 1 : 1격자형 점토광물 : 규산판 1개와 알루미나판 1개가 결속되어 한 결정단위를 이루고 있는 것이며 Kaolinite계 점토광물이 대표적이다.
- 2 : 1격자형 점토광물 : 2개의 규산판 사이에 알루미나판 1개가 삽입된 모양으로 결속되어 한 결정단위를 이루고 있는 것이며 Montmorillonite계 점토광물이 대표적이다. 이밖에도 마그네슘 8면체를 중간에 넣고 2 : 1격자형 점토광물과 결합된 2 : 2절정격자형(혼층형)인 Chlorite가 있다.

26 표층 수mm에서 1~2cm의 층은 산화제2철로 적갈색을 띤 산화층이 되고, 그 이하의 작토층은 산화제1철로 청회색을 띤 환원층이 된다. 그리고 심토는 유기물이 극히 적어서 산화층을 형성한다. 이를 논토양의 토층분화라고 한다.

27 토양의 생성 인자
- 모재 : 암석류는 모재의 급원으로서, 암석의 풍화물이 모재가 되어 본래의 자리에서 또는 퇴적된 자리에서 토양으로 발달하게 된다. 토양의 모재로는 암석, 광물질만이 아니라, 유기물로부터도 여러 가지 형태의 토양이 생성된다. 토양의 모재가 토양의 발달과 특성에 끼치는 영향은 토성, 광물 조성 및 층위의 분화 등 광범위하다.
- 기후 : 토양의 발달에 대하여 가장 영향력이 큰 것은 강우량과 온도 및 공기의 상대 습도 등의 기후적 요인이다.
- 풍화기간 : 토양 발달의 단계는 모재로부터 출발하여 미숙기, 성숙기, 노령기 등을 거치게 되며, 변화 속도는 환경 조건에 따라 다르다.

28 우리나라 논토양의 염기포화도는 평균 52%, 양이온 치환용량은 11me/100g 정도이다.

29
- 위조점 : 토양수분의 장력이 커서 식물이 흡수하지 못하고 영구히 시들어버리는 점
- 포장용수량 : 식물에게 이용될 수 있는 수분범위의 최대수분함량으로 작물재배상 매우 중요하며, 최소용수량이라고도 함
- 중력수 : 토양 공극을 모두 채우고 자체의 중력에 의하여 이동되는 물을 말함
- 최대용수량 : 모관수가 최대로 포함된 상태 즉, 토양의 모든 공극이 물로 포화된 상태이며, 포화용수량이라고도 함

31 토양의 유기물 시용은 미생물의 영양원이 되어 유용 미생물의 번식을 조장한다.

32
- 운적토 : 풍화 생성물이 옮겨 쌓여서 된 토양으로 붕적토, 선상퇴토(부채꼴), 하성충적토(수적토), 풍적토 등이 있다.
- 정적토 : 풍화 생성물이 그대로 제자리에 남아서 퇴적된 토양으로 잔적토와 유기물이 제자리에 퇴적된 이탄토로 나뉜다.

34 토양구조의 형성

입단의 형성 촉진	입단의 파괴 촉진
• 유기물의 시용 • 콩과작물의 재배 • 토양의 멀칭 • 칼슘(Ca)의 시용 • 토양 개량제의 시용	• 경 운 • 입단의 팽창과 수축의 반복 • 비와 바람 • 나트륨(Na^+)의 작용

35 기주식물과 함께 균근을 형성하여 공생 작용을 한다.

36 토양공극의 의의
- 토양을 구성하는 고상과 고상사이에 공기 또는 수분으로 채워질 수 있는 공간을 의미한다.
- 공기유통이나 수분의 저장 및 통로가 되며 공극의 모양이나 전공극량은 작물의 생육과 직접적인 관련이 있다.
- 토양 중에서 비모관공극(대공극)은 잉여수분의 배제와 공기의 유동이 이루어지는 통로의 역할을 하며 모관공극(소공극)은 토양의 유효수분을 보유하는 장소가 되므로 양자가 알맞은 균형을 유지하는 것이 작물의 정상 생육에 중요한 요점이 된다.

37 규산(SiO_2)
- 필수원소는 아니지만 벼·보리 등에 함량이 높고 시용효과가 뚜렷하게 나타난다.
- 화곡류 중 특히 벼는 규산(SiO_2)을 많이 흡수하는데, 규산은 표피조직의 세포막에 침전하여 조직의 규질화를 이루어 병균(도열병 등)의 침입을 막는다.

38 물에 의한 토양의 침식 : 우적침식, 비옥도침식(표면침식), 우곡침식, 계곡(협곡)침식, 평면(면상)침식 유수침식, 빙식작용 등

39 토양입자의 분류

입자 명칭	입경(알갱이의 지름, mm)
자 갈	2.0 이상
조사(거친모래)	2.0~0.2
세사(가는모래)	0.2~0.02
미사(고운모래)	0.02~0.002
점 토	0.002 이하

40 지렁이는 토양 표면에 있는 죽은 식물체의 분해를 촉진시키며, 유기물이 소화되는 동안 유기물과 토양입자들을 결합시켜 견고한 입단구조를 형성하고 이로써 안정된 토양구조 형성에 도움을 준다.

41 토양의 입단화 촉진 : 심경, 유기물 시용, 석회(Ca) 시용, 토양개량제 시용, 생물이 생산하는 점질물 등

42
- 1994. 12 : 농림부에 친환경농업과 신설
- 1997. 12. 3 : 환경농업육성법 제정(1998년 12월 14일 시행, 2000년 1월 친환경농업육성법으로 명칭 변경)
- 1998. 11 : 제3회 농업인의 날에 친환경농업원년을 선포
- 1998. 11. 6 : 유기농산물가공품에 대한 품질인증제 도입

43 토양유기물의 기능 : 암석의 분해촉진, 양분의 공급, 대기 중의 이산화탄소 공급, 생장 촉진 물질의 생성, 입단의 형성, 보수·보비력의 증대, 완충능의 증대, 미생물의 번식 조장, 지온의 상승, 토양보호 등

44 유망집단에 대하여 품종별로 1본식(本植)이나 1립파 재배하여 전 생육과정을 면밀히 관찰하거나 이형개체를 제거한 후 품종 고유의 특성을 구비한 개체만을 선발하여 집단채종을 한다.

45 우리나라의 종자증식 체계는 기본식물 → 원원종 → 원종 → 보급종의 단계를 거친다. 기본식물은 신품종 증식의 기본이 되는 종자로 육종가들이 직접 생산하거나, 육종가의 관리 하에서 생산한다. 원원종은 기본식물을 증식하여 생산한 종자이고, 원종은 원원종을 재배하여 채종한 종자이며, 보급종은 농가에 보급할 종자로서 원종을 증식한 것이다. 원원종·원종·보급종을 우량종자라고 한다.

47 노포크식 윤작법(Norfolk System of Rotation)은 1730년 영국의 Norfolk 지방에서 발생한 윤작방식으로, 식량과 가축의 사료를 생산하면서 지력을 유지하고 중경효과(中耕效果)까지 얻기 위하여 적합한 작물을 조합하여 재배한다.

구 분	밀(식량)	순무(사료, 중경)	보리(사료)	클로버(사료, 녹비)
지 력	수 탈	증강(다비)	수 탈	증강(질소고정)
잡 초	증 가	경감(중경)	증 가	경감(피복)

48 연풍의 효과 : 증산 및 양분 흡수의 조장, 병해의 경감, 광합성의 조장, 수정·결실의 조장 등

49 퇴비의 검사방법
- 관능적 방법 : 수분함량, 형태, 색, 냄새, 촉감에 의한 구분
- 화학적 방법 : 탄질률에 의한 방법으로 퇴비의 부숙은 탄질률이 20 이하일 때 완숙됨
- 생물학적 방법 : 지렁이법, 종자 발아시험법 등

50 유기농산물 재배방법
- 화학비료와 유기합성농약을 일체 사용하지 아니하여야 한다.
- 가축분뇨를 원료로 하는 퇴비·액비(가축분뇨퇴·액비는 유기농축산물·무항생제 축산물 인증 농장에서 유래된 것만 사용할 수 있으며, 완전히 부숙시켜서 사용하되, 과다한 사용, 유실 및 용탈 등으로 인하여 환경오염을 유발하지 않도록 하여야 한다.

52
- 유기태질소의 무기화 : 논토양에는 벼가 그대로 이용할 수 없는 유기태질소가 많으며, 적당한 처리를 하면 유기태질소의 무기화가 촉진되어 다량의 암모니아가 생성되는데, 이를 잠재지력(潛在地力)이라고 한다.
- 토양이 건조하면 토양유기물은 그 성질이 변하여 미생물이 분해하기 쉬운 상태로 된다. 여기에 가수(加水)하면 미생물의 활동이 촉진되어 다량의 암모니아가 생성되는데, 이를 건토효과(乾土效果)라고 한다.

53 식물체 내의 탄수화물과 질소의 비율
톱밥 > 볏짚 > 미숙퇴비 > 발효우분

54 유전자변형농산물 및 유전자변형농산물 유래의 원료를 사용할 수 없다.

55 윤작의 효과 : 지력의 유지·증강, 토양 보호, 기지의 회피, 병충해·토양선충의 경감, 잡초의 경감, 수확량의 증대, 토지이용도의 향상, 노력분배의 합리화, 농업경영의 안정성 증대 등

56 수량을 증대하고 품질을 향상시키며 내병충·내재해성 등을 높여 수확의 안정성을 높이고 경영의 합리화를 도출하여 농업수입을 증대시킬 수 있다.

57 과수원의 토양관리
- 청경법 : 과수원의 토양에 풀이 자라지 않도록 깨끗하게 김을 매주는 방법
- 초생법 : 과수원의 토양을 풀이나 목초로 피복하는 방법
- 부초법 : 과수원의 토양을 짚이나 다른 피복물로 덮어주는 방법

58 유기축산물의 사육장 및 사육조건(친환경농축산물 및 유기식품 등의 인증에 관한 세부실시요령 [별표 1])
- 번식돈은 임신 말기 또는 포유기간을 제외하고는 군사를 하여야 하고, 자돈 및 육성돈은 케이지에서 사육하지 아니할 것. 다만, 자돈 압사 방지를 위하여 포유기간에는 모돈과 조기에 젖을 뗀 자돈의 생체중이 25kg까지는 케이지에서 사육할 수 있다.
- 가금은 개방조건에서 사육되어야 하고, 기후조건이 허용하는 한 야외 방목장에 접근이 가능하여야 하며, 케이지에서 사육하지 아니할 것

59 가축질병 방지를 위한 적절한 조치를 취했음에도 불구하고 질병이 발생한 경우 수의사의 처방에 의하여 질병을 치료할 수 있다. 이 경우 동물용의약품을 사용한 가축은 해당 약품 휴약 기간의 2배가 지나야만 유기축산물로 인정할 수 있다.

60 ① 윤작은 한 토지에 두 가지 이상의 다른 작물들을 순서에 따라 주기적으로 재배하는 것으로, 돌려짓기라고도 한다.
② 답전윤환은 논 또는 밭을 논상태와 밭상태로 몇 해씩 번갈아 가며 재배하는 방식으로, 연작장해를 막기 위해 사용된다.
③ 간작은 한 가지 작물이 생육하고 있는 조간(고랑 사이)에 다른 작물을 재배하는 것으로, 사이짓기라고도 한다.
④ 교호작은 생육기간이 비등한 두 가지 이상의 작물을 일정한 이랑씩 서로 건너서 재배하는 것으로, 번갈아짓기라고도 한다.

제3회 과년도 기출문제												p 145 ~ 152		
01	02	03	04	05	06	07	08	09	10	11	12	13	14	15
①	②	②	③	①	①	④	①	③	①	③	③	①	③	①
16	17	18	19	20	21	22	23	24	25	26	27	28	29	30
②	①	①	②	④	③	④	③	①	④	①	①	①	①	④
31	32	33	34	35	36	37	38	39	40	41	42	43	44	45
③	③	④	②	①	②	②	②	③	③	②	③	①	④	④
46	47	48	49	50	51	52	53	54	55	56	57	58	59	60
①	①	②	②	①	②	①	②	②	④	②	③	③	③	③

01 연풍의 이점
- 증산 및 양분 흡수의 조장
- 병해의 예방
- 광합성의 조장
- 수정·결실의 조장
- 그밖에 부중의 기온·지온을 낮추고, 봄·가을에는 서리를 막으며, 수확물의 건조를 촉진

03 잡초의 예방
- 윤작 : 윤작을 하여 다른 작물을 이어서 심거나, 논 상태와 밭 상태가 교환되면 잡초의 발생이 적어진다.
- 방목 : 작물을 수확한 뒤에 방목하면 잡초의 재생력이 목초만 못한 경우가 많으므로 잡초가 억압된다.
- 소각 및 소토 : 화전을 일굴 때에 소각하면 잡초씨도 많이 소멸한다. 상토를 소독하기 위하여 소토할 때에도 잡초씨가 사멸한다.
- 경운 : 땅을 충분히 갈아 잡초를 죽이거나 발아를 억제한다.
- 피복 : 풀·짚 또는 플라스틱 필름으로 포장을 피복하면 잡초의 발생을 경감시키는 효과도 있다.
- 관개 : 밭두렁을 높게 쌓고서 깊게 관개하면 밭의 잡초를 없앨 수 있다.
잡초의 제거
- 기계적 제초 : 맨손으로 잡초를 뽑거나, 호미·괭이·낫·중경기 등을 사용해서 잡초를 제거한다.
- 화학적 제초 : 화학 약품을 사용해서 잡초를 고사케 하는 방법이며, 제초용으로 사용되는 화학 약품을 제초제라 부르고 있다.

04 버널리제이션
- 식물체가 생육의 일정 시기(주로 초기)에 저온에 의하여 화성, 즉 화아의 분화·발육이 유도·촉진되거나, 또는 생육의 일정 시기에 일정 기간 인위적인 저온에 의해서 화성이 유도·촉진하는 것
- 종자 버널리제이션 : 최아 종자의 시기에 버널리제이션을 하는 것 → 추파맥류, 완두, 잠두, 봄무 등
- 녹체 버널리제이션 : 식물이 일정한 크기에 달한 녹체기에 버널리제이션을 하는 것 → 양배추, 히요스 등

05
- 질산태질소는 토양입자에 잘 흡착되지 않아 유실되기 쉽다.
- 암모니아태질소는 토양입자에 잘 흡착되어 유실이 적다.
- 비료에 들어있는 인산의 형태는 무기화합물인 무기태와 유기화합물인 유기태로 크게 나누며 식물의 뿌리를 통하여 흡수되는 인산은 $H_2PO_4^-$와 PO_4^-의 형태이다.

06 저온성 작물 : 가을에 파종하는 밀이나 보리, 상추, 배추 등과 같이 비교적 저온에서 잘 자라는 작물

07 화본과 목초인 피, 수수, 옥수수 등은 침수에 강하고, 두(豆)과 작물 및 채소류가 침수에 약하다.

08 농업의 형태
- 포경농업 : 유축농업 또는 혼동농업과 비슷한 뜻으로, 식량과 사료를 서로 균형 있게 생산하는 농업
- 곡경농업 : 벼・밀・옥수수 등의 곡류가 넓은 지대에 걸쳐 재배되는 농업형태. 매년 같은 작물이 이어짓기되는 것이 특징
- 원경농업 : 작은 면적의 농경지를 집약적으로 경영하여 단위면적당 채소, 과수 등의 수확량을 많게 하는 농업 형태
- 소경농업 : 문화가 발달되기 이전의 농업 형태로서 쟁기나 가축을 이용하지 않은 것은 물론, 비료를 사용하지 않았고 지력의 소모가 빠른 만큼 새로운 토지를 찾아서 옮기는 이른바 약탈농법

09 농업과학연구원에서 개발한 난황유는 유채기름(채종유, 카놀라유)이나 해바라기유 등 식용유를 계란노른자로 유화시킨 것으로, 가정에서 직접 제조하여 각종 식물에 발생하는 흰가루병과 노균병 및 응애 등의 예방과 목적으로 활용하는 병해충 관리자재이다.

10 가장 보편적으로 이용되고 있는 작물 분류법의 근거는 용도이며, 작물은 용도에 따라 식용(식량)작물, 공예(특용)작물, 사료작물, 녹비(비료)작물, 원예작물 등으로 분류한다.

11 녹색식물은 빛을 받아서 엽록소를 형성하고 광합성을 수행하여 유기물을 생성한다. 광합성에는 675nm을 중심으로 한 650~700nm의 적색부분과 450nm을 중심으로 한 400~500nm의 청색 부분이 가장 효과적이다. 자외선 같이 짧은 파장의 빛은 식물의 신장을 억제시킨다.

12 주요 작물 종자의 파종량

작 물	10a당 파종량
맥 류	10~20L
팥	5~7L
당 근	800mL
오 이	200mL(육묘)~300mL(직파)

13 도복의 유발 조건
- 품종 : 키가 크고 대가 약한 품종일수록 도복이 심하다.
- 재배조건 : 대를 약하게 하는 재배조건은 도복을 조장한다. 밀식・질소다용・칼륨부족・규산부족 등은 도복을 유발한다.
- 병충해 : 벼에 잎집무늬마름병의 발생, 가을멸구의 발생이 많으면 대가 약해져서 도복이 심해진다.
- 환경조건 : 도복의 위험기에 비가 와서 식물체가 무거워지고, 토양이 젖어서 뿌리를 고정하는 힘이 약해졌을 때 강한 바람이 불면 도복이 유발된다.

14 농경의 발상지
- 큰 강의 유역 : 중국의 황하나 양자강 유역, 메소포타미아의 유프라테스강 유역 및 이집트의 나일강 유역 등
- 산간부 : 멕시코의 농업은 산간부로부터 시작하여 점차 평야부로 전파됨
- 해안지대 : 북부 유럽의 일부 해안 지대와 일본의 해안 지대 등

15
- 선종(종자고르기) : 파종 전의 종자 처리로 육안, 체적, 중량, 비중에 의한 선별
- 월동작물 : 추파, 여름작물 : 춘파
- 벼 감광성 : 만파만식, 벼 감온성・기본영양생장성 : 조파조식
- 추파성 높음 : 조파, 추파성 낮음 : 만파
- 파종량 : 수량・품질을 최상으로 보장하는 파종량이 가장 알맞다. 파종량을 결정할 때에는 작물의 종류 및 품종, 종자의 크기, 파종기, 재배지역, 재배법, 토양 및 시비, 종자의 조건 등을 고려한다.

16 모관수는 표면장력에 의하여 토양 공극 내에서 중력에 저항하여 유지되는 수분으로, 모관 현상에 의해서 지하수가 모관공극을 상승하여 공급된다. pF.2.7~4.5로서 작물이 주로 이용하는 수분이다.

17
- 벼의 수광태세를 높일 수 있는 초형
- 키가 너무 크거나 작지 않아야 한다.
- 분얼은 약간 벌어지는 것이 좋다.
- 잎은 너무 얇지 않고 약간 가늘며, 곧게 선다.
- 잎이 골고루 분포한다.

18 건물 1g을 생산하는 데 소요되는 수분량(g)을 그 작물의 요수량이라고 한다. 요수량과 비슷한 의미로 증산계수가 있는데, 이것은 건물 1g을 생산하는 데 소비된 증산량을 말한다.

19 저장 중에 종자가 발아력을 상실하는 원인은 원형질단백의 응고, 효소의 활력저하, 저장양분의 소모 등이 관련한다.

20 공기습도
- 공기습도가 높지 않고 적당히 건조해야 증산이 조장되며 양분 흡수가 촉진되어 생육에 좋다. 그러나 과도한 건조는 불필요한 증산을 하여 한해를 유발한다.
- 공기가 과습하면 증산이 적어지고 병균의 발달을 조장하며, 식물체의 기계적 조직이 약해져서 병해・도복을 유발한다.

21 특이 산성논
- 우리나라에는 특이 산성논의 면적이 많지는 않으나 낙동강 하구 언저리의 배수가 불량한 토양과 새로 경지 정리를 한 퇴화 염토에는 황성분이 많아서 토양이 건조하게 되면 산화로 황산이 생겨 토양 산도가 3.5 이하로 떨어지게 되므로 작물 재배가 불가능하게 된다.
- 이러한 토양은 산성이 강하므로 알루미늄이 많고 환원이 심하다.
- 양분 흡수 저해 물질이 많아 생성되므로 소석회나 규산을 충분히 사용하고 칼륨질 비료를 표층은 산화층에 여러 번 나누어 사용하면 효과적이지만 근본적으로는 배수 시설을 하여 표층 내의 황의 함량을 낮추는 것이 중요하다.

22
- 이탄토 : 지하 1m 이하의 얕은 곳에 미분해된 이탄층은 지표부분에서는 분해가 진척되어 토양화된 것이다. 보통 표토에서도 50% 이상의 유기물 함유율을 나타내어 농업생산력은 낮다.
- 붕적토 : 붕적물에서 발달한 토양의 모재는 대개 굵고 거친 암석질이며 화학적인 것보다 물리적 풍화를 더 많이 받은 것이며, 그 분포는 일부 지역에 한하는 경우가 많고, 농경에 적당하지 못한 것이 많다.

23 포장용수량
- 최대 용수량 상태에서 중력수가 완전히 제거된 후 남아 있는 수분 함량이다.
- 수분이 포화된 상태의 토양에서 증발을 방지하면서 중력수를 완전히 배제하고 남은 수분상태를 포장용수량이라고 하며, pF는 2.5~2.7(1/3~1/2기압)이다. 포장용수량은 최소용수량이라고도 한다. 지하수위가 낮고 투수성이 중간인 포장에서 강우 또는 관개 후 만 1일쯤의 수분상태가 이에 해당한다. 포장용수량 이상은 중력수로서 오히려 토양통기를 저해하여 작물 생육에 이롭지 못하다.

24 사상균
- 균사에 의하여 발육하는 곰팡이류의 대부분이 이에 속하며, 균사의 평균 지름은 5μm 정도이다.
- 호기성이며, 산성・중성・알칼리성의 어떠한 반응에서도 잘 생육하지만, 특히 세균이나 방사상균이 생육하지 못하는 산성에서도 잘 생육한다.
- 산성에 대한 저항력이 강하기 때문에 산성 토양 중에서 일어나는 화학 변화를 주도한다.
- 세균에 비하여 보다 많은 질소와 탄수화물을 섭취・분해하여 보다 적은 이산화탄소와 암모니아를 분해 부산물로 만들기 때문에 부식 생성 면에서 오히려 세균보다 우수하다.

25 규산 함량에 따른 분류
- 산성암 : 화강암, 유문암(65~75%)
- 중성암 : 섬록암, 안삼암(55~65%)
- 염기성암 : 반려암, 현무암(40~55%)

26 잠시적 전하(pH 의존전하) : 점토의 음전하 생성원인은 동형 치환·변두리 전하에 의한 영구적 전하 외에도 토양 용액의 pH 변화에 의해서도 일어난다. 즉, 토양 용액에 H^+이온이나 OH^-이온 또는 이 이온들을 증감시킬 수 있는 물질의 첨가에 의해서 점토광물은 하전량이 변화된다.

27 부식은 유기물 분해 잔사로 양성적 성질을 가지나 일반적으로 그 표면에 카르복실기(-COOH), 페놀성 수산기 등이 노출되어 양이온을 흡착한다.

28 광산 폐수는 카드뮴, 구리, 납, 아연 등의 중금속 오염원이다.
- 질소 : 농약, 화학비료, 가축의 분뇨 등
- 인산 : 생활하수(합성세제 등)

29 점토나 부식은 입자가 잘고, 입경이 $1\mu m$ 이하이며, 특히 $0.1\mu m$ 이하의 입자는 교질(膠質 ; Colloid)로 되어 있다. 교질입자는 보통 음전하를 띠고 있어 양이온을 흡착한다. 토양 중에 교질입자가 많으면 치환성 양이온을 흡착하는 힘이 강해진다.

30 염류화 작용(알칼리화 작용) : 토양 교질물의 Na 포화도가 높아지는 것이며, 이러한 복합체는 분산되어 부식물은 토양이 암흑색을 띠게 하며 pH는 높아진다. 이러한 과정으로 생성된 토양을 흑색알칼리토라 한다.

31 토양색의 표시 : 토양의 색의 객관적이고 미세한 차이를 확실히 구별하여 나타내기 위해 숫자와 기호로써 세분된 Munsell 컬러차트를 사용하는데, 이 표시법에서는 물체의 색을 색상, 명도, 채도의 3속성을 조합하여 나타낸다.
토양의 색에 영향을 끼치는 주요한 요인
- 토양의 구성 암석 및 광물의 종류
  - 조암광물 가운데 흑운모, 휘석, 각섬석, 전기석, 가란석, 자철광 등에는 Fe이 들어 있으며 초록색으로부터 흑색에 이르는 여러 가지 색을 띠고, 이들이 풍화되면 환경에 따라 다르나 황색 내지 적색을 띠게 된다.
  - 열대 지방 토양은 산화철 광물이 풍부하기 때문에 적색을 띤다.
- 유기물 함량 : 온난 지역의 토양은 고도로 분해된 유기물 때문에 어두운 색을 띤다.
- 수분 함량 및 배수성
  - 토양의 배수가 나쁘면 많은 유기물이 표층에 집적되어 토양의 색이 어둡게 된다.
  - 반대로 유기물이 적은 하층토는 밝은 회색을 띠어 배수가 불량함을 나타낸다.
  - 배수가 중간 정도이면 하층토의 회색에는 황색의 반문이 섞이게 된다.

32 습 답
- 물 빠짐이 나쁘고 지하 수위가 높아 항상 물에 잠긴 상태로 있는 논으로서, 산소 부족으로 벼 뿌리의 발달이 좋지 못하고 지력이 약하다.
- 습답에는 미숙유기물이 집적되는데, 환원상태이므로 유기물이 혐기적으로 분해하여 유기산을 생성하나 투수가 적어, 작토 중에 유기산이 집적되어 뿌리의 생장과 흡수작용에 장해를 준다.
- 한여름 고온기에는 유기물 분해가 왕성하여 심한 환원상태를 이루고, 황화수소 등의 유해한 환원성 물질이 생성·집적되어 뿌리가 상한다. 또한, 지온 상승효과로 인해 지력질소가 공급되므로 벼는 생육후기에 질소과다가 되어 병해·도복·추락현상이 유발된다.
- 습답인 경우에는 물 걸러대기가 거의 불가능하기 때문에 미숙유기물 시용을 금하는 등 근본적 대책이 필요하며, 암거배수 등을 꾀하여 투수를 좋게 하고 유해물질을 배제해야 한다.

33
- 퇴구비·녹비 등 유기물의 시용, 규회석·탄산석회·소석회 등 석회질 물질을 시용하여 입단화를 증가시킨다.
- 경사지에 작물을 재배하려면 등고선을 따라 심는 등고선 재배를 하는 것이 좋으며, 위아래로 줄을 만들어 심는 상하경 재배는 침식에 의한 피해가 증가하므로 피해야 한다. 그 밖에 중간에 풀을 키우는 초생대 재배, 경사지를 계단 모양으로 깎아 심는 계단식 재배, 자갈대나 물도랑 설치, 퇴비 사용 등으로 침식을 방지할 수 있다.

34 토양온도의 역할
- 식물과 미생물의 활동과 생육
- 토양형을 결정하는 기상조건
- 종자의 발아
- 토양통기
- 토양수분의 이동
- 식물양분의 화학적 형태 변화
※ 토양온도의 변동
- 토양온도는 1일 중 또는 계절과 위치에 따라 특징 있는 변동을 보인다.
- 토양온도의 변동은 토양 표면에서 가장 크며, 깊을수록 줄어들고 약 3m 이하에서는 거의 일정하다.
- 15cm 이하의 토양에서는 1일 중 온도의 변화가 거의 없다.

35 토양유기물의 기능 : 암석의 분해 촉진, 양분의 공급, 대기 중의 이산화탄소 공급, 생장 촉진 물질의 생성, 입단의 형성, 보수·보비력의 증대, 완충능의 증대, 미생물의 번식 조장, 지온의 상승, 토양보호

37 담수조건하 작토(경작지의 표토)의 환원층에서는 철분·망간이 환원되어 녹기 쉬운 형태가 되는데, 이들이 침투수를 따라 내려가 심토의 산화층에 도달하면 다시 산화상태가 되어 축적된다. 이러한 논토양의 노후화 작용으로 논의 작토층에는 철분과 망간, 기타 성분이 결핍되게 된다.

38 개간지 토양의 특성
- 물리적 특성 : 토양침식이 크다. 표층이 얇고 공극률이 낮다. 고상비율이 크다. 경토의 가비중이 크다. 보수력이 낮다. 토성은 사질인 경우가 많다. 경도가 커서 경운이 어렵다. 유효심토가 낮아 작물 생육이 어렵다.
- 화학적 특성 : Al과 Fe의 함량이 높은 산성토양이다. 유기물함량이 낮다. 유효인산의 함량이 매우 낮아 인산의 흡수계수가 높으므로 더 많은 인산을 요구한다. 치환성염기의 함량이 낮아 염기포화도가 작다. 토양의 완충능도 작다.

40 토성 : 토양입자의 성질에 따라 구분한 토양의 종류를 토성이라고 한다. 보통은 점토 함량뿐만 아니라 미사(微砂)·세사(細砂)·조사(粗砂)의 함량도 고려하여 토성을 더 세분하고 있다.

41 규소는 표피조직의 세포막에 침전해서 규질화를 이루어 병에 대한 저항성을 높이고, 잎을 꼿꼿하게 세워 수광태세를 좋게 하며, 증산을 경감하여 한해를 줄이는 효과가 있다.

43 심경(깊이갈이)시기 : 나무뿌리가 끊기는 피해를 최소한으로 줄여야 하므로 생육이 왕성한 시기를 제외하고는 계절에 관계없이 실시할 수 있으나 안전한 시기는 나무의 생육이 정지되는 휴면기에 실시하는 것이 적합하며 낙엽이 지면서부터 흙이 얼기 전까지와 해빙 후 곧바로 실시해야 한다.

44 종자갱신은 우량품종의 퇴화를 막기 위한 조치로서, 주요 농작물의 품종 중 우수한 것으로 인정되어 장려품종으로 결정된 것은 국가사업으로 퇴화를 방지하면서 체계적으로 증식시켜 농가에 보급하고 있다.

45 자식성 작물의 육종방법
- 순계선발 : 재래종 집단에서 우량한 유전자형을 분리하여 품종으로 육성하는 것
- 교배육종 : 재래종 집단에서 우량한 유전자형을 선발할 수 없을 때, 인공교배로 새로운 유전변이를 만들어 신품종을 육성하는 것
- 여교잡육종 : 우량품종에 한두 가지 결점이 있을 때 이를 보완하는 데 효과적인 육종방법으로, 여교배는 양친 A와 B를 교배한 F₁을 양친 중 어느 하나와 다시 교배하는 것이다.
  ※ 타식성 작물의 육종방법 - 합성품종 : 여러 개의 우량계통(보통 5~6개의 자식계통을 사용함)을 격리포장에서 자연수분 또는 인공 수분으로 다계교배(多系交配 ; Polycross - 여러 개의 품종이나 계통을 교배)하는 것

46 봉지씌우기를 하면 검은무늬병(배)·탄저병(사과·포도)·흑점병(사과)·심식나방·흡즙성 밤나방 등의 병충해가 방제되고, 외관이 좋아지며, 사과 등은 열과가 방지된다. 또한, 농약이 직접 과실이 부착되지 않아 상품성이 높아진다.

47
- 잎을 가해하는 해충 : 굴나방
- 과실을 가해하는 해충 : 복숭아심식나방, 복숭아명나방

48 총 가소화 영양분(TDN, Total Digestible Nutrients) : 사료가 가축 등의 대사작용에 의해 이용되는 에너지를 가리키는 단위

49 N(22%) : 25 × 22/100 = 5.5kg

51 벼의 일생
영양생장기[유묘기-이식기(이앙기)-활착기-유효분얼기-무효분얼기] → 생식생장기[유수형성기-감수분열기-수잉기-유숙기-호숙기-황숙기-성숙기]

52 친환경농업을 영위하는 과정에서 생산된 농산물을 친환경농산물이라 하며 그 생산방법과 사용자재 등에 따라 유기농산물과 무농약농산물(축산물의 경우 무항생제축산물)로 분류한다.

53 비단백태질소(NPN, Nonprotein Nitrogen)

54 도복 : 화곡류·두류 등이 등숙기에 들어 비바람으로 인해 쓰러지는 것을 도복이라고 한다. 도복이 되면 잎이 헝클어져서 광합성이 감퇴하고, 줄기와 잎이 꺾여 동화양분의 전류가 저해되며, 줄기와 잎에 상처가 나서 양분의 호흡소모가 많아지므로 등숙이 나빠져서 수량이 감소되며, 부패립이 생기면 수량은 더욱 감소된다. 도복의 시기가 빠를수록 피해는 커진다.

55 지력의 증진요소
- 토성 : 토양을 구성하는 기계적 성분의 정조(精粗, 정밀함과 거침)에 따른 토양의 종류를 토성(土性)이라고 하는데, 작물의 생육에 알맞은 토성은 양토를 중심으로 한 사양토~식양토의 범위이다.
- 토양구조 : 토양구조는 입단구조가 조성될수록 좋다.
- 토층 : 토층은 작토가 깊고 양호해야 하며, 심토도 투수 및 통기가 알맞아야 한다.
- 토양반응 : 토양반응은 중성·약산성이 알맞다.
- 무기성분 : 필요한 무기성분이 풍부하고 균형 있게 함유되어 있어야 지력이 높다.
- 유기물 : 습답(濕畓)을 제외하고는 토양 중의 유기물 함량이 증대될수록 지력이 향상된다.
- 토양수분 및 토양공기 : 최적용수량 및 최적용기량을 유지할 때 작물 생육이 좋다.

- 유해물질 : 토양이 무기·유기의 유해물질에 의해서 오염되어 있지 않아야 한다.
  ※ 초생 재배법 : 목초·녹비 등을 나무 밑에 가꾸는 재배법으로 토양침식이 방지되고, 제초노력이 경감되며, 지력도 증진된다.

56 병에 대한 식물체의 대처
- 회피성 : 적극적 또는 소극적으로 식물 병원체의 활동기를 피하여 병에 걸리지 않는 성질
- 감수성(민감성) : 식물이 어떤 병에 걸리기 쉬운 성질
- 저항성 : 식물이 병원체의 작용을 억제하는 성질
- 면역성 : 식물이 전혀 어떤 병에 걸리지 않는 성질
- 내병성 : 감염되어도 실질적으로 피해를 적게 받는 성질

57 자연생태계와 농업생태계의 차이

특 성	자연생태계	농업생태계
종다양성	높다.	낮다.
안정성	높다.	낮다.
물질순환	폐쇄계	개방계
인간에 의한 제어	불필요	필 요

58 동물질을 먹는 것
- 육식성 : 다른 동물을 직접 먹는 것 → 물방개류, 물무당류
- 기생성 : 다른 곤충에 기생생활을 하는 것 → 기생벌, 기생파리
- 시식성 : 다른 동물의 시체를 먹는 것 → 딱정벌레목, 송장벌레과, 풍뎅이붙이과, 반날개과
- 포식성 : 살아 있는 곤충을 잡아 먹는 것 → 됫박벌레류(깍지벌레류, 진딧물류 포식), 꽃등애유충(진딧물 포식), 기타 말벌류, 사마귀류, 무당벌레 등

60 유기농업의 기본목적
- 가능한 한 폐쇄적인 농업시스템 속에서 적당한 것을 취하고, 지역 내 자원에 의존하는 것
- 장기적으로 토양 비옥도를 유지하는 것
- 현대 농업기술이 가져온 심각한 오염을 회피하는 것
- 영양가 높은 식품을 충분히 생산하는 것
- 농업에 화석연료의 사용을 최소화하는 것
- 전체 가축에 대하여 그 심리적 필요성과 윤리적 원칙에 적합한 사양 조건을 만들어 주는 것
- 농업 생산자에 대해서 정당한 보수를 받을 수 있도록 하는 것과 더불어 일에 대해 만족감을 느낄 수 있도록 하는 것
- 전체적으로 자연환경과의 관계에서 공생·보호적인 자세를 견지하는 것

작은 기회로부터 종종 위대한 업적이 시작된다.

– 데모스테네스 –

★ ☆ ★

5일 완성
유기농업기능사

☆ ★ ☆

5
일

과년도+최근
기출복원문제

※ 현재 기능사 시험은 CBT(컴퓨터 기반시험)로 진행되고 있어 수험자의 기억에 의해 문제를 복원하였으므로, 실제 시행문제와 일부 상이할 수 있음을 알려드립니다.

5일 완성
유기농업기능사

5일 | 제1회 과년도 기출복원문제

01 다음 토양의 pH가 산성토양인 것은?

① pH 5
② pH 7
③ pH 10
④ pH 9

02 다음 중 질소와 인산에 의한 토양의 오염원으로 가장 거리가 먼 것은?

① 축산폐수
② 공장폐수
③ 가정하수
④ 광산폐수

03 유기농산물을 생산하는 데 있어 올바른 잡초 제어법에 해당하지 않는 것은?

① 멀칭을 한다.
② 손으로 잡초를 뽑는다.
③ 화학 제초제를 사용한다.
④ 적절한 윤작을 통하여 잡초 생장을 억제한다.

04 다음 작물 중 일반적으로 배토를 실시하지 않는 것은?

① 파
② 감 자
③ 토 란
④ 상 추

05 다음 중 휴한지에 재배하면 지력의 유지·증진에 가장 효과가 있는 작물은?

① 밀
② 클로버
③ 보 리
④ 고구마

06 친환경농업이 태동하게 된 배경에 대한 설명으로 틀린 것은?

① 미국과 유럽 등 농업선진국은 세계의 농업정책을 소비와 교역 위주에서 증산 중심으로 전환하게 하는 견인 역할을 하고 있다.
② 국제적으로는 환경보전문제가 중요 쟁점으로 부각되고 있다.
③ 토양 양분의 불균형 문제가 발생하게 되었다.
④ 농업부분에 대한 국제적인 규제가 점차 강화되어 가고 있는 추세이다.

07 우리나라 산지토양(山地土壤)은 어느 것에 속하는가?

① 잔적토
② 충적토
③ 풍적토
④ 하성토

08 습답의 개량방법으로 적합하지 않은 것은?

① 암거배수를 한다.
② 유기물을 다량 시용한다.
③ 석회로 토양을 입단화한다.
④ 심경을 한다.

09 다음 중 도복방지에 효과적인 원소는?

① 질 소
② 마그네슘
③ 인
④ 아 연

10 다수성 품종을 육종하기 위하여 집단육종법을 적용하고자 한다. 이때 집단육종법의 장점으로 옳은 것은?

① 잡종강세가 강하게 나타남
② 선발개체 후대에서 분리가 적음
③ 각 세대별 유지하는 개체수가 적은 편임
④ 우량형질의 자연도태가 거의 없음

11 대기의 질소를 고정시켜 지력을 증진시키는 작물은?

① 화곡류
② 두 류
③ 근채류
④ 과채류

12 일반적으로 표토에 부식이 많으면 토양은 어떤 색을 띠는가?

① 암흑색
② 회백색
③ 적 색
④ 황적색

13 시설원예에서 이용되는 수막(Water Curtain)시설이란?

① 여름에 차광을 주목적으로 이용한다.
② 시설 내 공중습도 조절의 목적으로 이용된다.
③ 저온기 야간의 온실 보온장치의 일종이다.
④ 온실 냉방을 주된 목적으로 설치되는 장치이다.

14 다음 중 표토에 염류집적 피해가 일어날 가능성이 큰 토양은?

① 벼 논
② 사과 과수원
③ 인삼밭
④ 보리밭

15 지형을 고려하여 과수원을 조성하는 방법을 설명한 것으로 올바른 것은?

① 평탄지에 과수원을 조성하고자 할 때는 지하수위와 두둑을 낮추는 것이 유리하다.

② 경사지에 과수원을 조성하고자 할 때는 경사 각도를 낮추고 수평배수로를 설치하는 것이 유리하다.

③ 논에 과수원을 조성하고자 할 때는 경반층(硬盤層)을 확보하는 것이 유리하다.

④ 경사지에 과수원을 조성하고자 할 때는 재식열(栽植列) 또는 중간의 작업로를 따라 집수구(集水溝)를 설치하는 것이 유리하다.

16 작물이 최초에 발상하였던 지역을 그 작물의 기원지라 한다. 다음 작물 중 기원지가 우리나라인 것은?

① 벼

② 참 깨

③ 수 박

④ 인 삼

17 빛과 작물의 생리작용에 대한 설명으로 틀린 것은?

① 광이 조사(照射)되면 온도가 상승하여 증산이 조장된다.

② 광합성에 의하여 호흡기질이 생성된다.

③ 식물의 한쪽에 광을 조사하면 반대쪽의 옥신 농도가 낮아진다.

④ 녹색식물은 광을 받으면 엽록소 생성이 촉진된다.

18 다음 토양소동물 중 가장 많은 수로 존재 하면서 작물의 뿌리에 크게 피해를 입히는 것은?

① 지렁이

② 선 충

③ 개 미

④ 톡토기

19 병충해 방제방법 중 경종적 방제법으로 옳은 것은?

① 벼의 경우 보온육묘한다.

② 풀잠자리를 사육하면 진딧물을 방제한다.

③ 이병된 개체는 소각한다.

④ 맥류 깜부기병을 방제하기 위해 냉수온탕침법을 실시한다.

20 토양의 CEC란 무엇을 뜻하는가?

① 토양 유기물용량

② 토양 산도

③ 양이온교환용량

④ 토양수분

21 작물의 분류방법 중 식용작물, 공예작물, 약용작물, 기호작물, 사료작물 등으로 분류하는 것은?

① 식물학적 분류

② 생태적 분류

③ 용도에 따른 분류

④ 작부방식에 따른 분류

22 근권에서 식물과 공생하는 Mycorrhizae(균근)는 식물체에게 특히 무슨 성분의 흡수를 증가시키는가?

① 산 소

② 질 소

③ 인 산

④ 칼 슘

23 노후화답의 특징이 아닌 것은?

① 작토층의 철은 미생물에 의해 환원되어 Fe^{2+}로 되어 용탈한다.
② 작토층 아래층의 철과 망간은 산화되어 용해도가 감소되어 Fe^{3+}와 Mn^{4+}형태로 침전한다.
③ 황화수소(H_2S)가 발생한다.
④ 규산 함량이 증가된다.

24 토양 pH의 중요성이라고 볼 수 없는 것은?

① 토양 pH는 무기성분의 용해도에 영향을 끼친다.
② 토양 pH가 강산성이 되면 Al과 Mn이 용출되어 이들 농도가 높아진다.
③ 토양 pH가 강알칼리성이 되면 작물 생육에 불리하지 않다.
④ 토양 pH가 중성 부근에서 식물양분의 흡수가 용이하다.

25 기지현상의 대책으로 옳지 않은 것은?

① 토양 소독을 한다.
② 연작한다.
③ 담수한다.
④ 새 흙으로 객토한다.

26 과수 묘목을 깊게 심었을 때 나타나는 직접적인 영향으로 옳은 것은?

① 착과가 빠르다.
② 뿌리가 건조하기 쉽다.
③ 뿌리의 발육이 나쁘다.
④ 병충해의 피해가 심하다.

27 다음 중 2:2 규칙형 광물은?

① Kaolinite
② Allophane
③ Vermiculite
④ Chlorite

28 다음 중 연작에 가장 좋지 않은 것은?

① 참 외
② 콩
③ 오 이
④ 수 박

29 대기조성과 작물에 대한 설명으로 틀린 것은?

① 대기 중 질소(N_2)가 가장 많은 함량을 차지한다.
② 대기 중 질소는 콩과 작물의 근류균에 의해 고정되기도 한다.
③ 대기 중의 이산화탄소 농도는 작물이 광합성을 수행하기에 충분한 과포화상태이다.
④ 산소농도가 극히 낮아지거나 90% 이상이 되면 작물의 호흡에 지장이 생긴다.

30 우리나라에서 유기농업발전기획단이 정부의 제도권 내로 진입한 연대는?

① 1970년대
② 1980년대
③ 1990년대
④ 2000년대

31 염해지 토양의 개량방법으로 가장 적절하지 않은 것은?

① 암거배수나 명거배수를 한다.
② 석회질 물질을 시용한다.
③ 전층 기계 경운을 수시로 실시하여 토양의 물리성을 개선시킨다.
④ 건조시기에 물을 대줄 수 없는 곳에서는 생짚이나 청초를 부초로 하여 표층에 깔아주어 수분증발을 막아준다.

32 다음 중 작물의 요수량이 가장 큰 것은?

① 옥수수
② 클로버
③ 보 리
④ 기 장

33 토양을 구성하는 주요 점토광물은 결정격자형에 따라 그 형태가 다르다. 다음 중 1 : 1형(비팽창형)에 속하는 점토광물은?

① Illite
② Montmorillonite
③ Kaolinite
④ Vermiculite

34 화성 유도에 관여하는 요인으로 부적절한 것은?

① 광
② 수 분
③ 온 도
④ C/N율

35 경사지에서 수식성 작물을 재배할 때 등고선으로 일정한 간격을 두고 적당한 폭의 목초대를 두어 토양침식을 크게 덜 수 있는 방법은?

① 조림재배
② 초생재배
③ 단구식재배
④ 대상재배

36 식물의 일장효과(日長效果)에 대한 설명으로 틀린 것은?

① 모시풀은 자웅동주식물인데 일장에 따라서 성의 표현이 달라지며, 14시간 일장에서는 완전자성(암꽃)이 된다.
② 콩 등의 단일식물이 장일 하에 놓이면 영양생장이 계속되어 거대형이 된다.
③ 고구마의 덩이뿌리는 단일조건에서 발육이 조장된다.
④ 콩의 결협 및 등숙은 단일조건에서 조장된다.

37 유기재배용 종자 선정시 사용이 절대 금지된 것은?

① 내병성이 강한 품종
② 유전자변형 품종
③ 유기재배된 종자
④ 일반종자

38 토양침식을 방지하는 대책으로 가장 적절하지 않은 것은?

① 나트륨이 많이 포함된 비료를 시용하여 입단화를 증가시킨다.
② 부초(敷草)법 및 간작을 통하여 경작지의 나지기간을 최대한 단축시킨다.
③ 토양부식을 증가시켜 토양 입단구조 형성이 잘 되게 한다.
④ 경사지에서는 유거수의 조절을 위하여 등고선 재배법을 도입한다.

39 다음 중 점토질 토양의 특징이 아닌 것은?

① 함수율이 높다.
② 유기물 분해력이 빠르다.
③ 바람의 저항도가 강하다.
④ 쉽게 응집된다.

40 멀칭에 대한 설명으로 거리가 먼 것은?

① 잡초를 방제하는 데에는 빛이 잘 투과하지 않는 흑색 플라스틱필름, 종이, 짚 등이 효과가 있다.
② 지온이 높아서 작물 생육에 장애가 될 경우에는 빛이 잘 투과하지 않는 자재로 멀칭을 하면 지온을 낮출 수 있다.
③ 알루미늄을 입힌 필름을 멀칭하면 열매 채소와 과일의 착색을 방해하므로 투명한 자재로 멀칭한다.
④ 지온이 낮은 곳에 씨를 뿌릴 때 투명한 플라스틱필름을 사용하면 지온을 높여 발아에 도움이 된다.

41 용도에 따른 작물의 분류로 틀린 것은?

① 식용작물 – 벼, 보리, 밀
② 공예작물 – 옥수수, 녹두, 메밀
③ 사료작물 – 호밀, 순무, 돼지감자
④ 원예작물 – 배, 오이, 장미

42 다음 유기농업이 추구하는 내용에 관한 설명으로 거리가 먼 것은?

① 환경생태계의 보호
② 생물학적 생산성의 최적화
③ 멸종위기종의 보호
④ 토양 쇠퇴와 유실의 최소화

43 유기 벼 종자의 발아에 필수조건이 아닌 것은?

① 산 소
② 온 도
③ 광 선
④ 수 분

44 생물적 풍화작용에 해당하는 설명으로 옳은 것은?

① 암석광물은 공기 중의 산소에 의해 산화되어 풍화작용이 진행된다.
② 미생물은 황화물을 산화하여 황산을 생성하고 이는 암석의 분해를 촉진한다.
③ 산화철은 수화작용을 받으면 침철광이 된다.
④ 정장석이 가수분해 작용을 받으면 점토가 된다.

45 복교배양식의 기호표시로 올바른 것은?

① $A \times B$
② $(A \times B) \times A$
③ $(A \times B) \times C$
④ $(A \times B) \times (C \times D)$

46 균근(Mycorrhizae)이 숙주식물에 공생함으로서 식물이 얻는 유익한 점과 가장 거리가 먼 것은?

① 내건성을 증대시킨다.
② 병원균 감염을 막아 준다.
③ 잡초발생을 억제한다.
④ 뿌리의 유효면적을 증가시킨다.

47 품종의 특성 유지방법이 아닌 것은?

① 영양번식에 의한 보존재배
② 격리재배
③ 원원종재배
④ 집단재배

48 뿌리를 항상 양액 속에 담근 채로 재배하는 양액재배는?

① 분무경
② 분무 수경
③ 담액 수경
④ 고형 배지경

49 유기재배 과수의 토양표면 관리법으로 가장 거리가 먼 것은?

① 청경법
② 초생법
③ 부초법
④ 플라스틱 멀칭법

50 유기농업에서의 병해충 방제를 위한 방법으로써 가장 거리가 먼 것은?

① 저항성 품종 이용
② 화학합성농약 이용
③ 천적 이용
④ 담배잎 추출액 사용

51 충해 종합관리를 나타내는 용어는?

① GAP
② INM
③ IPM
④ NPN

52 예방관리에도 불구하고 가축의 질병이 발생한 경우 수의사의 처방하에 질병을 치료할 수 있다. 이 경우 동물용 의약품을 사용한 가축은 해당 약품 휴약기간의 최소 몇 배가 지나야만 유기축산물로 인정할 수 있는가?

① 2배
② 3배
③ 4배
④ 5배

53 장일식물에 대한 설명으로 옳은 것은?

① 장일상태에서 화성이 저해된다.
② 장일상태에서 화성이 유도・촉진된다.
③ 8~10시간의 조명에서 화성이 유도・촉진된다.
④ 한계일장은 장일 측에, 최적일장과 유도일장의 주체는 단일 측에 있다.

54 산성토양의 개량 및 재배 대책방법이 아닌 것은?

① 내산성 작물 재배
② 붕소 시용
③ 용성인비 시용
④ 적황색토 객토

55 다음 중 경사지의 토양유실을 줄이기 위한 재배방법 중 가장 적당하지 않은 것은?

① 등고선 재배
② 초생대 재배
③ 부초 재배
④ 경운 재배

56 피복작물에 의한 토양 보전효과로 볼 수 있는 것은?

① 토양의 유실 증가
② 토양의 투수력 감소
③ 빗방울의 토양 타격강도 증가
④ 유거수량의 감소

57 다음 중 IFOAM이란?

① 국제유기농업운동연맹
② 무역의 기술적 장애에 관한 협정
③ 위생식품검역 적용에 관한 협정
④ 국제유기식품규정

58 Illite는 2：1격자광물이나 비팽창형 광물이다. 이는 결정단위 사이에 어떤 원소가 음전하의 부족한 양을 채우기 위하여 고정되어 있기 때문인데 그 원소는?

① Si
② Mg
③ Al
④ K

59 계단 경작은 어떤 경우에 실시하는가?

① 경사 3° 이상
② 경사 5° 이상
③ 경사 9° 이상
④ 경사 15° 이상

60 온실효과에 대한 설명으로 옳지 않은 것은?

① 시설농업으로 겨울철 채소를 생산하는 효과이다.
② 대기 중 탄산가스 농도가 높아져 대기의 온도가 높아지는 현상을 말한다.
③ 산업발달로 공장 및 자동차의 매연가스가 온실효과를 유발한다.
④ 온실효과가 지속된다면 생태계의 변화가 생긴다.

5일 | 제2회 과년도 기출복원문제

01 시설 지붕 위의 하중을 지탱하고, 왕도리와 중도리의 위에 걸치는 부재는?

① 샛기둥
② 서까래
③ 버팀대
④ 보

02 기원지로서 원산지를 파악하는데 근간이 되는 학설은 유전자 중심설이다. Vavilov의 작물의 기원지에 해당하지 않는 곳은?

① 지중해 연안
② 인도 · 동남아시아
③ 남부 아프리카
④ 코카서스 · 중동

03 토양의 입단형성에 도움이 되지 않는 것은?

① Ca 이온
② Na 이온
③ 유기물의 작용
④ 토양개량제의 작용

04 작물의 분화과정이 옳은 것은?

① 유전적 변이 → 고립 → 도태와 적응
② 유전적 변이 → 도태와 적응 → 고립
③ 도태와 적응 → 고립 → 유전적 변이
④ 도태와 적응 → 유전적 변이 → 고립

05 일반적인 온도와 작물 생육과의 관계를 설명한 내용 중 잘못된 것은?

① 종자의 발아나 뿌리의 생장에는 지온의 영향이 크고, 잎과 줄기가 커 가는 데에는 기온의 영향이 크다.
② 생육기간이 짧은 작물일수록 더 많은 적산온도를 필요로 한다.
③ 상추는 10~18℃ 정도로 비교적 낮은 온도를 좋아 하며 고온에서는 생육이 나쁘다.
④ 가을보리, 가을밀은 싹을 틔운 씨앗을 대체로 0~5℃의 저온에서 40~60일 정도 저온처리를 하면 춘화처리가 된다.

06 종자의 발아에 관한 설명으로 틀린 것은?

① 발아시(發芽始)는 파종된 종자 중에서 최초 1개체가 발아한 날이다.
② 발아기(發芽期)는 전체종자수의 약 50%가 발아한 날이다.
③ 발아전(發芽揃)은 종자의 대부분(80%이상)이 발아한 날이다.
④ 발아일수(發芽日數)는 파종기부터 발아전까지의 일수이다.

07 괴경으로 번식하는 작물은?

① 생 강
② 고구마
③ 감 자
④ 마 늘

08 과수원에서 피복작물을 재배하여 잡초 발생을 억제하는 방제 방법은?

① 경종적 방제법
② 물리적 방제법
③ 화학적 방제법
④ 생물학적 방제법

09 화성암을 산성, 중성, 염기성으로 나누는 기준은?

① CaS
② SiO_2
③ $CaCO_3$
④ $MgCO_3$

10 답전윤환의 효과와 가장 거리가 먼 것은?

① 지력의 감퇴
② 잡초발생의 감소
③ 기지의 회피
④ 연작장해의 경감

11 작부체계별 특성에 대한 설명으로 틀린 것은?

① 단작은 많은 수량을 낼 수 있다.
② 윤작은 경지의 이용 효율을 높일 수 있다.
③ 혼작은 병해충 방제와 기계화 작업에 효과적이다.
④ 단작은 재배나 관리 작업이 간단하고 기계화 작업이 가능하다.

12 유기농업에서의 병해충 방제를 위한 방법으로 가장 거리가 먼 것은?

① 저항성 품종 이용
② 화학합성농약 이용
③ 천적 이용
④ 담배잎 추출액 사용

13 다음 작물의 일반분류 중 원예작물의 근채류에 해당하는 것은?

① 상 추
② 아스파라거스
③ 우 엉
④ 땅 콩

14 다음 중 점토 함량이 가장 적은 토성은?

① 사 토
② 사양토
③ 양 토
④ 식양토

15 도복에 대한 설명으로 틀린 것은?

① 키가 크고 줄기가 튼튼한 작물이 잘 걸린다.
② 밀식은 도복을 유발한다.
③ 가을멸구의 발생이 많으면 도복이 심해진다.
④ 비가 와서 식물체가 무거워지면 도복이 유발된다.

16 다른 생물과 공생하여 공중질소를 고정하는 토양세균은?

① *Azotobacter*
② *Rhizobium*
③ *Clostridium*
④ *Beijerinckia*

17 종자를 파종할 때 일반적으로 10a의 밭에 파종량(L)이 가장 많은 작물은?

① 오 이
② 팥
③ 맥 류
④ 당 근

18 토양 피복(Mulching)의 목적이 아닌 것은?

① 토양 내 수분 유지
② 병해충 발생 방지
③ 미생물 활동 촉진
④ 온도 유지

19 하우스 등 시설재배지에서 일어날 수 있는 염류집적에 관련된 설명으로 가장 옳은 것은?

① 강우로 인하여 염류는 작토층에 남고 나머지는 유실된다.
② Na 농도가 증가되어 토양입단형성이 증가된다.
③ 토양염류가 집적되면 칼슘이 많이 존재하며 수분의 흡수율이 높아진다.
④ 수분 침투량보다 증발량이 많아 염류가 집적된다.

20 대기 중의 이산화탄소와 작물의 생리작용에 대한 설명으로 틀린 것은?

① 이산화탄소의 농도와 온도가 높아질수록 동화량은 증가한다.
② 광합성 속도에는 이산화탄소 농도뿐만 아니라 광의 강도도 관계한다.
③ 광합성은 온도, 광도, 이산화탄소의 농도가 증가함에 따라 계속 증대한다.
④ 광합성에 의한 유기물의 생성 속도와 호흡에 의한 유기물의 소모 속도가 같아지는 이산화탄소 농도를 이산화탄소 보상점이라 한다.

21 유기농산물의 토양개량과 작물생육을 위하여 사용이 가능한 물질이 아닌 것은?

① 지렁이 또는 곤충으로부터 온 부식토
② 사람의 배설물
③ 화학공장 부산물로 만든 비료
④ 석회석 등 자연에서 유래한 탄산칼슘

22 생력재배의 효과로 볼 수 없는 것은?

① 노동투하시간의 절감
② 단위수량의 증대
③ 작부체계의 개선
④ 농구비(農具費) 절감

23 식물체 내에서 합성되는 호르몬이 아닌 것은?

① 옥 신
② CCC
③ 지베렐린
④ 시토키닌

24 토양의 노후답의 특징이 아닌 것은?

① 작토 환원층에서 칼슘이 많을 때에는 벼뿌리가 적갈색인 산화칼슘의 두꺼운 피막을 형성한다.
② Fe, Mn, K, Ca, Mg, Si, P 등이 작토에서 용탈되어 결핍된 논토양이다.
③ 담수 하의 작토의 환원층에서 철분, 망간이 환원되어 녹기 쉬운 형태로 된다.
④ 담수 하의 작토의 환원층에서 황산염이 환원되어 황화수소가 생성된다.

25 시설하우스 염류집적의 대책으로 적합하지 않은 것은?

① 강우의 차단
② 제염작물의 재배
③ 유기물 시용
④ 담수에 의한 제염

26 열매채소 중에서 호온성 채소인 것은?

① 양배추
② 마 늘
③ 고구마
④ 감 자

27 유기농업에서 추구하는 목표와 방향으로 거리가 가장 먼 것은?

① 생태계 보전
② 환경오염의 최소화
③ 토양쇠퇴와 유실의 최소화
④ 다수확

28 다음 중 습해의 대책이 아닌 것은?

① 내습성 작물 및 품종을 선택한다.
② 심층시비를 실시한다.
③ 배수를 철저히 한다.
④ 토양공기를 조장하기 위해 중경을 실시하고, 석회 및 토양개량제를 시용한다.

29 식물체에 흡수되는 무기물의 형태로 틀린 것은?

① NO_3^-
② $H_2PO_4^-$
③ B
④ Cl^-

30 다음 중 원예작물의 특징이 아닌 것은?

① 장기저장이 곤란하다.
② 원예작물 중 채소는 유기염류를 공급해준다.
③ 일반 작물에 비하여 수익이 높다.
④ 집약적인 재배를 한다.

31 작물의 생태적 특성을 이용한 방제법은?

① 물리적 방제법
② 재배적 방제법
③ 경종적 방제법
④ 화학적 방제법

32 빗방울의 타격에 의한 침식형태는?

① 입단파괴침식
② 우곡침식
③ 평면침식
④ 계곡침식

33 습답의 특징으로 볼 수 없는 것은?

① 지하수위가 표면으로부터 50cm 미만이다.
② Fe^{3+}, Mn^{4+}가 환원작용을 받아 Fe^{2+}, Mn^{2+}가 된다.
③ 유기산이나 황화수소 등 유해물질이 생성된다.
④ 칼륨성분의 용해도가 높아 흡수가 잘되나 질소 흡수는 저해된다.

34 사질의 논토양을 객토할 경우 가장 알맞은 객토 재료는?

① 점토 함량이 많은 토양
② 부식 함량이 많은 토양
③ 규산 함량이 많은 토양
④ 산화철 함량이 많은 토양

35 토양용액 중 유리양이온들의 농도가 모두 일정할 때 확산이중층 내부로 치환침입력이 가장 낮은 양이온은?

① Al^{3+}
② Ca^{2+}
③ Na^+
④ K^+

36 인산질 비료에 대한 설명으로 틀린 것은?

① 유기질 인산비료에는 동물 뼈, 물고기뼈 등이 있다.
② 용성인비는 수용성 인산을 함유하며, 작물에 속히 흡수된다.
③ 무기질 인산비료의 중요한 원료는 인광석이다.
④ 과인산석회는 대부분이 수용성이고 속효성이다.

37 밭토양과 비교하여 신개간지 토양의 특성으로 틀린 것은?

① 산성이 강하다.
② 석회 함량이 높다.
③ 유기물 함량이 낮다.
④ 유효인산 함량이 낮다.

38 포도재배 시 화진현상(꽃떨이현상) 예방법으로 거리가 먼 것은?

① 붕소를 시비한다.
② 질소질을 많이 준다.
③ 칼슘을 충분하게 준다.
④ 개화 5~7일 전에 생장점을 적심한다.

39 작물의 뿌리가 정상적인 흡수 능력을 발휘하지 못할 때, 병충해 또는 침수피해를 당했을 때 그리고 이식한 후 활착이 좋지 못할 때와 같이 응급한 경우에 사용하는 시비 수단은?

① 엽면시비
② 표층시비
③ 전층시비
④ 심층시비

40 필수원소의 생리작용에 대한 설명으로 틀린 것은?

① 마그네슘은 엽록소의 구성원소이며, 광합성, 인산대사에 관하여 효소의 활성을 높인다.
② 황은 단백질, 아미노산, 효소 등의 구성성분이며 엽록소의 형성에 관여한다.
③ 망간은 세포벽 중층의 주성분이다.
④ 아연은 촉매 또는 반응조절물질로 작용하며 단백질과 탄수화물의 대사에 관여한다.

41 작물에 발생되는 병의 방제방법에 대한 설명으로 옳은 것은?

① 병원체의 종류에 따라 방제방법이 다르다.
② 곰팡이에 의한 병은 화학적 방제가 곤란하다.
③ 바이러스에 의한 병은 화학적 방제가 비교적 쉽다.
④ 식물병은 생물학적 방법으로는 방제가 곤란하다.

42 피복작물에 의한 토양 보전효과로 볼 수 있는 것은?

① 토양의 유실 증가
② 토양의 투수력 감소
③ 빗방울의 토양 타격강도 증가
④ 유거수량의 감소

43 멀칭의 이용에 대한 설명으로 틀린 것은?

① 동해 : 맥류 등 월동작물을 퇴비 등으로 덮어주면 동해가 경감된다.
② 한해 : 멀칭을 하면 토양수분의 증발이 억제되어 가뭄의 피해가 경감된다.
③ 생육 : 보온효과가 크기 때문에 보통재배의 경우보다 생육이 늦어져 만식재배에 널리 이용된다.
④ 토양 : 수식 등의 토양침식이 경감되거나 방지된다.

44 기지현상의 원인이라고 볼 수 없는 것은?

① CEC의 증대
② 토양 중 염류집적
③ 양분의 소모
④ 토양선충의 피해

45 점파에 대한 설명으로 옳은 것은?

① 포장 전면에 종자를 흩어 뿌리는 방식이다.
② 골타기(作條)를 하고 종자를 줄지어 뿌리는 방식이다.
③ 일정한 간격을 두고 종자를 1~수립씩 띄엄 띄엄 파종하는 방식이다.
④ 노력이 적게 들고 건실하고 균일한 생육을 하게 된다.

46 다음 중 연작의 피해가 가장 큰 작물은?

① 수 수
② 수 박
③ 양 파
④ 고구마

47 종자의 유전적 퇴화원인이 아닌 것은?

① 돌연변이
② 이형종자의 혼입
③ 자연교잡
④ 재배환경 불량

48 토양학에서 토성(土性)의 의미로 가장 적합한 것은?

① 토양의 성질
② 토양의 화학적 성질
③ 입경구분에 의한 토양의 분류
④ 토양반응

49 대기 습도가 높으면 나타나는 현상으로 틀린 것은?

① 증산의 증가
② 병원균번식 조장
③ 도복의 발생
④ 탈곡·건조작업 불편

50 유기농업의 실행을 위해 홑알구조에서 떼알구조(입단구조)로 구조를 변경하였을 때 장점이 아닌 것은?

① 배수력이 좋다.
② 토양수분의 공급이 좋다.
③ 공기유통이 좋다.
④ 보수력이 나빠져 작물 생육에 좋다.

51 우리나라에서 유기농업이 필요하게된 배경이 아닌 것은?

① 충분한 먹거리의 확보 요구
② 토양과 수질의 오염
③ 유기농산물의 국제교역 확대
④ 안전농산물에 대한 소비자의 요구

52 미사와 점토가 많은 논토양에 대한 설명으로 옳은 것은?

① 가능한 산화상태 유지를 위해 논상태로 월동시켜 생산량을 증대시킨다.
② 유기물을 많이 사용하면 양분집적으로 인해 생산량이 떨어진다.
③ 월동기간에 논상태인 습답을 춘경하면 양분손실이 생기므로 추경해야 양분손실이 적다.
④ 완숙 유기물 등을 처리한 후 심경하여 통기 및 투수성을 증대시킨다.

53 작물의 생산량이 낮은 토양의 특징이 아닌 것은?

① 자갈이 많은 토양
② 배수가 불량한 토양
③ 지렁이가 많은 토양
④ 유황 성분이 많은 토양

54 작물의 장해형 냉해에 관한 설명으로 가장 옳은 것은?

① 냉온으로 인하여 생육이 지연되어 후기등숙이 불량해진다.
② 생육 초기부터 출수기에 걸쳐 냉온으로 인하여 생육이 부진하고 지연된다.
③ 냉온하에서 작물의 증산작용이나 광합성이 부진하여 특정 병해의 발생이 조장된다.
④ 유수형성기부터 개화기까지, 특히 생식세포의 감수분열기의 냉온으로 인하여 정상적인 생식기관이 형성되지 못한다.

55 1년생 또는 다년생의 목초를 인위적으로 재배하거나, 자연적으로 성장한 잡초를 그대로 이용하는 방법은?

① 청경법
② 멀칭법
③ 초생법
④ 절충법

56 빛과 작물의 생리작용에 대한 설명으로 틀린 것은?

① 광이 조사(照射)되면 온도가 상승하여 증산이 조장된다.
② 광합성에 의하여 호흡기질이 생성된다.
③ 식물의 한쪽에 광을 조사하면 반대쪽의 옥신 농도가 낮아진다.
④ 녹색식물은 광을 받으면 엽록소 생성이 촉진된다.

57 경사지에 비해 평지 과수원이 갖는 장점이라고 볼 수 없는 것은?

① 배수가 용이하다.
② 보습력이 높다.
③ 기계화가 용이하다.
④ 토양이 깊고 비옥하다.

58 토양이 산성화 됨으로써 나타나는 간접적 피해에 대한 설명으로 옳은 것은?

① 알루미늄이 용해되어 인산유효도를 높여 준다.
② 칼슘, 칼륨, 마그네슘 등 염기가 용탈되지 않아 이용하기 좋다.
③ 세균활동이 감퇴되기 때문에 유기물 분해가 늦어져 질산화 작용이 늦어진다.
④ 미생물의 활동이 감퇴되어 떼알구조화가 빨라 진다.

59 시설(비닐하우스 등)의 환기효과라고 볼 수 없는 것은?

① 실내온도를 낮추어 준다.
② 공중습도를 높여 준다.
③ 탄산가스를 공급한다.
④ 유해가스를 배출한다.

60 유기농업에서 토양비옥도를 유지, 증대시키는 방법이 아닌 것은?

① 작물 윤작 및 간작
② 녹비 및 피복작물 재배
③ 가축의 순환적 방목
④ 경운작업의 최대화

5일 | 제3회 과년도 기출복원문제

01 다음 중 과수분류상 인과류에 속하는 것으로만 나열된 것은?

① 무화과, 복숭아
② 포도, 비파
③ 사과, 배
④ 밤, 살구

02 기지현상의 대책으로 옳지 않은 것은?

① 토양 소독을 한다.
② 시설재배를 한다.
③ 담수한다.
④ 새 흙으로 객토한다.

03 물에 의한 침식을 가장 잘 받는 토양은?

① 토양입단이 잘 형성되어 있는 토양
② 유기물 함량이 많은 토양
③ 팽창성 점토광물이 많은 토양
④ 투수력이 큰 토양

04 점적관개에 대한 설명으로 옳은 것은?

① 미생물을 물에 타서 주는 방법
② 싹을 틔우기 위해 물을 뿌려주는 방법
③ 스프링클러 등으로 물을 뿌려주는 방법
④ 작은 호스 구멍으로 소량씩 물을 주는 방법

05 식용작물의 분류상 연결이 틀린 것은?

① 두류 – 콩, 팥, 녹두
② 잡곡 – 옥수수, 조, 메밀
③ 맥류 – 벼, 수수, 기장
④ 서류 – 감자, 고구마, 토란

06 작물의 적산온도에 대한 설명으로 틀린 것은?

① 작물의 생육시기와 생육기간에 따라 차이가 있다.
② 작물의 생육이 가능한 범위의 온도를 나타낸다.
③ 작물이 일생을 마치는데 소요되는 총온량을 표시한다.
④ 작물의 발아로부터 성숙에 이르기까지의 0℃ 이상의 일평균기온을 합산한 온도이다.

07 땅갈기(경운)의 특징으로 옳은 것은?

① 토양의 유실이 감소된다.
② 해충 발생이 증가한다.
③ 비료와 농약의 사용 효과가 감소한다.
④ 토양수분 유지가 불리해진다.

08 멀칭의 효과에 대한 설명 중 옳지 않은 것은?

① 지온 조절
② 토양건조 예방
③ 토양, 비료 양분 유실
④ 잡초발생 억제

09 다음 중 이어짓기에 의한 피해가 다른 작물에 비해 큰 것은 어느 것인가?

① 벼
② 맥 류
③ 옥수수
④ 인 삼

10 엽록소를 형성하고 잎의 색이 녹색을 띠는데 필요하며, 단백질 합성을 위한 아미노산의 구성성분은?

① 질 소
② 인 산
③ 칼 륨
④ 규 산

11 배수의 효과로 틀린 것은?

① 습해와 수해를 방지한다.
② 토양의 성질을 개선하여 작물의 생육을 촉진한다.
③ 경지 이용도를 낮게 한다.
④ 농작업을 용이하게 하고, 기계화를 촉진한다.

12 윤작의 효과가 아닌 것은?

① 지력의 유지·증강
② 토양구조 개선
③ 병해충 경감
④ 잡초의 번성

13 대기의 질소를 고정시켜 지력을 증진시키는 작물은?

① 화곡류
② 두 류
③ 근채류
④ 과채류

14 다음 중 도복방지에 효과적인 원소는?

① 질 소
② 마그네슘
③ 인
④ 아 연

15 논 상태와 밭 상태로 몇 해씩 돌려가면서 작물을 재배하는 방식의 작물체계를 무엇이라고 하는가?

① 교호작
② 답전윤환
③ 간 작
④ 윤 작

16 동상해 · 풍수해 · 병충해 등으로 작물의 급속한 영양회복이 필요할 경우 사용하는 시비 방법은?

① 표층 시비법
② 심층 시비법
③ 엽면 시비법
④ 전층 시비법

17 지력을 향상시키고자 할 때 가장 부적절한 방법은?

① 작목을 교체 재배한다.
② 화학 비료를 가급적 많이 사용한다.
③ 논 · 밭을 전환하면서 재배한다.
④ 녹비 작물을 재배한다.

18 석회암지대의 천연동굴은 사람이 많이 드나들면 호흡 때문에 훼손이 심화될 수 있다. 천연동굴의 훼손과 가장 관계가 깊은 풍화 작용은?

① 가수분해(Hydrolysis)
② 산화 작용(Oxidation)
③ 탄산화 작용(Carbonation)
④ 수화 작용(Hydration)

19 시비량의 이론적 계산을 위한 공식으로 맞는 것은?

① $\dfrac{비료요소흡수율 - 천연공급량}{비료요소흡수량}$

② $\dfrac{비료요소흡수량 - 천연공급량}{비료요소흡수율}$

③ $\dfrac{천연공급량 + 비료요소흡수량}{비료요소흡수량}$

④ $\dfrac{천연공급량 - 비료요소공급량}{비료요소흡수율}$

20 작물의 내습성에 관여하는 요인에 대한 설명으로 틀린 것은?

① 근계가 얕게 발달하거나, 습해를 받았을 때 부정근의 발생력이 큰 것은 내습성이 약하다.
② 뿌리조직이 목화한 것은 환원성 유해물질의 침입을 막아서 내습성을 강하게 한다.
③ 벼는 밭작물인 보리에 비해 잎, 줄기, 뿌리에 통기계가 발달하여 담수조건에서도 뿌리로의 산소공급능력이 뛰어나다.
④ 뿌리가 황화수소, 아산화철 등에 대하여 저항성이 큰 것은 내습성이 강하다.

21 우리나라 밭토양의 특성으로 틀린 것은?

① 곡간지나 산록지와 같은 경사지에 많이 분포되어 있다.
② 세립질과 역질토양이 많다.
③ 저위 생산성인 토양이 많다.
④ 토양화학성이 양호하다.

22 다음 중 토양 염류집적이 문제가 되기 가장 쉬운 곳은?

① 벼 재배 논
② 고랭지채소 재배지
③ 시설채소 재배지
④ 일반 밭작물 재배지

23 다른 생물과 공생하여 공중질소를 고정하는 토양세균은?

① 아조토박터(*Azotobacter*)속
② 리조비움(*Rhizobium*)속
③ 클로스트리듐(*Clostridium*)속
④ 바실러스(*Bacillus*)속

24 다음의 토양소동물 중 가장 많이 존재하면서 작물의 뿌리에 크게 피해를 입히는 것은?

① 지렁이
② 선 충
③ 개 미
④ 톡톡이

25 다음 중 토양의 양분 보유력을 가장 증대시킬 수 있는 영농방법은?

① 부식질 유기물의 시용
② 질소비료의 시용
③ 모래의 객토
④ 경운의 실시

26 도복에 대한 설명으로 틀린 것은?

① 키가 크고 줄기가 튼튼한 작물이 잘 걸린다.
② 밀식은 도복을 유발한다.
③ 병충해의 발생이 많으면 도복이 심해진다.
④ 비가 와서 식물체가 무거워지면 도복이 유발된다.

27 작물 수량을 증가시키는 3대 조건이 아닌 것은?

① 유전성이 좋은 품종 선택
② 알맞은 재배환경
③ 적합한 재배기술
④ 상품성이 우수한 작물 선택

28 염해지 토양의 개량방법으로 가장 적절하지 않은 것은?

① 암거배수나 명거배수를 한다.
② 석회질 물질을 시용한다.
③ 전층 기계 경운을 수시로 실시하여 토양의 물리성을 개선시킨다.
④ 건조시기에 물을 대줄 수 없는 곳에서는 생짚이나 청초를 부초로 하여 표층에 깔아주어 수분증발을 막아준다.

29 다음 중 토양에 서식하며 토양으로부터 양분과 에너지원을 얻으며 특히 배설물이 토양입단 증가에 영향을 주는 것은?

① 사상균
② 지렁이
③ 박테리아
④ 방사선균

30 토양침식에 영향을 주는 요인에 대한 설명으로 틀린 것은?

① 내수성 입단이 적고 투수성이 나쁜 토양이 침식되기 쉽다.
② 경사도가 크고 경사길이가 길수록 침식이 많이 일어난다.
③ 강우량이 강우 강도보다 토양침식에 대한 영향이 크다.
④ 작물의 종류, 경운시기와 방법에 따라 침식량이 다르다.

31 시설재배지 토양관리의 문제점이 아닌 것은?

① 염류집적이 잘 일어난다.
② 연작장해가 발생되기 쉽다.
③ 양분용탈이 잘 일어난다.
④ 양분 불균형이 발생하기 쉽다.

32 일반적으로 표토에 부식이 많으면 토양의 색은?

① 암흑색
② 회백색
③ 적 색
④ 황적색

33 다음 중 2 : 2 규칙형 광물은?

① Kaolinite
② Illite
③ Vermiculite
④ Chlorite

34 다음은 경작지의 작토층에 대하여 토양의 무게(질량)를 산출하고자 한다. 아래의 표를 참고하여 10a의 경작토양에서 10cm 깊이의 건조토양의 무게를 산출한 결과로 맞는 것은?

10cm 두께의 10a 부피	용적밀도
100m³	1.20g · cm⁻³

① 100,000kg
② 120,000kg
③ 140,000kg
④ 160,000kg

35 토양이 산성화될 때 발생되는 생물학적 영향으로 틀린 것은?

① 알루미늄 독성으로 인해 식물의 뿌리신장을 저해한다.
② 철의 과잉흡수로 벼의 잎에 갈색의 반점이 생긴다.
③ 망간독성으로 인해 식물 잎의 만곡현상을 야기한다.
④ 칼륨의 과잉흡수로 인해 줄기가 연약해진다.

36 경사도가 15° 이상인 경사지의 토양보전방법으로 옳은 것은?

① 등고선재배
② 계단식 개간
③ 초생대 설치
④ 승수구 설치

37 시설원예지 토양의 개량 방법으로 거리가 먼 것은?

① 화학비료를 많이 준다.
② 객토하거나 환토한다.
③ 미량원소를 보급한다.
④ 담수하여 염류를 세척한다.

38 토양미생물에 대한 설명으로 틀린 것은?

① 균근류는 통기성과 투수성을 증가시킨다.
② 화학종속영양세균의 주 에너지원은 빛이다.
③ 토양유기물을 분해시켜 부식으로 만든다.
④ 조류는 광합성을 하고 산소를 방출한다.

39 대기조성과 작물에 대한 설명으로 틀린 것은?

① 대기 중 질소(N_2)가 가장 많은 함량을 차지한다.
② 대기 중 질소는 콩과 작물의 근류균에 의해 고정되기도 한다.
③ 대기 중의 이산화탄소 농도는 작물이 광합성을 수행하기에 충분한 과포화상태이다.
④ 산소농도가 극히 낮아지거나 90% 이상이되면 작물의 호흡에 지장이 생긴다.

40 뿌리의 흡수량 또는 흡수력을 감소시키는 요인은?

① 토양 중 산소의 감소
② 건조한 공중 습도
③ 광합성량의 증가
④ 비료의 시용량 감소

41 산도(pH)가 산성인 토양은?

① pH 11.0
② pH 9.0
③ pH 7.0
④ pH 5.0

42 우수한 종자를 생산하는 채종재배에서 종자의 퇴화를 방지하기 위한 대책으로 틀린 것은?

① 감자는 평야지대보다 고랭지에서 씨감자를 생산한다.
② 채종포에 공용(供用)되는 종자는 원종포에서 생산된 신용 있는 우수한 종자이어야 한다.
③ 질소비료를 과용하지 말아야 한다.
④ 종자의 오염을 막기 위해 병충해 방지를 하지 않는다.

43 작물의 이식시기로 틀린 것은?

① 과수는 이른 봄이나 낙엽이 진 뒤의 가을이 좋다.
② 일조가 많은 맑은 날에 실시하면 좋다.
③ 묘대일수감응도가 적은 품종을 선택하여 육묘한다.
④ 벼 도열병이 많이 발생하는 지대는 조식을 한다.

44 다음에서 설명하는 것은?

> 수직재인 기둥에 비하여 수평 또는 이에 가까운 상태에 놓인 부재로서 재축에 대하여 직각 또는 사각의 하중을 지탱한다.

① 왕도리
② 샛기둥
③ 중도리
④ 보

45 광합성 작용에 가장 효과적인 광은?

① 백색광
② 황색광
③ 적색광
④ 녹색광

46 다음 중 공극량이 가장 적은 토양은?

① 용적밀도가 높은 토양
② 수분이 많은 토양
③ 공기가 많은 토양
④ 경도가 낮은 토양

47 화성암으로 옳은 것은?

① 사 암
② 안산암
③ 혈 암
④ 석회암

48 다음 중 토양유실량이 가장 큰 작물은?

① 옥수수
② 참 깨
③ 콩
④ 고구마

49 질소와 인산에 의한 토양의 오염원으로 가장 거리가 먼 것은?

① 광산폐수
② 공장폐수
③ 축산폐수
④ 가정하수

50 지리적 미분법을 적용하여 작물의 기원을 탐색한 학자는?

① Ookuma
② De Candolle
③ Vavilov
④ Hellriegel

51 Illite는 2 : 1 격자광물이나 비팽창형 광물이다. 이는 결정단위 사이에 어떤 원소가 음전하의 부족한 양을 채우기 위하여 고정되어 있기 때문인데 그 원소는?

① Si
② Mg
③ Al
④ K

52 다음 중 병해충 방제를 위한 경종적 방제법에 해당하지 않는 것은?

① 과실에 봉지를 씌워서 차단
② 토지의 선정
③ 품종의 선택
④ 생육시기의 조절

53 무경운의 장점으로 옳지 않은 것은?

① 토양구조 개선
② 토양침식 증가
③ 토양생명체 활동에 도움
④ 토양유기물 유지

54 다음은 유기농업의 병해충 제어법 중 경종적 방제법이다. 내용이 틀린 것은?

① 품종의 선택 : 병충해 저항성이 높은 품종을 선택하여 재배하는 것이 중요하다.
② 윤작 : 해충의 밀도를 크게 낮추어 토양 전염병을 경감시킬 수 있다.
③ 생육기의 조절 : 밀의 수확기를 늦추면 녹병의 피해가 적어진다.
④ 시비법 개선 : 최적시비는 작물체의 건강성을 향상시켜 병충해에 대한 저항성을 높인다.

55 유기농업에서의 병해충 방제를 위한 방법으로써 가장 거리가 먼 것은?

① 저항성 품종 이용
② 화학합성농약 이용
③ 천적 이용
④ 담배잎 추출액 사용

56 지붕형 온실과 아치형 온실을 비교 설명한 것 중 틀린 것은?

① 광선의 유입은 지붕형이 아치형보다 많다.
② 적설 시 지붕형이 아치형보다 유리하다.
③ 재료비는 지붕형이 아치형보다 많이 소요된다.
④ 천창의 환기능력은 지붕형이 아치형보다 높다.

57 피복작물에 의한 토양 보전효과로 볼 수 있는 것은?

① 토양의 유실 증가
② 토양의 투수력 감소
③ 빗방울의 토양 타격강도 증가
④ 유거수량의 감소

58 작물재배에서 생력기계화재배의 효과로 보기 어려운 것은?

① 농업노동 투하시간의 절감
② 작부체계의 개선
③ 제초제 이용에 따른 유기재배면적의 확대
④ 단위수량의 증대

59 유기농산물을 생산하는 데 있어 올바른 잡초 제어법에 해당하지 않는 것은?

① 멀칭을 한다.
② 손으로 잡초를 뽑는다.
③ 적절한 윤작을 통하여 잡초 생장을 억제한다.
④ 화학 제초제를 사용한다.

60 사과를 유기농법으로 재배하는데 어린잎 가장자리가 위쪽으로 뒤틀리고, 새가지 선단에서 막 전개되는 잎은 황화되며, 심한 경우에는 새가지의 정단 부위가 말라죽어가고 있다. 무엇이 부족한가?

① 질 소
② 인 산
③ 칼 륨
④ 칼 슘

5일 | 제4회 과년도 기출복원문제

01 다음 중 점토 함량이 가장 적은 토성은?

① 사 토
② 사양토
③ 양 토
④ 식양토

02 심층시비를 가장 바르게 실시한 것은?

① 암모늄태 질소를 산화층에 시비하는 것
② 암모늄태 질소를 환원층에 시비하는 것
③ 질산태 질소를 산화층에 시비하는 것
④ 질산태 질소를 표층에 시비하는 것

03 발아기간을 발아시, 발아기, 발아전으로 구분 할 때 발아전에 대한 설명으로 옳은 것은?

① 파종된 종자 중 최초의 1개체가 발아한 날
② 전체 종자수의 50% 발아한 날
③ 파종된 종자 중 최초의 1개체가 발아하기 전날
④ 전체 종자수의 80% 이상이 발아한 날

04 작물의 생존연한에 따른 분류로 틀린 것은?

① 1년생 작물
② 2년생 작물
③ 월년생 작물
④ 3년생 작물

05 지표관개에 관한 설명으로 부적절한 것은?

① 전면관개, 일류관개, 보더법 등이 있다.
② 집중적으로 물을 줄 필요가 있는 곳에 사용한다.
③ 물 빠짐이 나쁜 토양에서는 오히려 습해를 입는다.
④ 고랑에 물을 대거나 토지 전면에 물을 대는 방법이다.

06 운적토는 풍화물이 중력, 풍력, 수력, 빙하력 등에 의하여 다른 곳으로 운반되어 퇴적하여 생성된 토양이다. 다음 중 운적 토양이 아닌 것은?

① 붕적토
② 선상퇴토
③ 이탄토
④ 수적토

07 염기성암에 속하는 것은?

① 안산암
② 현무암
③ 유문암
④ 섬록암

08 산소가 부족한 깊은 물속에서 볍씨는 어떤 생장을 하는가?

① 어린 뿌리가 초엽보다 먼저 나오고 제1엽이 신장한다.
② 초엽만 길게 자라고 뿌리와 제1엽이 자라지 않는다.
③ 뿌리와 제1엽이 먼저 자란다.
④ 정상적으로 뿌리가 먼저 나오고 제1엽이 나오며 초엽이 나온다.

09 다음의 여러 가지 파종방법 중에서 노동력이 가장 적게 소요 되는 것은?

① 적파(摘播)
② 점뿌림(點播)
③ 골뿌림(條播)
④ 흩어뿌림(散播)

10 작물이 받는 냉해의 종류가 아닌 것은?

① 생태형냉해
② 지연형냉해
③ 병해형냉해
④ 장해형냉해

11 유효질소 10kg이 필요한 경우에 요소로 질소질비료를 시용한 다면 필요한 요소량은?(단, 요소비료의 흡수율은 83%, 요소의 질소 함유량은 46%로 가정)

① 약 13.1kg
② 약 26.2kg
③ 약 34.2kg
④ 약 48.5kg

12 병해충 관리를 위하여 사용할 수 있는 물질이 아닌 것은?

① 데리스
② 제충국
③ 중 조
④ 젤라틴

13 토양중의 유기물은 지력 유지에 매우 중요한데 그 기능이 아닌 것은?

① 여러 가지 산을 생성하여 암석의 분해를 촉진한다.
② 질소, 인 등 양분을 공급한다.
③ 이산화탄소를 흡수하므로 대기중의 이산화탄소 농도를 낮춘다.
④ 토양미생물의 번식을 돕는다.

14 다음 작물 중 일반적으로 배토를 실시하지 않는 것은?

① 파
② 토 란
③ 감 자
④ 상 추

15 어버이에 없던 형질이 유전자의 변화에 의해 나타나는 현상을 이용한 육종방법은?

① 배수체 육종법
② 교잡 육종법
③ 잡종강세 육종법
④ 돌연변이 육종법

16 작물 재배 시 300평당 전 생육기간에 필요한 질소 성분량이 10kg일 때, 질소가 5%인 혼합유박은 몇 kg을 사용해야 하는가?

① 200kg
② 300kg
③ 350kg
④ 400kg

17 우리나라의 이모작 형태 중 여름작물~여름작물 형태로 재배하는 작물이 아닌 것은?

① 담배–콩
② 마늘–배추
③ 풋옥수수–배추
④ 감자–배추

18 굴광현상에 가장 유효한 광은?

① 적색광
② 자외선
③ 청색광
④ 자색광

19 농작물의 분화과정에서 자연적으로 새로운 유전자형이 생기게 되는 가장 큰 원인은?

① 영농방식의 변화
② 재배환경의 변화
③ 재배기술의 변화
④ 자연교잡과 돌연변이

20 비닐하우스에 이용되는 무적(無滴)필름의 주요 특징은?

① 값이 싸다.
② 먼지가 붙지 않는다.
③ 물방울이 맺히지 않는다.
④ 내구연한이 길다.

21 병해충 관리를 위해 사용이 가능한 유기농자재 중 식물에서 얻는 것은?

① 목초액
② 보르도액
③ 규조토
④ 유 황

22 일반적으로 발효퇴비를 만드는 과정에서 탄질비(C/N율)로 가장 적합한 것은?

① 1 이하
② 5~10
③ 20~35
④ 50 이상

23 예방관리에도 불구하고 가축의 질병이 발생한 경우 수의사의 처방하에 질병을 치료할 수 있다. 이 경우 동물용 의약품을 사용한 가축은 해당 약품 휴약기간의 최소 몇 배가 지나야만 유기축산물로 인정할 수 있는가?

① 2배
② 3배
③ 4배
④ 5배

24 토양 내 세균에 대한 설명으로 틀린 것은?

① 생명체로서 가장 원시적인 형태이다.
② 단순한 대사작용에 관여하고 있다.
③ 물질순환작용에서 핵심적인 역할을 한다.
④ 식물에 병을 일으키기도 한다.

25 IFOAM(국제유기농업운동연맹)의 유기농업의 기본목적이 아닌 것은?

① 장기적으로 토양비옥도를 유지한다.
② 영양가 높은 음식을 충분히 생산한다.
③ 현대농업기술이 가져온 심각한 오염을 회피한다.
④ 농업에 화석연료의 사용을 최대화 시킨다.

26 다음 중 연작의 피해로 인한 휴작기간이 가장 긴 작물은?

① 옥수수
② 시금치
③ 감 자
④ 인 삼

27 작물의 요수량에 대한 설명 중 옳은 것은?

① 건물 1g을 생산하는데 소비된 수분량(g)
② 건물 100g을 생산하는데 소비된 수분량g)
③ 건물 1kg을 생산하는데 소비되는 증산량(kg)
④ 건물 100kg을 생산하는데 소비되는 증산량(kg)

28 다음 중 논토양의 특성으로 옳지 않은 것은?

① 호기성 미생물의 활동이 증가된다.
② 담수하면 토양은 환원상태로 전환된다.
③ 담수 후 대부분의 논토양은 중성으로 변한다.
④ 토양용액의 비전도도는 처음에는 증가되다가 최고에 도달한 후 안정된 상태로 낮아진다.

29 비료를 엽면시비할 때 영향을 미치는 요인이 아닌 것은?

① 살포액의 pH
② 살포액의 농도
③ 농약과의 혼합관계
④ 살포할 때의 속도

30 지하수면이 높거나 토층 중에 물이 장기간 정체되는 조건하에서 일어나기 쉬우며, 물에 포화된 토양 중의 유리산화철이 강하게 환원되어 토양은 청회색 또는 회녹색을 띠는 토양생성작용은?

① 철·알루미늄 집적작용
② Podzol화 작용
③ Glei화 작용
④ Siallit화 작용

31 토양의 노후답의 특징이 아닌 것은?

① 작토 환원층에서 칼슘이 많을 때에는 벼뿌리가 적갈색인 산화칼슘의 두꺼운 피막을 형성한다.
② Fe, Mn, K, Ca, Mg, Si, P 등이 작토에서 용탈되어 결핍된 논토양이다.
③ 담수 하의 작토의 환원층에서 철분, 망간이 환원되어 녹기 쉬운 형태로 된다.
④ 담수 하의 작토의 환원층에서 황산염이 환원되어 황화수소가 생성된다.

32 경운의 필요성에 대한 설명으로 틀린 것은?

① 잡초 발생 억제
② 해충 발생 증가
③ 토양의 물리성 개선
④ 비료, 농약의 시용효과 증대

33 식물의 일장효과(日長效果)에 대한 설명으로 틀린 것은?

① 콩 등의 단일식물이 장일하에 놓이면 영양생장이 계속되어 거대형이 된다.
② 고구마의 덩이뿌리는 단일조건에서 발육이 조장된다.
③ 모시풀은 자웅동주식물인데 일장에 따라서 성의 표현이 달라지며, 14시간 일장에서는 완전자성(암꽃)이 된다.
④ 콩의 결협 및 등숙은 단일조건에서 조장된다.

34 남부지방의 논에 녹비작물로 이용되며 뿌리혹박테리아로 질소를 고정하는 식물은?

① 옥수수
② 자운영
③ 호 밀
④ 유 채

35 친환경농업이 태동하게 된 배경에 대한 설명으로 틀린 것은?

① 미국과 유럽 등 농업선진국은 세계의 농업정책을 소비와 교역 위주에서 증산 중심으로 전환하게 하는 견인 역할을 하고 있다.
② 국제적으로는 환경보전문제가 중요 쟁점으로 부각되고 있다.
③ 토양 양분의 불균형 문제가 발생하게 되었다.
④ 농업부분에 대한 국제적인 규제가 점차 강화되어 가고 있는 추세이다.

36 화강암과 같은 광물조성을 가지는 변성암으로 석영을 주요 조암광물로 하고 있으며, 우리나라 토양생성에 있어서 주요 모재가 되는 암석은?

① 안산암
② 섬록암
③ 석회암
④ 편마암

37 다음 중 밭에서 한해를 줄일 수 있는 재배적 방법으로 틀린 것은?

① 뿌림골을 높게 한다.
② 재식밀도를 성기게 한다.
③ 질소를 적게 준다.
④ 내건성 품종을 재배한다.

38 벼가 영년 연작이 가능한 이유로 가장 옳은 것은?

① 생육기간이 짧기 때문에
② 담수조건에서 재배하기 때문에
③ 연작에 견디는 품종적 특성 때문에
④ 다양한 종류의 비료를 사용하기 때문에

39 시설원예 토양의 특성이 아닌 것은?

① 토양의 공극률이 낮다.
② 토양의 pH가 낮다.
③ 토양의 통기성이 불량하다.
④ 염류농도가 낮다.

40 피복작물에 의한 토양보전 효과로 볼 수 있는 것은?

① 토양의 유실 증가
② 유거수량의 감소
③ 빗방울의 토양 타격강도 증가
④ 토양의 투수력 감소

41 유기재배 과수의 토양표면 관리법으로 가장 거리가 먼 것은?

① 플라스틱 멀칭법
② 청경법
③ 부초법
④ 초생법

42 토양유실예측공식에 해당하지 않는 것은?

① 토양관리인자
② 토성인자
③ 강우인자
④ 작부인자

43 다음 중 시설하우스 염류집적의 대책으로 적합하지 않은 것은?

① 담수에 의한 제염
② 제염작물의 재배
③ 유기물 시용
④ 강우의 차단

44 생육기에 풍속 4~6km/h 이하의 바람(연풍)이 작물에 미치는 영향은?

① 탄산가스 농도 감소
② 광합성 억제
③ 증산작용의 촉진
④ 꽃가루 매개 억제

45 작물의 분류에서 특용작물 중 섬유작물로 알맞지 않은 것은?

① 목화, 삼
② 아마, 왕골
③ 모시풀, 호프
④ 어저귀, 수세미

46 다음 중 토성을 구분하는 기준은?

① 모래와 물의 함량비율
② 부식의 함량비율
③ 모래, 부식, 점토, 석회의 함량비율
④ 모래, 미사, 점토의 함량비율

47 작물의 장해형 냉해에 관한 설명으로 가장 옳은 것은?

① 냉온으로 인하여 생육이 지연되어 후기 등숙이 불량해진다.
② 생육 초기부터 출수기에 걸쳐 냉온으로 인하여 생육이 부진하고 지연된다.
③ 냉온하에서 작물의 증산작용이나 광합성이 부진하여 특정 병해의 발생이 조장된다.
④ 유수형성기부터 개화기까지, 특히 생식세포의 감수분열기의 냉온으로 인하여 정상적인 생식기관이 형성되지 못한다.

48 우리나라에서 유기농업발전기획단이 정부의 제도권 내로 진입한 연대는?

① 1980년대
② 1990년대
③ 2000년대
④ 2010년대

49 유기재배 토양에 많이 존재하는 떼알구조에 대한 설명으로 틀린 것은?

① 떼알구조를 이루면 작은 공극과 큰 공극이 생긴다.
② 떼알구조가 발달하면 공기가 잘 통하고 물을 알맞게 간직할 수 있다.
③ 떼알구조가 되면 풍식과 물에 의한 침식을 줄일 수 있다.
④ 떼알구조는 경운을 자주하면 공극량이 늘어난다.

52 토양오염원을 분류할 때 비점오염원에 해당하는 것은?

① 산성비
② 대단위 가축사육장
③ 유독물저장시설
④ 폐기물매립지

53 재배환경에 따른 이산화탄소의 농도 분포에 관한 설명으로 틀린 것은?

① 식생이 무성한 곳의 이산화탄소 농도는 여름보다 겨울이 높다.
② 식생이 무성하면 지표면이 상층면보다 낮다.
③ 미숙 유기물시용으로 탄소농도는 증가한다.
④ 식생이 무성한 지표에서 떨어진 공기층은 이산화탄소 농도가 낮아진다.

50 유기농업에서 사용해서는 안 되는 품종은?

① 내병성이 강한 품종
② 유전자변형 품종
③ 유기재배된 종자
④ 재래품종

51 유기축산물 생산을 위한 소의 사료로 적합하지 않은 것은?

① 유기옥수수
② 유기박류
③ 육골분
④ 천연광물성 단미사료

54 다음 중 유기농업이 소비자의 관심을 끄는 주된 이유는?

① 모양이 좋기 때문에
② 안전한 농산물이기 때문에
③ 가격이 저렴하기 때문에
④ 사시사철 이용할 수 있기 때문에

55 종자의 활력을 검사하려고 할 때 테트라졸륨 용액에 종자를 담그면 씨눈 부분에만 색깔이 나타나는 작물이 아닌 것은?

① 벼
② 옥수수
③ 보 리
④ 콩

56 작물의 도복을 방지하기 위한 방법이 아닌 것은?

① 내도복성 품종의 선택
② 배토 및 답압
③ 칼륨질 비료의 절감
④ 밀식재배 지양

57 과수원에서 쓸 수 있는 유기자재로 가장 적합하지 않은 것은?

① 광합성 세균
② 생선액비
③ 현미식초
④ 생장촉진제

58 유기농업의 궁극적인 목표가 아닌 것은?

① 장기적으로 토양비옥도를 유지하지 않는다.
② 장기적으로 토양비옥도를 유지한다.
③ 농업기술로 발생할 수 있는 모든 형태의 오염을 피한다.
④ 영양가 높은 음식물을 충분히 생산한다.

59 엽삽(葉揷)이 잘 되는 식물로만 이루어진 것은?

① 베고니아, 산세비에리아
② 국화, 땅두릅
③ 자두나무, 앵두나무
④ 카네이션, 펠라고늄

60 토양의 함수량을 수분장력의 크기와 같은 값을 가지는 물기둥 높이의 대수값(log값)으로 표시하는 방법은?

① cm
② pH
③ %
④ pF

5일 제5회 최근 기출복원문제

01 식용작물의 분류상 연결이 틀린 것은?

① 두류 – 콩, 팥, 녹두
② 잡곡 – 옥수수, 조, 메밀
③ 맥류 – 벼, 수수, 기장
④ 서류 – 감자, 고구마, 토란

02 기원지로서 원산지를 파악하는데 근간이 되는 학설은 유전자 중심설이다. Vavilov의 작물의 기원지에 해당하지 않는 곳은?

① 지중해 연안
② 인도·동남아시아
③ 남부 아프리카
④ 코카서스·중동

03 1843년 식물의 생육은 다른 양분이 아무리 충분해도 가장 소량으로 존재하는 양분에 의해서 지배된다는 설을 제창한 사람과 이에 관한 학설은?

① LIEBIG, 최소량의법칙
② DARWIN, 순계설
③ MENDEL, 부식설
④ SALFELD, 최소량의법칙

04 작물수량을 증가시키는 3대 조건이 아닌 것은?

① 유전성이 좋은 품종 선택
② 알맞은 재배환경
③ 적합한 재배기술
④ 상품성이 우수한 작물 선택

05 다음 중 파종된 종자의 약 40%가 발아한 날을 무엇이라 하는가?

① 발아기
② 발아시
③ 발아전
④ 발아세

06 양분의 흡수 및 체내 이동과 가장 관련이 깊은 환경요인은?

① 빛
② 수 분
③ 공 기
④ 토 양

07 도복에 대한 설명으로 틀린 것을 고르시오.

① 키가 크고 줄기가 튼튼한 작물이 잘 걸린다.
② 밀식은 도복을 유발한다.
③ 가을멸구의 발생이 많으면 도복이 심해진다.
④ 비가 와서 식물체가 무거워지면 도복이 유발된다.

08 다음 사료작물 중 두과 사료작물에 해당하는 작물은?

① 라이그래스
② 호 밀
③ 옥수수
④ 알팔파

09 형질이 다른 두 품종을 양친으로 교배하여 자손 중에서 양친의 좋은 형질이 조합된 개체를 선발하고 우량 품종을 육성하거나 양친이 가지고 있는 형질보다도 더 개선된 형질을 가진 품종으로 육성하는 육종법은?

① 선발육종법
② 교잡육종법
③ 도입육종법
④ 조직배양육종법

10 작물에 광합성과 수분상실의 제어 역할을 하고, 결핍되면 생장점이 말라죽고 줄기가 약해지며 조기낙엽현상을 일으키는 필수원소는?

① K
② P
③ Mg
④ N

11 윤작의 효과가 아닌 것은?

① 지력의 유지 및 증강
② 병충해의 경감
③ 토지이용도의 향상
④ 노력분배의 불합리화

12 논 상태와 밭 상태로 몇 해씩 돌려가면서 작물을 재배하는 방식의 작물체계를 무엇이라고 하는가?

① 교호작
② 답전윤환
③ 간 작
④ 윤 작

13 광합성에 가장 유효한 광은?

① 녹색광
② 황색광
③ 자색광
④ 적색광

14 재배식물을 여름작물과 겨울작물로 분류하였다면 이는 어느 생태적 특성에 의해 분류한 것인가?

① 작물의 생존 연한
② 작물의 생육 시기
③ 작물의 생육 적온
④ 작물의 생육 형태

15 다음 중 토양에 비교적 오랫동안 잔류되는 농약은?

① 유기인계살충제
② 지방족계제초제
③ 유기염소계살충제
④ 요소계살충제

16 수해의 사전대책으로 옳지 않은 것은?

① 경사지와 경작지의 토양을 보호한다.
② 질소 과용을 피한다.
③ 작물의 종류나 품종의 선택에 유의한다.
④ 경지정리를 가급적 피한다.

17 과수의 전정방법에 대한 설명으로 옳은 것은?

① 단초전정은 주로 포도나무에서 이루어지는데, 결과모지를 전정할 때 남기는 마디 수는 대개 4~6개이다.
② 갱신전정은 정부우세현상으로 결과모지가 원줄기로부터 멀어져 착과되는 과실의 품질이 불량할 때 이용하는 전정방법이다.
③ 세부전정은 생장이 느리고 연약한 가지·품질이 불량한 과실을 착생시키는 가지를 제거하는 방법이다.
④ 큰 가지 전정은 생장이 느리고 외부에 가지가 과다하게 밀생하며 가지가 오래되어 생산이 감소할 때 제거하는 방법이다.

18 작물 생육에 대한 수분의 기본적 역할이라고 볼 수 없는 것은?

① 식물체 증산에 이용되는 수분은 극히 일부분에 불과하다.
② 원형질의 생활상태를 유지한다.
③ 필요물질을 흡수할 때 용매가 된다.
④ 필요물질 합성·분해의 매개체가 된다.

19 벼 모내기부터 낙수까지 m^2당 엽면증산량이 480mm, 수면증발량이 400mm, 지하침투량이 500mm이고, 유효우량이 375mm일 때, 10a에 필요한 용수량은 얼마인가?

① 약 500kL
② 약 1,000kL
③ 약 1,500kL
④ 약 2,000kL

20 고온발효 퇴비의 장점이 아닌 것은?

① 흙의 산성화를 억제한다.
② 작물의 토양 전염병을 억제한다.
③ 작물의 속성재배를 야기한다.
④ 흙의 유기물 함량을 유지·증가시킨다.

21 암석의 물리적 풍화작용 요인으로 볼 수 없는 것은?

① 공 기
② 물
③ 온 도
④ 용 해

22 화학적 풍화에 대한 저항성이 강하며 토양 중 모래의 주성분이 되는 토양광물은?

① 석 영
② 장 석
③ 운 모
④ 각섬석

23 토양의 평균적인 입자밀도는?

① $0.7mg/m^3$

② $1.5mg/m^3$

③ $2.65mg/m^3$

④ $5.4mg/m^3$

24 다음 중 경작지의 토양온도가 가장 높은 것은?

① 황적색 토양으로 동쪽으로 15° 경사진 토양

② 황적색 토양으로 서쪽으로 15° 경사진 토양

③ 흑색 토양으로 남쪽으로 15° 경사진 토양

④ 흑색 토양으로 북쪽으로 15° 경사진 토양

25 토양의 질소 순환작용에서 작용과 반대작용으로 바르게 짝지어져 있는 것은?

① 질산환원작용 – 질소고정작용

② 질산화 작용 – 질산환원작용

③ 암모늄화 작용 – 질산환원작용

④ 질소고정작용 – 유기화 작용

26 질소를 고정할 뿐만아니라 광합성도 할 수 있는 것은?

① 효 모

② 사상균

③ 남조류

④ 방선균

27 일반적으로 토양에 가장 많이 들어 있는 원소는?

① 칼륨(K)

② 규소(Si)

③ 마그네슘(Mg)

④ 칼슘(Ca)

28 유아(어린이)에게 청색증을 나타나게 하는 화학성분은?

① 붕 소

② 칼 슘

③ 마그네슘

④ 질산태 질소

29 토양용액의 전기전도도를 측정하여 알 수 있는 것은?

① 토양 미생물의 분포도

② 토양 입경분포

③ 토양의 염류농도

④ 토양의 수분장력

30 모래, 미사, 점토의 상대적 함량비로 분류하며, 흙의 촉감을 나타내는 용어는?

① 토 성

② 토양온도

③ 토 색

④ 토양공기

31 일반적으로 표토에 부식이 많으면 토양의 색은?

① 암흑색   ② 회백색

③ 적 색   ④ 황적색

35 작물 생육에 대한 토양미생물의 유익작용이 아닌 것은?

① 근류균에 의하여 유리질소를 고정한다.
② 유기물에 있는 질소를 암모니아로 분해한다.
③ 불용화된 무기성분을 가용화한다.
④ 황산염의 환원으로 토양산도를 조절한다.

32 생리적 중성비료인 것은?

① 황산칼륨
② 염화칼륨
③ 질산암모늄
④ 용성인비

36 이타이이타이(Itai-Itai)병과 연관이 있는 중금속은?

① 피씨비(PCB)
② 카드뮴(Cd)
③ 크롬(Cr)
④ 셀레늄(Se)

33 논에 녹비작물을 재배한 후 풋거름으로 넣으면 기포가 발생하는 원인은 무엇인가?

① 메탄가스 용해도가 매우 낮기 때문에 발생한다.
② 메탄가스 용해도가 매우 높기 때문에 발생한다.
③ 이산화탄소 발생량이 매우 작기 때문에 발생된다.
④ 이산화탄소 용해도가 매우 높기 때문에 발생된다.

37 시설 내의 약광 조건에서 작물을 재배하는 방법으로 옳은 것은?

① 재식간격을 좁히는 것이 매우 유리하다.
② 엽채류를 재배하는 것은 아주 불리하다.
③ 덩굴성 작물은 직립재배 보다는 포복재배 하는 것이 유리하다.
④ 온도를 높게 관리하고 내음성 작물보다는 내양성 작물을 선택하는 것이 유리하다.

34 다음 중 점토가 가장 많이 들어 있는 토양은?

① 식양토   ② 식 토

③ 양 토   ④ 사양토

38 우리나라 논토양의 퇴적양식은 어떤 것이 많은가?

① 충적토   ② 붕적토

③ 잔적토   ④ 풍적토

39 저위생산지 개량방법으로 옳은 것은?

① 습답은 점토가 많은 산적토를 객토한다.
② 누수답은 암거배수 등으로 배수개선을 한다.
③ 노후화답을 개량하기 위해 석고를 시용한다.
④ 미숙답은 심경하고 다량의 볏짚을 시용한다.

40 경작지토양 1ha에서 용적밀도가 1.2g/cm^{3}일 때 10cm 깊이 까지의 작토층 총질량은?(단, 토양수분 질량은 무시한다)

① 120,000kg
② 240,000kg
③ 1,200,000kg
④ 2,400,000kg

41 농산물의 식품안전성 확보를 위하여 생산단계부터 최종소비 단계까지 관리사항을 소비자가 알 수 있게 하는 제도는?

① GAP(우수농산물관리제도)
② GMP(우수제조관리제도)
③ GHP(우수위생관리제도)
④ HACCP(위해요소중점관리제도)

42 GMO의 바른 우리말 용어는?

① 유전자농산물
② 유전자이용농산물
③ 유전자형질농산물
④ 유전자변형농산물

43 수막하우스의 특징을 바르게 설명한 것은?

① 광투과성을 강화한 시설이다.
② 보온성이 뛰어난 시설이다.
③ 자동화가 용이한 시설이다.
④ 내구성을 강화한 시설이다.

44 십자화과 작물의 채종적기는?

① 백숙기
② 갈숙기
③ 녹숙기
④ 황숙기

45 토마토와 감자의 잡종식물인 Pomato는 어떤 방법으로 만든 것인가?

① 게놈융합법
② 체세포융합법
③ 종간교잡법
④ 염색체부기법

46 멘델(Mendel)의 법칙과 거리가 먼 것은?

① 분리의 법칙
② 독립의 법칙
③ 우열의 법칙
④ 최소의 법칙

47 과수 및 과실의 생장에 영향을 미치는 수분에 대한 설명으로 틀린 것은?

① 토양수분이 많아지면 공기함량이 많아지고, 공기가 적어지면 수분함량이 적어지는 관계가 있다.
② 수분은 과수체내(果樹體內)의 유기물을 합성·분해하는 데 없어서는 안 될 물질이다.
③ 수분은 수체구성물질(樹體構成物質)로도 중요한 역할을 하는데 이와 같이 과수(果樹)가 필요한 수분은 토양수분으로 공급되고 토양수분은 대체로 강우로 공급된다.
④ 일반적으로 작물·과수 등의 생육에 용이하게 이용되는 수분은 모관수(毛管水)이다.

48 작물 재배에 있어 작물의 유전성과 환경조건 및 재배기술이 균형 있게 발달되어야 증대될 수 있는 것으로 가장 관계가 깊은 것은?

① 품 질
② 수 량
③ 색 택
④ 당 도

49 생산력이 우수하던 품종이 재배연수(年數)를 경과하는 동안에 생산력 및 품질이 저하되는 것을 품종의 퇴화라 하는데, 다음 중 유전적 퇴화의 원인이라 할 수 없는 것은?

① 자연교잡
② 이형종자혼입
③ 자연돌연변이
④ 영양번식

50 복숭아의 줄기와 가지를 주로 가해하는 해충은?

① 유리나방
② 굴나방
③ 명나방
④ 심식나방

51 우렁이농법에 의한 유기벼 재배에서 우렁이 방사에 의해 주로 기대되는 효과는?

① 잡초방제
② 유기물 대량공급
③ 해충방제
④ 양분의 대량공급

52 농기구 및 맨손으로 잡초나 해충을 직접 죽이거나 열, 물, 광선 등을 이용하여 잡초 방제 또는 병해충을 방제하는 것은?

① 화학적 방제
② 생물학적 방제
③ 재배적 방제
④ 물리적 방제

53 계란 노른자와 식용유를 섞어 병충해를 방제하였다. 계란노른자의 역할로 옳은 것은?

① 살충제
② 살균제
③ 유화제
④ pH조절제

54 시설 지붕 위의 하중을 지탱하고, 왕도리와 중도리 위에 걸치는 부재는?

① 샛기둥
② 서까래
③ 버팀대
④ 보

55 종자갱신을 하여야 할 이유로 부적당한 것은?

① 돌연변이
② 토양의 산성화
③ 재배 중 다른 계통의 혼입
④ 자연교잡

58 유기축산물 인증기준에서 가축복지를 고려한 사육조건에 해당되지 않는 것은?

① 축사바닥은 딱딱하고 건조할 것
② 충분한 휴식공간을 확보할 것
③ 사료와 음수는 접근이 용이할 것
④ 축사는 청결하게 유지하고 소독할 것

56 소의 제1종 가축전염병으로 법정전염병은?

① 전염성위장염
② 추백리
③ 광견병
④ 구제역

59 일반적으로 돼지의 임신기간은 약 얼마인가?

① 330일
② 280일
③ 152일
④ 114일

57 유기축산물의 경우 사료 중 NPN을 사용할 수 없게 되었다. NPN은 무엇을 말하는가?

① 에너지사료
② 비단백태질소화합물
③ 골 분
④ 탈지분유

60 유기농산물을 생산하는 데 있어 올바른 잡초 제어법에 해당하지 않는 것은?

① 멀칭을 한다.
② 손으로 잡초를 뽑는다.
③ 화학 제초제를 사용한다.
④ 적절한 윤작을 통하여 잡초 생장을 억제한다.

5일 제6회 최근 기출복원문제

01 화곡류(禾穀類)를 미곡, 맥류, 잡곡으로 구분할 때 다음 중 맥류에 속하는 것은?

① 조
② 귀 리
③ 기 장
④ 메 밀

02 식물의 분류 중 괄호 안에 들어갈 용어는?

문 → (　　) → 목 → 과 → 속

① 종
② 강
③ 계 통
④ 아 목

03 Vavilov는 식물의 지리적 기원을 탐구하는 데 큰 업적을 남긴 사람이다. 그에 대한 설명으로 틀린 것은?

① 농경의 최초 발상지는 기후가 온화한 산간부 중 관개수를 쉽게 얻을 수 있는 곳으로 추정하였다.
② 1883년에 '재배식물의 기원'을 저술하였다.
③ 지리적 미분법을 적용하여 유전적 변이가 가장 많은 지역을 그 작물의 기원중심지라고 하였다.
④ Vavilov의 연구결과는 식물종의 유전자 중심설로 정리되었다.

04 일정한 간격을 두고 종자를 1~수립씩 띄엄띄엄 파종하는 방식이다.

① 점뿌림(點播)
② 적파(摘播)
③ 골뿌림(條播)
④ 흩어뿌림(散播)

05 작물의 생육과 관련된 3대 주요온도가 아닌 것은?

① 최저온도
② 최고온도
③ 최적온도
④ 평균온도

06 뿌리에서 가장 왕성하게 수분흡수가 일어나는 부위는?

① 근모부
② 뿌리골무
③ 생장점
④ 신장부

07 종자 발아의 필수조건 3가지가 올바르게 짝지어진 것은?

① 온도, 수분, 산소
② 수분, 비료, 빛
③ 수분, 온도, 빛
④ 온도, 미생물, 수분

08 벼 등 화곡류가 등숙기에 비, 바람에 의해서 쓰러지는 것을 도복이라고 한다. 도복에 대한 설명으로 틀린 것은?

① 키가 작은 품종일수록 도복이 심하다.
② 밀식, 질소다용, 규산부족 등은 도복을 유발한다.
③ 벼 재배시 벼멸구, 문고병이 많이 발생되면 도복이 심하다.
④ 벼는 마지막 논김을 맬 때 배토를 하면 도복이 경감된다.

09 발아억제물질에 해당하지 않는 것은?

① 암모니아
② 시안화수소
③ 질산염
④ ABA

10 엽록소를 형성하고 잎의 색이 녹색을 띠는 데 필요하며, 단백질 합성을 위한 아미노산의 구성성분은?

① 질 소
② 인 산
③ 칼 륨
④ 규 산

11 휘묻이 방법의 종류가 아닌 것은?

① 당목취법
② 선취법
③ 파상취목법
④ 고취법

12 단위 면적에서 최대 수량을 올리기 위한 3대 조건은?

① 유전성, 환경, 상품성
② 유전성, 환경, 재배기술
③ 상품성, 환경, 재배기술
④ 유전성, 상품성, 재배기술

13 대기조성과 작물에 대한 설명으로 틀린 것은?

① 대기 중 질소(N_2)가 가장 많은 함량을 차지한다.
② 대기 중 질소는 콩과 작물의 근류균에 의해 고정되기도 한다.
③ 대기 중의 이산화탄소의 농도는 작물이 광합성을 수행하기에 충분한 과포화 상태이다.
④ 산소 농도가 극히 낮아지거나 90% 이상이 되면 작물의 호흡에 지장이 생긴다.

14 작물이 최초에 발상하였던 지역을 그 작물의 기원지라 한다. 다음 작물 중 기원지가 우리나라인 것은?

① 벼
② 참 깨
③ 수 박
④ 인 삼

15 습해의 방지 대책으로 가장 거리가 먼 것은?

① 배 수
② 객 토
③ 미숙유기물의 시용
④ 과산화석회의 사용

16 자동차 등에서 배출된 대기 중의 이산화질소가 자외선에 의해 분해되어 산소와 결합하여 발생되는 유해 가스는?

① 오 존
② PAN
③ 아황산가스
④ 일산화질소

17 경운에 대한 설명으로 틀린 것은?

① 경토를 부드럽게 하고 토양의 물리적 성질을 개선하며 잡초를 없애주는 역할을 한다.
② 유기물의 분해를 촉진하고 토양통기를 조장한다.
③ 해충을 경감시킨다.
④ 천경(9~12cm)은 식질토양 벼의 조식재배 시 유리하다.

18 유효수분이 보유되어 있는 것으로서 보수 역할을 주로 담당하는 공극은?

① 대공극
② 기상공극
③ 모관공극
④ 배수공극

19 작부체계에 대한 설명으로 틀린 것은?

① 간작은 한 가지 작물이 생육하고 있는 조간에 다른 작물을 재배하는 것을 말한다.
② 혼작은 생육기간이 비등한 작물들을 서로 건너서 번갈아가며 재배하는 방식을 말한다.
③ 주위작은 포장의 주위에 포장 내의 작물과 다른 작물들을 재배하는 것을 말한다.
④ 단작은 하나의 작물만을 지나치게 재배하는 것을 말한다.

20 대기 중의 이산화탄소와 작물의 생리작용에 대한 설명으로 틀린 것은?

① 이산화탄소의 농도와 온도가 높아질수록 동화량은 증가한다.
② 광합성 속도에는 이산화탄소 농도뿐만 아니라 광의 강도도 관계한다.
③ 광합성은 온도, 광도, 이산화탄소의 농도가 증가함에 따라 계속 증대한다.
④ 광합성에 의한 유기물의 생성 속도와 호흡에 의한 유기물의 소모 속도가 같아지는 이산화탄소 농도를 이산화탄소 보상점이라 한다.

21 멀칭에 대한 설명으로 거리가 먼 것은?

① 잡초를 방제하는 데에는 빛이 잘 투과하지 않는 흑색 플라스틱필름, 종이, 짚 등이 효과가 있다.
② 지온이 높아서 작물 생육에 장애가 될 경우에는 빛이 잘 투과하지 않는 자재로 멀칭을 하면 지온을 낮출 수 있다.
③ 알루미늄을 입힌 필름을 멀칭하면 열매채소와 과일의 착색을 방해하므로 투명한 자재로 멀칭한다.
④ 지온이 낮은 곳에 씨를 뿌릴 때 투명한 플라스틱필름을 사용하면 지온을 높여 발아에 도움이 된다.

22 다음에서 설명하는 모암은?

• 우리나라 제주도 토양을 구성하는 모암이다.
• 어두운색을 띠며 치밀한 세립질의 염기성암으로 산화철이 많이 포함되어있다.
• 풍화되어 토양으로 전환되면 황적색의 중점식토로 되고 장석은 석회질로 전환된다.

① 화강암　　　② 석회암
③ 현무암　　　④ 석영조면암

23 석회암지대의 천연동굴은 사람이 많이 드나들면 호흡 때문에 훼손이 심화될 수 있다. 천연동굴의 훼손과 가장 관계가 깊은 풍화 작용은?

① 가수분해(Hydrolysis)
② 탄산화 작용(Carbonation)
③ 산화 작용(Oxidation)
④ 수화 작용(Hydration)

24 다음 중 2 : 2 규칙형 광물은?

① Kaolinite
② Illite
③ Vermiculite
④ Chlorite

25 토양 내 미생물의 바이오매스량(ha당 생체량)이 가장 큰 것은?

① 세 균
② 방선균
③ 사상균
④ 조 류

26 2년 전 pH가 4.0이었던 토양을 석회 시용으로 산도교정을 하고 난 후, 다시 측정한 결과 pH가 6.0이 되었다. 토양 중의 H^+이온 농도는 처음 농도의 얼마로 감소되었나?

① 1/10
② 1/20
③ 1/100
④ 1/200

27 두과 작물과 공생관계를 유지하면서 농업적으로 중요한 질소 고정을 하는 세균의 속은?

① Azotobacter
② Rhizobium
③ Clostridium
④ Beijerinckia

28 밭의 CEC(양이온교환용량)를 높이려고 한다. 다음 중 CEC를 가장 크게 증가시키는 물질은?

① 부식(토양유기물)의 시용
② 카올리나이트(Kaolinite)의 시용
③ 몬모릴로나이트(Montmorillonite)의 시용
④ 식양토의 객토

29 질소화합물이 토양 중에서 $NO_3^- \rightarrow NO_2^- \rightarrow N_2O$, N_2와 같은 순서로 질소의 형태가 바뀌는 작용을 무엇이라 하는가?

① 암모니아 산화작용
② 탈질작용
③ 질산화 작용
④ 질소고정작용

30 토양의 침식을 방지할 수 있는 방법으로 적절하지 않은 것은?

① 등고선 재배
② 토양 피복
③ 초생대 설치
④ 심토 파쇄

31 산도(pH)가 알칼리성인 토양은?

① pH 2~3
② pH 4~5
③ pH 6~7
④ pH 8~9

32 다음 중 토양에 서식하며 토양으로부터 양분과 에너지원을 얻으며 특히 배설물이 토양입단 증가에 영향을 주는 것은?

① 사상균
② 지렁이
③ 박테리아
④ 방사선균

33 산성토양을 개량하기 위한 물질과 가장 거리가 먼 것은?

① H_2CO_3
② $MgCO_3$
③ CaO
④ MgO

34 토양의 3상이 아닌 것은?

① 고 상
② 액 상
③ 기 상
④ 주 상

35 다음 중 미나마타병을 일으키는 중금속은?

① Hg
② Cd
③ Ni
④ Zn

36 물에 잠겨 있는 논토양에서 산소가 부족하여 토양층이 청회색의 특유한 색깔을 띠게 되는 작용은?

① 포드졸화 작용
② 라토졸화 작용
③ 글레이화 작용
④ 석회화 작용

37 다음 중 토양 산성화의 원인이 아닌 것은?

① 작물의 연작
② 유기산의 해리
③ 염기의 자연 유실
④ 산성 비료의 연용

38 논토양과 밭토양의 차이점으로 틀린 것은?

① 논토양은 무기양분의 천연 공급량이 많다.
② 논토양은 유기물 분해가 빨라 부식함량이 적다.
③ 밭토양은 통기 상태가 양호하며, 산화 상태이다.
④ 밭토양은 산성화가 심하여 인산유효도가 낮다.

39 탄산시비란 무엇인가?

① 토양산도를 교정하기 위하여 토양에 탄산칼슘을 넣어 주는 것
② 시설재배에서 시설 내의 이산화탄소의 농도를 인위적으로 높여 주는 것
③ 산업폐기물로 나오는 탄산가스의 처리와 관련하여 생기는 사회 문제
④ 양액재배에서 양액의 탄산가스 농도를 높여 야간 호흡을 억제하는 것

40 10a의 논에 산적토를 이용하여 객토하려고 한다. 객토심 10cm, 토양의 용적밀도(BD) 1.2g/cm³의 조건으로 객토를 한다면 마른 흙으로 몇 톤의 흙이 필요한가?

① 1.2톤   ② 12톤
③ 120톤   ④ 1,200톤

41 볍씨의 종자선별 방법 중 까락이 없는 몽근메벼를 염수선할 때 가장 적당한 비중은?

① 1.03   ② 1.08
③ 1.10   ④ 1.13

42 경사지 밭토양의 유거수 속도조절을 위한 경작법으로 적합하지 않은 것은?

① 등고선재배법
② 간작재배법
③ 등고선 대상재배법
④ 승수로 설치 재배법

43 물속에서는 발아하지 못하는 종자는?

① 상 추   ② 가 지
③ 당 근   ④ 셀러리

44 복교배양식의 기호표시로 올바른 것은?

① A×B
② (A×B)×A
③ (A×B)×C
④ (A×B)×(C×D)

45 다음 유기농업이 추구하는 내용에 관한 설명으로 가장 옳은 것은?

① 생물학적 생산성의 최적화
② 합성화학물질 사용의 최소화
③ 토양활성화와 토양단립구조의 최적화
④ 환경생태계 교란의 최적화

46 다음 중 연작의 피해가 가장 큰 작물은?
① 수 수
② 고구마
③ 양 파
④ 사탕무

47 초생 재배의 장점이 아닌 것은?
① 토양 단립화
② 토양침식 방지
③ 제초노력 경감
④ 지력 증진

48 주사료로 조사료를 이용하는 가축은?
① 돼 지
② 닭
③ 산 양
④ 칠면조

49 우리나라 시설재배에서 가장 많이 쓰이는 피복자재는?
① 폴리에틸렌필름
② 염화비닐필름
③ 에틸렌아세트산필름
④ 판유리

50 다음 중 기생성 곤충에 해당하는 것은?
① 딱정벌레
② 꽃등에
③ 풀잠자리
④ 맵시벌

51 수도작에 오리를 방사하는데 모내기 후 언제 넣어주는 것이 가장 효과적인가?
① 7~14일 후
② 20~25일 후
③ 25~30일 후
④ 30~40일 후

52 볍씨를 소독하기 위해 물에 녹이는 물질은?
① 당 밀
② 소 금
③ 식 초
④ 기 름

53 넓은 지대에 걸쳐 벼나 밀 등의 곡류를 재배하는 농업 형태는?
① 소 경
② 원 경
③ 포 경
④ 곡 경

54 종자의 퇴화 원인 중 재배환경 및 조건이 불량하여 품종 성능이 저하되는 것은?

① 유전적 퇴화
② 생리적 퇴화
③ 병리적 퇴화
④ 재배적 퇴화

55 다음 중 봉지씌우기의 효과로 옳지 않은 것은?

① 당함량 증진
② 동녹 방지
③ 과실의 착색 증진
④ 숙기 지연

56 다음 중 토양에 다량 사용했을 때, 질소기아현상을 가장 심하게 나타낼 수 있는 유기물은?

① 알팔파
② 녹 비
③ 보릿짚
④ 감 자

57 다음 중 전환기간을 거쳐 유기가축으로 생산하고자 하는데 전환기간으로 옳지 않은 것은?

① 육우 송아지 식육의 경우 6개월령 미만의 송아지 입식 후 6개월
② 젖소 시유의 경우 착유우는 90일
③ 식육 오리의 경우 입식 후 출하 시까지(최소 6주)
④ 돼지 식육의 경우 입식 후 출하 시까지(최소 3개월)

58 유기축산물이란 전체 사료 가운데 유기사료가 얼마 이상 함유된 사료를 먹여 기른 가축을 의미하는가?(단, 사료는 건물(Dry Matter)을 기준으로 한다)

① 100%
② 75%
③ 50%
④ 25%

59 유기농업과 관련된 국제활동 조직의 명칭은?

① ILO
② IFOAM
③ ICA
④ WTO

60 농약이 갖추어야 할 조건 중 틀린 것은?

① 다른 약제와 혼합하여 사용할 수 없어야 한다.
② 토양이나 먹이사슬 과정에 축적되지 않도록 잔류성이 적어야 한다.
③ 품질이 일정하고 저장 중 변질되지 않아야 한다.
④ 사람과 가축에 대한 독성이 적어야 한다.

5일 | 정답 및 해설

01	02	03	04	05	06	07	08	09	10	11	12	13	14	15
①	④	③	④	②	①	①	②	③	②	②	①	③	③	④
16	17	18	19	20	21	22	23	24	25	26	27	28	29	30
④	③	②	④	①	③	③	④	③	②	③	④	④	③	③
31	32	33	34	35	36	37	38	39	40	41	42	43	44	45
③	②	③	④	②	④	①	②	①	②	③	②	③	②	④
46	47	48	49	50	51	52	53	54	55	56	57	58	59	60
③	④	④	③	②	③	①	②	④	④	④	④	①	④	①

01 pH 7을 기준(중성)으로 그 이하면 산성, 그 이상이면 알칼리성이라 한다.

02 광산폐수는 카드뮴, 구리, 납, 아연 등의 중금속 오염원이다.
- 질소 : 농약, 화학비료, 가축의 분뇨 등
- 인산 : 생활하수(합성세제 등)

03 잡초 관리에 있어서 윤작, 경운 등 경종적 방법이 근간이 되어야 하고, 화학 제초제의 사용은 금한다.

07 우리나라 산지토양은 암석이 풍화하여 우리나라의 기후와 식생에 맞게 발달한 잔적토로 이루어져 있다.

08 배수가 불량한 저습지대의 전작지 토양이나 습답 토양에 유기물이 과잉 시용되면 혐기성 생물에 의한 혐기적 분해를 받아 환원성 유해물인 각종 유기산이 생성 집적된다.

09 도복방지를 위해서는 질소 편중의 시비를 피하고 칼륨, 인산, 규산, 석회 등을 충분히 시용해야 한다.

10 **집단육종법의 장점**
- 잡종집단의 취급이 용이하다.
- 자연선택을 유리하게 이용할 수 있다.
- 많은 조합 취급이 가능하다.
- 우량유전자를 상실할 염려가 적다.

11 식물 자체는 질소분자를 고정하여 이용할 수 없기 때문에 뿌리혹박테리아가 숙주식물(대부분이 콩과 식물)에 기생하며, 질소를 고정한다.

12 일반적으로 고도로 분해된 유기물이 많이 함유된 토양은 어두운색을 띤다. 산화철 광물이 풍부하면 적색을 띤다.

13 **수막하우스** : 비닐하우스 안에 적당한 간격으로 노즐이 배치된 커튼을 설치하고, 커튼 표면에 살수하여 얇은 수막을 형성하는 보온시설로, 주로 겨울철 실내온도 하강을 막기 위해 사용한다.

14 인삼은 한번 본 밭에 옮겨 심으면 같은 장소에서 3~5년 동안 자라는 작물이며, 비료를 투여하면 상당량의 비료 성분이 토양에 잔류해 축적되기 때문에 염류집적 피해가 발생할 수 있다.

16 **우리나라가 원산지인 작물** : 감(한국, 중국), 인삼(한국), 팥(한국, 중국)

17 식물의 한쪽에 광을 조사하면 조사된 쪽의 옥신 농도가 낮아진다.

18 토양 선충(Nematode)은 특정의 작물근을 식해하여 직접적인 피해를 주고 식상을 통하여 병원균의 침투를 조장하여 간접적인 작물 병해를 유발시킨다.

19 **경종적 방제방법**
윤작(두과 – 화분과), 토양관리, 건전 재배, 병·해충 유인방법, 트랩설치, 기상조건(기온, 습도 등)의 제어

20 CEC(Cation Exchange Capacity) : 양이온 교환용량은 특정 pH에서 일정량의 토양에 전기적 인력에 의하여 다른 양이온과 교환이 가능한 형태로 흡착된 양이온의 총량을 의미한다.

21 가장 보편적으로 이용되고 있는 작물 분류법의 근거는 용도이며, 작물은 용도에 따라 식용(식량)작물, 공예(특용)작물, 사료작물, 녹비(비료)작물, 원예작물 등으로 분류한다.

22 식물체는 녹색식물이기 때문에 균의 도움 없이도 살아갈 수는 있으나, 토양 속에 질소·인산 등의 비료가 모자랄 때에는 균근과 공생하는 편이 훨씬 생육이 좋고, 균근은 특히 인산의 흡수에 도움을 준다.

23 ④ 노후화답에서는 규산이 결핍될 수 있다.

24 토양 pH가 강알칼리성이 되면 B, Fe, Mn 등의 용해도가 감소하여 작물 생육에 불리해지며, 토양 내 탄산나트륨(Na_2CO_3)과 같은 강염기가 존재하게 되어 작물 생육에 장해가 된다.

25 **기지대책**
윤작, 담수, 토양 소독, 유독물질의 제거, 객토 및 환토, 접목, 지력배양 등

26 묘목은 가능한 한 뿌리를 상하지 않게 심는 것이 중요하며, 깊게 심는것보다 얕게 심는 것이 활착이 빠르고 생육이 양호하다.

28 ④ 수박은 5~7년 휴작을 요한다.
① 참외는 3년 휴작을 요한다.
② 콩은 1년 휴작을 요한다.
③ 오이는 2년 휴작을 요한다.

29 ③ 대기 중 이산화탄소의 농도는 약 0.03%로, 이는 작물이 충분한 광합성을 수행하기에 부족하다. 광합성량을 최고도로 높일 수 있는 이산화탄소의 농도는 약 0.25%이다.
①, ② 대기 중에는 질소가스(N_2)가 약 79.1%를 차지하며 근류균·Azotobacter 등이 공기 중의 질소를 고정한다.
④ 호흡 작용에 알맞은 대기 중의 산소 농도는 약 20.9%이다.

30 1991년 농림축산식품부 농산국에 유기농업발전기획단이 설치되었다.

31 잦은 경운은 오히려 토양생태계를 파괴하므로, 전층 기계 경운을 수시로 실시하는 것은 적절하지 않다. 석고·토양개량제·생짚 등을 사용하여 토양의 물리성을 개량한다.

32 요수량은 수수, 기장, 옥수수 등이 작고 호박, 알팔파, 클로버 등은 크다.
※ 요수량의 크기 : 기장 < 옥수수 < 보리 < 알팔파 < 클로버

33 ① Illite : 2 : 1형 점토광물로서 운모 점토광물이 풍화되는 동안 K, Mg 등이 용탈되어 생기는 비팽창형 광물
② Montmorillonite : 규산층과 알미늄층이 2 : 1로 구성되어 결정단위 사이에 물이 자유로 드나들 수 있어 물의 함량에 따라 팽창, 수축이 일어날 수 있는 팽창형 광물
④ Vermiculite : 규산층과 알루미늄층이 2 : 1로 형성된 팽창판자형 제2차 토양광물

34 화성 유도의 주요 요인
• 내적 요인
 – 영양상태, 특히 C/N율로 대표되는 동화생산물의 양적 관계
 – 식물호르몬, 특히 옥신과 지베렐린의 체내 수준 관계
• 외적 요인
 – 광조건, 특히 일장효과의 관계
 – 온도조건, 특히 버널리제이션(Vernalization)과 감온성의 관계

35 ② 초생재배 : 과수원에서 김을 매주는 청경재배 대신에 목초, 녹비 등을 나무 밑에 가꾸는 재배법
③ 단구식재배(Terrace) : 경사가 심한 곳을 개간할 때에는 토양침식을 방지하기 위하여 계단식으로 단구(段丘, Terrace)를 구축하고 법면(法面)에는 콘크리트, 돌, 식생 등으로 계단식 단구가 조성되도록 한다.

36 모시풀은 자웅동주식물이며, 8시간 이하의 단일조건에서는 완전자성(完全雌性, 암꽃)이고, 14시간 이상의 장일에서는 완전웅성(完全雄性, 수꽃)이 된다.

38 퇴구비 · 녹비 등의 유기물을 시용하거나, 규회석 · 탄산석회 · 소석회 등 석회질 물질을 사용하여 입단화를 증가시킨다.

39 점토질은 유기물 분해력이 느리다.

40 햇빛을 잘 반사시키도록 알루미늄을 입힌 필름을 멀칭하면 열매채소와 과일의 착색이 잘 된다.

41 한국에서의 공예작물은 전매작물인 담배 · 인삼 · 참깨 등이 큰 비중을 차지하고 있으며, 그밖에 계약재배하는 홉 · 왕골 · 골풀 · 평지(유채) · 들깨 등이 있다.

42 유기농업의 추구 내용
• 환경생태계의 보호
• 토양 쇠퇴와 유실의 최소화
• 환경오염의 최소화
• 생물학적 생산성의 최적화
• 자연환경의 우호적 건강성 촉진

43 종자발아에 필수요소 : 산소, 온도, 수분

44 생물적 풍화작용
동물과 미생물, 식물 뿌리 등에 의한 풍화작용으로, 미생물은 황화물을 산화시켜 황산으로, 암모니아를 질산으로, 유기물을 분해하여 유기산으로 만든다. 일련의 화학반응인 산화 · 환원작용, 용해작용, 수화작용, 가수분해, 착체 형성 등은 화학적 풍화작용에 해당하는데, 산화철은 수화 작용을 받으면 수산화철이 되며, 정장석이 가수분해 작용을 받으면 고령토를 거쳐 보크사이트가 된다.

45 ① 단교배 : A×B
② 여교배 : (A×B)×A
③ 3원교배 : (A×B)×C

47 유망집단에 대하여 품종별로 1본식(本植)이나 1립파(粒播) 재배하여 전생육과정을 면밀히 관찰하거나 이형개체를 제거한 후 품종 고유의 특성을 구비한 개체만을 선발하여 집단채종을 한다.

48 ① 분무경 : 식물의 뿌리를 베드 내의 공기 중에 매달아 양액을 분사하는 방식
② 분무 수경 : 양액을 뿌리에 분무하는 한편, 동시에 베드 밑부분에 약간의 양액을 저장시켜 뿌리의 일부를 담가 재배하는 방식
④ 고형 배지경 : 수경과 토경의 중간적 성격을 가진 방식

49 과수원의 토양 관리
• 청경법 : 과수원 토양에 풀이 자라지 않도록 깨끗하게 김을 매주는 방법
• 초생법 : 과수원의 토양을 풀이나 목초로 피복하는 방법
• 부초법 : 과수원의 토양을 짚이나 다른 피복물로 덮어주는 방법

50 유기농업은 화학비료, 유기합성농약, 생장조절제, 제초제, 가축사료 첨가제 등 일체의 합성화합물질을 사용하지 않거나 줄이고 유기물과 자연광석, 미생물 등 자연적인 자재만을 사용하는 농업이다.

51 ③ IPM(Integrated Pest Management)은 병해충 종합관리를 나타내는 용어로, 여러 가지 방제법을 적절히 사용하여 해충의 발생 밀도를 경제적 피해 수준 이하로 억제하는 것을 말한다.
IPM의 효과
• 병해충 문제의 조기 식별 및 조치 능력 함양
• 농약 사용 감소에 따른 익충의 보호 및 확대
• 농약 사용 횟수 및 사용량 감소에 따른 농약에 대한 병해충 저항성 구축 감소
• 농민의 농약에 대한 위험성 감소
• 농약 비용 감소와 농작물 손실 예방에 따른 농가이윤의 증대
• 농약 사용 감소에 따른 토양 및 수자원 보호
• 농약의 식품 잔류 가능성 감소 및 안전한 농산물 공급

52 유기축산물의 동물복지 및 질병관리(친환경농축산물 및 유기식품 등의 인증에 관한 세부실시요령 [별표 1])
규정에 따른 예방관리에도 불구하고 질병이 발생한 경우 수의사 처방에 의해 동물용 의약품을 사용하여 질병을 치료할 수 있으며, 동물용 의약품을 사용한 가축은 전환기간(해당 약품의 휴약기간 2배가 전환기간보다 더 긴 경우 휴약기간의 2배 기간을 적용)이 지나야 유기축산물로 출하할 수 있다.

53 ① 장일상태에서 화성이 유도 · 촉진된다.
③ 보통 16~18시간의 조명에서 화성이 유도 · 촉진된다.
④ 장일식물의 유도일장은 장일 측에, 한계일장은 단일 측에 있다.

54 ④ 적황색토는 산성토양이다.
산성토양의 개량 및 재배대책 방법
• 석회와 유기물 시용
• 강산성 작물 재배
• 산성비료 연용 회피
• 용성인비, 붕소 시용

55 경사지 토양유실을 줄이기 위한 재배방법 : 등고선 재배, 초생대 재배, 부초 재배, 계단식 재배

56 피복작물은 강우의 지면타격으로부터 토양을 보호하고, 토양의 비료성분을 체내에 저장하며, 토양의 입단구조를 개선하고, 물의 침투율을 높인다. 이외에도 토양양분의 유실 및 지하수의 오염 방지, 토양침식 방지, 토양의 이화학성 및 생물성의 개선, 유기물 공급, 잡초 억제 등 다면적인 기능을 가지고 있다.

57 국제유기농업운동연맹(IFOAM ; International Federation of Organic Agriculture Movements)은 지구의 환경을 보전하고 인류의 건강을 지키기 위하여 시작된 유기농업이 전 세계로 확산되면서 1972년 창설되었다.

58 일라이트(Illite) : 주로 백운모와 흑운모로부터 생성되며 4개의 Si 중에서 한 개가 Al으로 치환되며, 실리카층 사이의 K이온에 의해 전하의 평형이 이루어진다.

59 경사도 5° 이하에서는 등고선 재배법으로도 토양보전이 가능하나, 15° 이상의 경사지는 단구를 구축하고 계단식 개간경작법을 적용해야 한다.

60 대기 중의 수증기, 이산화탄소 등 온실가스가 장파장의 복사에너지를 흡수하여 대기와 지표면의 온도가 높아지는 현상을 온실효과라고 한다.

제2회 과년도 기출복원문제													p 173 ~ 180		
01	02	03	04	05	06	07	08	09	10	11	12	13	14	15
②	③	②	②	②	④	③	④	②	①	③	②	③	①	①
16	17	18	19	20	21	22	23	24	25	26	27	28	29	30
②	③	②	④	③	④	③	④	②	①	①	③	④	③	②
31	32	33	34	35	36	37	38	39	40	41	42	43	44	45
③	①	④	①	③	②	②	②	①	①	③	①	④	③	①
46	47	48	49	50	51	52	53	54	55	56	57	58	59	60
②	④	③	④	①	④	①	④	③	④	③	①	③	②	③

01 서까래(Rafter)
지붕위의 하중을 지탱하며 왕도리, 중도리 및 갖도리 위에 걸쳐 고정하는 부재를 말한다. 보통 45cm 간격으로 설치한다.

02 Vavilov의 작물의 기원지 : 중국, 인도·동남아시아, 중앙아시아, 코카서스·중동지역, 지중해 연안지역, 중앙아프리카지역, 멕시코·중앙아메리카지역, 남아메리카지역

04 작물의 분화과정 : 유전적 변이 → 도태 또는 적응→ 순화 → 격리 또는 고립

07 괴근(고구마, 다알리아, 카사바), 괴경(감자, 뚱딴지, 시클라멘)

08 생물학적 방제법
화학농약을 사용하는 농업 병해충의 방제에 대하여 살아있는 생물 또는 생물 유래의 물질을 이용하는 방제법으로 이 방법은 화학적 방제에 비해 환경파괴나 공해가 적은 것이 특징이며, 고전적인 생물학적 방제법으로는 천적의 이용이 있다.

09 화성암은 용암이 냉각·고결된 것이며, 고화된 위치에 따라서 심성암, 반심성암 및 분출암으로 나누고, 이를 다시 암석에 들어 있는 규소(Si)의 함량에 따라서 산성암, 중성암, 염기성암으로 분류한다.

10 답전윤환은 논 또는 밭을 논상태와 밭상태로 몇해씩 돌려가면서 벼와 밭작물을 재배하는 방식으로 연작장해를 막기 위해 사용되는 방법이다. 잡초발생을 감소시키고, 지력의 유지를 증강시키는 효과가 있다.

11 병해충 방제에 효과적인 것은 윤작이며, 기계화 작업에 효과적인 것은 단작이다. 혼작은 생육기간이 거의 같은 두 종류 이상의 작물을 동시에 같은 포장에 섞어서 재배하는 것을 말한다.

12 유기농업은 화학비료, 유기합성농약, 생장조절제, 제초제, 가축사료 첨가제 등 일체의 합성화학물질을 사용하지 않거나 줄이고 유기물과 자연광석, 미생물 등 자연적인 자재만을 사용하는 농업이다.

13 근채류 : 우엉, 당근, 무, 연근, 토란 등

14 점토 함량(%)
• 사토 < 12.5
• 사양토 12.5~25
• 양토 25~37.5
• 식양토 37.5~50
• 식토 > 50

15 키가 크고 줄기가 약한 품종일수록 도복이 심하다.

16 *Rhizobium*(리조비움속) : 콩과식물의 뿌리에 공생하며 공기 중의 질소를 고정하는 역할을 한다.

17 ③ 맥류 10~20L
① 오이 200(육묘)~300mL(직파)
② 팥 5~7L
④ 당근 800mL

18 멀칭은 토양의 표면을 피복하여 토양수분 유지, 지온 조절, 잡초 억제 및 토양침식 방지를 목적으로 하는 토양관리의 방법이다.
• 장점 : 침식 방지, 수분 보존, 입단 형성, 비료유실 억제, 잡초 방지, 미생물 활동 촉진
• 단점 : 노동력·비용 상승, 비닐멀칭은 천근성 조장

20 광합성에 영향을 미치는 요인
• 빛의 세기 : 빛의 세기가 강할수록 광합성량이 증가하지만, 광포화점을 지나면 일정하다.
• 이산화탄소의 농도 : 이산화탄소의 농도가 증가할수록 광합성량이 증가하지만, 농도 0.1%부터는 일정하다.
• 온도 : 온도가 높을수록 광합성량도 증가하고 35~38℃에서 가장 활발하다. 그러나 40℃ 이상이나 10℃ 이하가 되면 급격히 감소한다.

21 유기농산물의 토양개량과 작물생육을 위하여 사용 가능한 물질(일부)(친환경농어업 육성 및 유기식품 등의 관리·지원에 관한 법률 시행규칙 [별표 1])
• 농장 및 가금류의 퇴구비(堆廏肥)
• 퇴비화 된 가축배설물
• 건조된 농장 퇴구비 및 탈수한 가금 퇴구비
• 식물 또는 식물 잔류물로 만든 퇴비
• 버섯재배 및 지렁이 양식에서 생긴 퇴비
• 사람의 배설물
• 석회석 등 자연에서 유래한 탄산칼슘

22 생력재배의 효과
- 농업노력비의 절감 : 맥작생산비의 55~60%는 노력비인데, 소형기계 화로는 노력비의 30~60%, 대형기계화로는 70~90%가 절감된다고 한다.
- 단위수량의 증대 : 심경다비, 적기작업, 재배방식의 개선 등에 의해서 오히려 수량이 증대될 수 있다.
- 토지이용도의 증대 : 기계화를 하면 작업능률이 높고 작업기간이 단축되므로 전후작의 관계가 훨씬 원활해지는 등 토지이용도가 증대된다.
- 농업경영의 개선 : 기계화생력재배를 알맞게 도입하면 농업노력과 생산비가 절감되고, 수량이 증대하면 농업경영은 크게 개선될 수 있다.

23 식물호르몬 : 옥신, 지베렐린, 시토키닌, ABA, 에틸렌

24 ① 작토 환원층에 철분이 많으면 벼뿌리가 적갈색인 산화철의 두꺼운 피막을 형성한다.
- 노후답 : 작토층의 무기성분이 용탈되어 결핍된 토양
- 논토양의 토층분화 : 담수로 환원되면 $Fe^{3+} \rightarrow Fe^{2+}$, $Mn^{4+} \rightarrow Mn^{2+}$로 용해도가 증가하여 물을 따라 하층이동
- 무기성분의 용탈과 집적 : 이때 K, Ca, Mg, Si, P, 점토도 용탈되어 심토의 산화층에 집적
- 담수하의 작토 환원층에서 황산염이 환원되어 황화수소가 생성

25 ① 강우기에 비닐을 벗기고 집적된 염류를 세탈시키는 담수처리를 한다. 시설하우스는 한두 종류의 작물만 계속하여 연작함으로써 시용하는 비료량에 비하여 작물에 흡수 또는 세탈되는 비료량이 적어 토양 중 염류가 과잉집적되므로 담수세척, 환토(換土), 비종 선택과 시비량의 적정화, 유기물의 적정시용, 윤작 등을 통해 염류집적을 방지해야 한다.

26
- 호랭성 채소 : 20℃ 안팎의 서늘한 온도에서 잘 생육되는 채소로 배추, 양배추, 시금치, 파, 양파, 마늘, 상추, 무, 당근, 감자, 완두, 딸기 등이 있다.
- 호온성 채소 : 25℃ 내외의 따뜻한 온도에서 생육되는 채소로 고구마, 생강, 토란, 들깨 등과 대부분의 과채류 등이 이에 속한다.

27 유기농업은 화학합성비료나 농약을 사용할 수 없기 때문에 다수확을 위함이 아니다.

28 습해를 줄이기 위해서는 표층시비를 하는 것이 유리하다.

29 P, B, Si 등은 음이온을 띤 무기화합물의 형태 또는 무기산의 형태로 식물체에 흡수된다.

30 원예작물 중 채소는 인체의 건전한 발육에 필수적인 비타민 A, C와 칼슘, 철, 마그네슘 등의 무기염류를 공급해 준다.

31 경종적 방제법
내충성・내병성 품종을 이용하거나 토양관리를 개선하는 등 작물의 재배조건을 변화시켜 병충해 및 잡초의 발생을 억제하고 피해를 경감시키는 방법을 말한다.

32 우적침식(입단파괴침식) : 지표면이 타격을 입으면 빗방울에 의해 토양의 입단이 파괴되고, 토양입자는 분산되어 침식 되는 것

34 사질논은 점토 함량이 15% 부근에 이르도록 점토 함량이 높은 식양토나 식토를 객토하여야 한다.

35 양이온에 대한 교환침투력
Na + < K + ≈ NH$_4$ + < Rb + < Cs + ≈ Mg^{2+} < Ca^{2+} < Sr^{2+} ≈ Ba^{2+} < La^{3+} ≈ H$^+$, (Al^{3+}) < Th^{4+}

36 인산질 비료
- 인은 유기질과 무기질로 나뉜다.
- 무기질 인산은 물에 녹는 수용성, 묽은 시트르산에 녹는 구용성 및 녹지 않는 불용성으로 나눈다.
- 수용성 인산은 속효성이고 구용성 인산은 완효성이다.
- 수용성과 구용성 인산은 모두 식물이 흡수, 이용할 수 있는 인산으로 가용성 인산이라 한다.
- 과인산석회와 인산암모늄은 수용성 인산이며, 용성인비는 구용성 인산이다.
- 인광석, 동물의 뼈 등에 들어 있는 인산은 불용성이다.

37 개간지 토양의 특성
- 물리적 특성 : 토양침식으로 토심이 얕고 구조 미발달 및 보수력이 약하여 한발 피해
- 화학적 특성 : 화학성이 극히 미약하고, pH(강산성), CEC, 유기물, 유효인산, 염기 함량이 아주 낮음

38 질소질을 과다 시비하면 화진현상(꽃눈이 떨어져 결실하지 못하는 현상)이 생길 수 있다.

39 ② 표층시비 : 경지를 고르지 않고 포장 전면에 비료를 살포하는 것을 말한다.
③ 전층시비 : 비료를 살포한 후, 경운하여 비료가 토양에 골고루 섞이도록 하는 것이다.
④ 심층시비 : 비료의 손실을 막기 위해 토양 깊이 비료를 넣어 주는 시비법을 말한다.

40 망간(Mn)
- 각종 효소의 활성을 높여서 동화물질의 합성 분해, 호흡작용, 광합성 등에 관여
- 결핍되면 엽맥에서 먼 부분이 황색화

41
- 바이러스에 의한 병 방제법 : 별도의 방제법이 없으며 병의 발병 이전 예방을 위해 관리적 노력을 강구, 건전 종자 사용, 저항성 품종 육성, 매개곤충을 통한 방제
- 화학적 방제 : 농약 살포를 통한 방제

42 피복작물은 강우의 지면타격으로부터 토양을 보호하고, 토양의 비료성분을 체내에 저장하며, 토양의 입단구조를 개선하고, 물의 침투율을 높인다. 이외에도 토양양분의 유실 및 지하수의 오염 방지, 토양침식 방지, 토양의 이화학성 및 생물성의 개선, 유기물 공급, 잡초 억제 등 다면적인 기능을 가지고 있다.

43 멀칭
- 봄철의 씨 뿌리는 시기는 지온이 낮은데, 이 경우는 투명한 플라스틱 필름을 이용하면 지온을 높여 발아에 도움이 된다.
- 여름철과 같이 지나치게 지온이 높아서 작물생육에 장애가 될 경우에는 볏짚, 종이 등 빛이 잘 투과하지 않는 자재로 멀칭을 하면 지온을 낮추어 생육에 도움이 될 수 있다.

44 기지현상의 원인
- 토양 비료분의 소모
- 토양 중의 염류집적
- 토양 물리성의 악화
- 잡초의 번성
- 유독물질의 축적
- 토양선충의 피해
- 토양전염의 병해

46 수수, 고구마, 양파는 연작의 피해가 적고, 사탕무, 수박, 가지, 완두 등은 5~7년 휴작을 요하는 작물이다.

47 유전적 퇴화
집단의 유전적 조성이 불리한 방향으로 변화되어 품종의 균일성 및 성능이 저하되는 것을 말한다. 유전적 퇴화의 원인으로는 자연돌연변이, 자연교잡, 이형종자의 기계적 혼입, 미고정형질의 분리, 자식(근교)약세, 역도태 등이 있다.

48 토양의 무기질 입자에 입경조성에 의한 토양의 분류를 토성이라고 한다. 즉 모래, 미사, 점토 등의 함유 비율에 의하여 결정된다.

49 대기 습도
• 대기 습도가 높지 않고 적당히 건조해야 증산이 조장되며, 양분 흡수가 촉진되어 생육에 좋다. 그러나 과도한 건조는 불필요한 증산을 하여 한해를 유발한다.
• 대기가 과습하면 증산이 적어지고 병균의 발달을 조장하며, 식물체의 기계적 조직이 약해져서 병해・도복을 유발한다.

50 ① 배수력이 좋다.
② 토양수분의 공급이 좋다.
③ 공기유통이 좋다.
④ 보수력이 나빠져 작물 생육에 좋다.
떼알구조는 틈새가 많고, 보수력도 커 공기의 유통이 좋아 작물의 생육에 있어, 바람직한 구조이다.

53 지렁이는 토양의 구조를 좋게 하고 비옥도를 증진시키는 작용을 한다.

54 장해형 냉해 : 생식세포의 감수분열기에 냉온의 영향을 받아 생식기관 형성이 부진하거나 불임현상이 초래되는 유형의 냉해이다.

55 토양 표면관리법
• 청경법 : 잡초에 의한 양, 수분 경쟁이 없고, 병・해충의 잠복처를 제거하는 장점이 있으나, 토양침식이 심하며 토양의 온도변화가 심하다.
• 절충법 : 유기물 피복과 초생을 조합하거나 폴리에틸렌 필름 피복과 초생을 조합하는 방법으로 풀의 왕성한 생육을 억제하기 위해 생육기 동안 4~5회 깎아 준다.

56 식물의 한쪽에 광을 조사하면 조사된 쪽의 옥신 농도가 낮아진다.

57 평지와 산지의 과수원 조성 시 장단점

구 분	장 점	단 점
평 지	• 생력화 작업이 쉬움 • 과원 관리 편리성 • 토심이 깊고 비옥	• 서리피해 우려 많음 • 배수불량(병해충 발생위험) • 착생불량
산 지	• 배수 양호 • 일조량이 충분 • 동해피해 우려가 적음	• 표토가 얕고 척박지가 많음 • 기계화 작업 불리 • 경사지에 따라 피해양상이 다양

59 시설의 환기는 공중습도를 적절하게 조절해 주는 역할을 한다.

60 토양의 질적 수준을 향상시키는 토양비옥도의 유지・증진 수단
• 피복작물(Cover Crop)의 재배
• 작물 윤작(Crop Rotation)
• 간작(Inter-Cropping)
• 녹비(Green Manure)
• 작물잔재와 축산분뇨의 재활용
• 가축의 순환적 방목
• 최소경운 또는 무경운(Minimum or Non-Tillage)

제3회 최근 기출복원문제　　　　　p 181 ~ 188

01	02	03	04	05	06	07	08	09	10	11	12	13	14	15
③	②	③	④	③	②	③	④	④	①	③	④	②	③	②
16	17	18	19	20	21	22	23	24	25	26	27	28	29	30
③	②	③	②	①	④	③	②	①	①	④	③	④	②	③
31	32	33	34	35	36	37	38	39	40	41	42	43	44	45
③	①	④	④	③	②	①	②	①	④	②	①	④	④	①
46	47	48	49	50	51	52	53	54	55	56	57	58	59	60
①	②	①	④	③	④	②	①	②	③	②	①	④	③	④

01 과실의 구조에 의한 분류
• 인과류 : 사과, 배, 비파 등
• 준인과류 : 감귤, 감 등
• 핵과류 : 복숭아, 자두, 살구, 매실, 양앵두, 대추 등
• 장과류 : 포도, 무화과, 나무딸기 등
• 각과류 : 밤, 호두, 개암 등

02 기지현상의 대책 : 윤작, 담수, 토양 소독, 유독물질의 제거, 객토 및 환토, 접목, 지력배양 등

03 수해의 요인과 작용
• 토양이 부양하여 산사태, 토양침식 등을 유발
• 유토에 의해서 전답이 파괴・매몰
• 유수에 의해서 농작물이 도복・손상되고 표토가 유실
• 침수에 의해서 흙앙금이 가라앉고, 생리적인 피해를 받아서 생육 저해
• 병의 발생이 많아지며, 벼에서는 흰빛잎마름병을 비롯하여 도열병, 잎집무늬마름병이 발생
• 벼는 분얼 초기에는 침수에 강하지만 수잉기와 출수 개화기에는 약해 수잉기~출수 개화기에 특히 피해가 큼
• 수온이 높을수록 호흡기질의 소모가 많아 피해가 큼
• 흙탕물과 고인 물은 흐르는 물보다 산소가 적고 온도가 높아 피해가 큼

05 식량(식용)작물의 분류
벼, 보리, 밀, 콩 등과 같이 주로 식량으로 재배되는 작물들로, 보통작물이라고도 한다.
• 벼 : 논벼(수도), 밭벼(육도)
• 맥류 : 보리, 밀, 호밀, 귀리 등
• 잡곡 : 옥수수, 수수, 조, 메밀, 기장, 피 등
• 콩류 : 콩, 팥, 녹두, 완두, 강낭콩, 땅콩 등
• 서류 : 감자, 고구마, 카사바, 토란, 돼지감자 등

06 적산온도 : 작물의 생육에 필요한 열량을 나타내기 위한 것으로서 생육 일수의 일평균기온을 적산한 것

07 ② 땅속에 숨은 해충의 유충이나 애벌레, 성충 등을 표층으로 노출시키면 서식환경이 파괴되어 해충을 죽이거나 밀도를 낮출 수 있다.
③ 땅을 갈면 퇴비나 남아 있던 수확한 작물의 잎줄기를 땅속에 묻어 이를 이용할 수 있고, 비가 오면 비료나 농약이 빗물로 씻겨 내려갈 염려가 적어져 이용효율이 커진다.
④ 땅을 갈면 땅속 깊이까지 물이 스며들어 수분을 잘 유지시킬 수 있을 뿐만 아니라, 갈아 놓은 땅은 표면적이 넓어서 수분이 과다해도 수분 조절작용에 유리하다.

08 멀칭의 효과
지온의 조절, 토양의 건조 예방, 토양의 유실 방지, 비료 성분의 유실 방지, 잡초발생의 억제

09 인삼은 한번 본 밭에 옮겨 심으면 같은 장소에서 3~5년 동안 자라고, 이어짓기가 거의 불가능하며, 한번 재배하였던 곳은 10년 이상 다른 작물을 재배한 후에야 다시 재배하는 것이 가능하다.

10 아미노산은 단백질의 구성성분인 질소화합물이다.

11 배수의 효과
• 습해 · 수해를 방지한다.
• 토양의 성질을 개선하여 작물의 생육을 조장한다.
• 1모작답을 2 · 3모작답으로 하여 경지 이용도를 높인다.
• 농작업을 용이하게 하고 기계화를 촉진한다.

12 윤작의 효과
• 토양 보호
• 잡초 및 병해충의 발생 억제
• 지력의 유지 및 증강
• 토양선충 경감 및 기지현상 회피
• 수확량 증대 및 토지이용도 향상
• 노력분배 합리화 및 농업경영의 안정성 증대

13 식물 자체는 분자질소를 고정하여 이용할 수 없기 때문에 숙주식물(대부분이 콩과 식물)에 기생하며, 질소를 고정한다.

14 도복방지를 위해서는 질소 편중의 시비를 피하고 칼륨, 인산, 규산, 석회 등을 충분히 사용해야 한다.

15 ① 교호작(번갈아짓기) : 콩의 두 이랑에 옥수수 한 이랑씩 생육기간이 비등한 작물들을 서로 건너서 교호로 재배하는 방식
③ 간작(사이짓기) : 한 가지 작물이 생육하고 있는 조간(고랑 사이)에 다른 작물을 재배하는 것
④ 윤작 : 한 토지에 두 가지 이상의 다른 작물들을 순서에 따라 주기적으로 재배하는 것

16 엽면 시비는 작물의 뿌리가 정상적인 흡수능력을 발휘하지 못할 때, 병충해 또는 침수해 등의 피해를 당했을 때, 이식한 후 활착이 좋지 못할 때 등 응급한 경우에 시용한다.

17 화학비료를 과도하게 주면 지력이 쇠퇴하고 화학비료 속에 녹아 있는 질산이나 인산에 의해 지하수나 수질이 오염될 수 있다.

18 탄산화 작용은 대기 중의 이산화탄소가 물에 용해되어 일어난다. 물에 산이 가해지면 암석의 풍화 작용이 촉진된다.

20 작물의 내습성에 대한 뿌리의 발달 습성 : 근계가 얕게 발달하거나, 습해를 받았을 때 부정근의 발생력이 큰 것은 내습성을 강하게 한다.

21 밭토양의 특성
• 밭면적 중 대부분이 곡간지와 구릉지 및 산록지에 산재해 있으며, 하천 주변의 평탄지에 분포하고 있는 것은 적다.
• 침식을 많이 받게 되어 토양의 유실과 비료성분의 용탈이 심하여 지력이 낮은 척박한 토양이 대부분이다.
• 관개수에 의한 양분의 천연공급이 없고, 오히려 빗물에 의한 양분 유실이 심하다.
• 논에 비하여 수리가 불리하여 한발 피해가 심하며, 작황의 불안정과 연작에 의한 생육장해가 일어나기 쉽다.
• 유사작물을 계속 재배할 경우 특정 양분이 작물에 의하여 과다하게 흡수되거나 시비된 비료성분이 과잉으로 축적되어 심한 양분 불균형을 초래하기도 한다.

22 • 한두 종류의 작물만 계속하여 연작함으로써 특수성분의 결핍을 초래한다.
• 집약화의 경향에 따라 요구도가 큰 특정 비료의 편중된 사용으로 염화물, 황화물 등 Ca, Mg, Na 등 염기가 부성분으로 토양에 집적된다.
• 토양의 pH가 작물 재배에 적합하지 못한 적정 pH 이상으로 높아진다.
• 토양의 비전도도(EC)가 기준 이상인 경우가 많아 토양용액의 삼투압이 매우 높고, 활성도비가 불균형하여 무기성분 간 길항작용에 의해 무기성분의 흡수가 어렵게 된다.
• 대량 요소의 사용에만 주력하여 미량요소의 결핍이 일반적인 특징이다.

23 공중질소를 고정하는 토양미생물에는 단독적으로 수행하는 것(아조토박터속, 클로스트리듐속, 남조류)과 작물과 공생하는 것(리조비움속)이 알려져 있다.

24 토양 선충(Nematode)은 특정의 작물근을 식해하여 직접적인 피해를 주고 식상을 통하여 병원균의 침투를 조장하여 간접적인 작물 병해를 유발시킨다.

25 유기물 함량이 증가할수록 지력은 높고, 무기성분이 풍부하고 균형 있게 함유되어 있어야 지력이 높다.

26 도복의 유발요인
• 품종 : 키가 크고 대가 약한 품종일수록 도복이 심하다.
• 재배조건 : 밀식, 질소다용, 칼륨부족, 규산부족 등은 도복을 유발한다.
• 병충해 : 병충해의 발생이 많아지면 대가 약해져서 도복이 심해진다.
• 환경조건 : 강수해나 풍해, 한발 등은 도복을 조장한다.

27 작물 수량을 최대로 올리기 위한 주요 요인 : 유전성, 환경조건, 재배기술

28 잦은 경운은 오히려 토양생태계를 파괴하므로, 전층 기계 경운을 수시로 실시하는 것은 적절하지 않다. 석고 · 토양개량제 · 생짚 등을 시용하여 토양의 물리성을 개량한다.

29 토양의 입단화는 토양입자가 지렁이의 소화기관을 통과할 때 석회석에서 분비되는 탄산칼슘 등의 응고에 의해 이루어지며, 토양의 물리성을 개량하여 식물과 농작물의 생육에 알맞은 환경을 만들어 준다.

30 강우 강도가 강우량보다 토양침식에 더 영향이 크다.

31 시설재배라는 특수한 조건의 토양에서는 양분의 불균형적 축적으로 인한 양분의 과 · 부족과 염류집적으로 인한 농도장해가 발생하며, 토양의 물리화학성이 불량해진다.

32 일반적으로 고도로 분해된 유기물이 많이 함유된 토양은 어두운색을 띤다. 산화철 광물이 풍부하면 적색을 띤다.

33 ① Kaolinite : 대표적인 1 : 1 격자형 광물로 고령토라고도 하며, 우리나라 토양 중 점토광물의 대부분을 차지하고 있다.
② Illite : 2 : 1형 점토광물로서 운모 점토광물이 풍화되는 동안 K, Mg 등이 용탈되어 생기는 비팽창형 광물
③ Vermiculite : 규산층과 알루미늄층이 2 : 1로 형성된 팽창판자형 제 2차 토양광물

34 • 작토층의 부피 $= 10a \times 10cm = 1000m^2 \times 0.1m$
$= 100m^3 (\because 10a = 1,000m^2)$
• 용적밀도 $= 1.2g/cm^3 = 1,200kg/m^3$
∴ 작토층 총질량 $= 1,200kg/m^3 \times 100m^3 = 120,000kg$

35 칼슘과 칼륨, 마그네슘 등과 같은 미량원소들이 유실되어 척박한 토양이 되어 버림으로서 식물이 살 수 없는 사막화현상이 발생한다. 또 산도가 7에서 5로 낮아지면 양분의 이용률은 인산이 66%, 칼륨이 54%, 질소는 57%나 떨어진다.

36 경사도가 15% 이상 되는 경사지는 경사완화형 계단을 설치하여 경사지 토양을 보전할 수 있다.

38 화학종속영양세균대사는 탄소의 환원화합물을 포함한 여러 종류의 유기화합물이 주요한 에너지 공급원이고, 화학독립영양세균은 무기물의 산화에 의해서 에너지를 획득한다.

39 ③ 대기 중 이산화탄소의 농도는 약 0.03%로, 이는 작물이 충분한 광합성을 수행하기에 부족하다. 광합성량을 최고도로 높일 수 있는 이산화탄소의 농도는 약 0.25%이다.
①·② 대기 중에는 질소가스(N_2)가 약 79.1%를 차지하며 근류균, Azotobacter 등이 공기 중의 질소를 고정한다.
④ 호흡작용에 알맞은 대기 중의 산소 농도는 약 20.9%이다.

40 토양 중의 공기가 적거나 산소가 부족하고 이산화탄소가 많으면 작물 뿌리의 생장과 기능을 저해한다.

41 pH 7(중성)을 기준으로 그 이하면 산성, 그 이상이면 알칼리성이라 한다.

42 칼슘과 칼륨, 마그네슘 등과 같은 미량원소들이 유실되어 척박한 토양이 되어 버림으로서 식물이 살 수 없는 사막화현상이 발생한다. 또 산도가 7에서 5로 낮아지면 양분의 이용률은 인산이 66%, 칼륨이 54%, 질소는 57%나 떨어진다.

43 햇빛이 강하면 잎에서의 증산작용으로 수분의 손실이 많으므로 구름이 있거나 흐린 날에 이식하는 것이 좋다.

44 ④ 보(Beam) : 기둥이 수직재인데 비하여 보는 수평 또는 이에 가까운 상태에 놓인 부재로서 직각 또는 사각의 하중을 지탱한다.
① 샛기둥 : 기둥과 기둥 사이에 배치하여 벽을 지지해 주는 수직재를 말한다.
② 왕도리 : 대들보라고도 하며, 용마루 위에 놓이는 수평재를 말한다.
③ 중도리 : 지붕을 지탱하는 골재로 왕도리와 갓도리 사이에 설치되어 서까래를 받치는 수평재이다.

45 녹색식물은 광을 받아서 엽록소를 형성하고 광합성을 수행하여 유기물을 생성한다. 광합성에는 675nm를 중심으로 한 630~680nm의 적색부분과 450nm를 중심으로 한 400~490nm의 청색부분이 가장 효과적이다. 자외선 같이 짧은 파장의 광은 식물의 신장을 억제시킨다.

46 **토양공극** : 미세한 입자는 밀착되지 않기 때문에 공간이 생성되고 공극이 유지되어 보수력이 높지만 공기와 물의 이동이 어렵다

47 **암석의 분류**
• 화성암 : 화강암, 섬록암, 안산암, 현무암
• 수성암 : 응회암, 사암, 혈암, 점판암, 석회암
• 변성암 : 편마암, 대리석, 편암, 사문암

48 **토양유실량 크기** : 옥수수 > 참깨 > 콩 > 고구마
※ 토양유실(Soil Erosion)이란 물이나 바람에 의해 토양 표층의 일부분이 원래의 위치에서 탈리되어 이동되는 현상이다.

49 ① 광산폐수는 카드뮴, 구리, 납, 아연 등의 중금속 오염원이다.
• 질소 : 농약, 화학비료, 가축의 분뇨 등
• 인산 : 생활하수(합성세제 등)

50 바빌로프는 재배식물의 커다란 분류군에서 순차적으로 작은 군으로 다시 유전적 변이의 구성별로 세분하고, 그 결과에서 재배식물의 변이형의 분포지도를 작성하는 '식물지리적 미분법'을 확립하여 작물의 기원을 탐색하였다.

51 **일라이트(Illite)**
주로 백운모와 흑운모로부터 생성되며 4개의 Si 중에서 한 개가 Al으로 치환되며, 실리카층 사이의 K이온에 의해 전하의 평형이 이루어진다.

52 과실에 봉지를 씌워서 병해충을 방제하는 것은 물리적 방제법에 속한다.

53 **무경운의 장점**
• 무경운을 하면 일찍 파종할 수 있고 노력이 절약된다.
• 장기적으로 볼 때 무경운은 토양의 생태계에 유리하며, 특히 땅속의 유익한 생물들의 환경을 파괴하지 않으므로 이들의 번식에도 도움이 된다.

54 ③ 밀의 수확기를 당기면 녹병의 피해가 적어진다.

55 유기농업은 화학비료, 유기합성농약, 생장조절제, 제초제, 가축사료 첨가제 등 일체의 합성화학물질을 사용하지 않거나 줄이고 유기물과 자연광석, 미생물 등 자연적인 자재만을 사용하는 농업이다.

56 아치형 온실은 지붕형 온실에 비하여 내풍성이 강하고 광선이 고르게 입사하며, 필름이 골격재에 잘 밀착되어 파손될 위험이 적다.

57 피복작물은 강우의 지면타격으로부터 토양을 보호하고, 토양의 비료성분을 체내에 저장하며, 토양의 입단 구조를 개선하고, 물의 침투율을 높인다. 이외에도 토양양분의 유실 및 지하수의 오염 방지, 토양침식 방지, 토양의 이화학성 및 생물성의 개선, 유기물 공급, 잡초 억제 등 다면적인 기능을 가지고 있다.

58 **생력재배의 효과** : 농업노력비 절감, 기계화에 의한 단위수량의 증대, 작부체계 개선으로 토지이용도(재배면적)의 증대, 농업경영의 개선(농업노동력 절감, 생산비 절감)

59 잡초 관리에 있어서 윤작, 경운 등 경종적 방법이 근간이 되어야 하고 화학제초제의 시용은 금한다.

60 **칼슘(Ca) 결핍 증상과 특징**
상위엽이 약간 소형으로 되면서 안쪽과 바깥쪽으로 비틀어진다. 장기간의 일조 부족과 저온이 지속되다가 갑작스럽게 청천 고온으로 되면 생장점 부근의 엽 둘레가 타면서 비틀어지는 소위 낙하산엽으로 변한다. 상위엽의 엽맥 사이가 황화하고 잎은 작아진다. 따라서 칼슘 결핍의 특징은 증상이 생장점 가까운 잎에서 나타나고 엽 둘레가 타면서 엽맥사이가 황화되는 것이 특징이다.

제4회 최근 기출복원문제   p 189 ~ 196

01	02	03	04	05	06	07	08	09	10	11	12	13	14	15
①	②	④	④	②	③	②	②	④	①	②	③	③	④	④
16	17	18	19	20	21	22	23	24	25	26	27	28	29	30
①	②	③	④	③	④	③	④	②	②	④	③	③	④	④
31	32	33	34	35	36	37	38	39	40	41	42	43	44	45
①	②	③	④	①	④	①	④	②	①	②	④	④	③	③
46	47	48	49	50	51	52	53	54	55	56	57	58	59	60
④	④	②	④	②	①	②	②	④	③	④	④	①	①	④

01 토성의 분류

명칭	점토 함량(%)
사토	< 12.5
사양토	12.5~25
양토	25~37.5
식양토	37.5~50
식토	> 50

02 암모늄태 질소를 환원층에 주면 질화균의 작용을 받지 않고 비효가 오래 지속되는데, 이처럼 암모늄태 질소를 환원층에 시비하여 비효의 증진을 꾀하는 것을 심층시비라 한다.

04 작물의 생존연한에 의한 분류
- 1년생 작물 : 봄에 종자를 뿌려 그 해에 개화 · 결실해서 일생을 마치는 작물(벼, 콩, 옥수수, 해바라기)
- 2년생 작물 : 종자를 뿌려 1년 이상을 경과해서 개화 · 성숙하는 작물(무, 사탕무, 접시꽃)
- 월년생 작물 : 가을에 종자를 뿌려 월동해서 이듬해 개화 · 결실하는 작물(가을밀, 가을보리, 금어초 등)
- 영년생(다년생) 작물 : 여러 해에 걸쳐 생존을 계속하는 작물(호프, 아스파라거스)

05 전체적으로 물을 충분히 줄 수 있는 장점이 있으나, 땅이 고르지 않으면 일부는 물에 잠기고 일부는 물이 닿지 않는 경우가 생긴다.

06
- 운적토 : 풍화 생성물이 옮겨 쌓여서 된 토양으로 붕적토, 선상퇴토(부채꼴), 하성충적토(수적토), 풍적토 등이 있다.
- 정적토 : 풍화 생성물이 그대로 제자리에 남아서 퇴적된 토양으로 잔적토와 유기물이 제자리에 퇴적된 이탄토로 나뉜다.

07 규산 함량에 따른 분류
- 산성암 : 화강암, 유문암(65~75%)
- 중성암 : 섬록암, 안산암(55~65%)
- 염기성암 : 반려암, 현무암(40~55%)

09 파종양식
- 산파 : 종자를 포장 전면에 흩어 뿌리는 방식으로 노력이 적게 드나 종자 소비량이 가장 많음
- 조파 : 종자를 줄지어 뿌리는 방법
- 적파 : 일정한 간격을 두고 여러 개의 종자를 한 곳에 파종
- 점파 : 일정한 간격으로 종자를 1~2개씩 파종하는 방법

10 냉해의 유형 : 지연형, 병해형, 장해형, 복합형

11 요소의 흡수율 83%에 대한 질소의 필요량은

$83 : 100 = 10 : x$

$x = \dfrac{100 \times 10}{83} = 12.04\text{kg}$(요소 중의 N량)이고,

요소의 질소함유량 46%에 대한 실제 요소의 필요량은

$46 : 100 = 12.04 : x$

$x = \dfrac{100 \times 12.04}{46} = 26.17\text{kg}$(요소의 필요량)이다.

12 병해충 관리를 위하여 사용 가능 자재 : 제충국 추출물, 데리스 추출물, 쿠아시아 추출물, 라이아니아 추출물, 님 추출물, 해수 및 천일염, 젤라틴 등

15 ① 배수체 육종법 : 염색체의 수를 늘리거나 줄임으로써 생겨나는 변이를 육종에 이용하는 방법
② 교잡 육종법 : 교잡을 통해서 육종의 소재가 되는 변이를 얻는 방법
③ 잡종강세 육종법 : 잡종강세 현상이 왕성하게 나타나는 1대 잡종을 품종으로 이용하는 방법

16 혼합유박의 질소 함량이 5%이므로,

$\dfrac{10 \times 100}{5} = 200\text{kg}$

18 굴광현상은 청색광이 가장 유효하다(400~500nm, 특히 440~480nm).

19 자연돌연변이나 자연교잡 등은 유전적 퇴화를 일으킨다.

20 무적필름은 필름에 부착된 물이 물방울이 되어 떨어져 작물에 피해를 주는 것을 막도록 필름의 표면을 따라 흘러내리기 쉽게 개량한 하우스용 필름이다.

21 목초액은 나무를 숯으로 만들 때 발생하는 연기가 외부 공기와 접촉하면서 액화되는 것으로, 그 성분은 초산이다.

22 탄질비는 미생물들이 먹이로 쓰는 질소의 함량을 맞춰주기 위한 것으로 30 이하로 맞추어야 퇴비화가 잘 일어난다.

23 규정에 따른 예방관리에도 불구하고 질병이 발생한 경우 수의사의 처방에 따라 질병을 치료할 수 있다. 이 경우 동물용 의약품을 사용한 가축(구충제를 사용한 가축을 포함)은 해당 약품 휴약기간의 2배가 지나야 유기축산물로 인정할 수 있다(친환경농어업 육성 및 유기식품 등의 관리 · 지원에 관한 법률 시행규칙[별표 4]).

24 토양 내 세균은 유기물의 분해, 질산화작용, 탈질작용 등을 하여 물질순환작용에서 핵심적인 역할을 한다.

25 FOAM(국제유기농업운동연맹)의 유기농업의 기본목적
- 가능한 폐쇄적인 농업시스템 속에서 적당한 것을 취하고, 또한 지역내 자원에 의존한다.
- 장기적으로 토양비옥도를 유지한다.
- 현대농업기술이 가져온 심각한 오염을 회피한다.
- 영양가 높은 음식을 충분히 생산한다.
- 농업에 화석연료의 사용을 최소화 시킨다.
- 전체 가축에 대하여 그 심리적 필요성과 윤리적 원칙에 적합한 사양조건을 만들어 준다.
- 농업생산자에 대해서 정당한 보수를 받을 수 있도록 하는 것과 더불어 일에 대해 만족감을 느낄 수 있도록 한다.
- 전체적으로 자연환경과의 관계에서 공생 · 보호적인 자세를 견지한다.

26
- 연작의 해가 적은 것 : 벼, 맥류, 조, 수수, 옥수수, 고구마, 삼, 담배, 무, 당근, 양파, 호박, 연, 순무, 뽕나무, 아스파라거스, 토당귀, 미나리, 딸기, 양배추, 꽃양배추 등
- 1년 휴작을 요하는 것 : 시금치, 콩, 파, 생강 등
- 2년 휴작을 요하는 것 : 마, 감자, 잠두, 오이, 땅콩 등
- 10년 이상 휴작을 요하는 것 : 아마, 인삼 등

27
$$요수량 = \frac{소비된 \ 수분량(g)}{건물 \ 1g}$$

28
담수하면 대기 중에서 토양으로의 기체 공급이 저하되므로 담수 후 수 시간 내에 토양에 함유되어 있던 산소가 호기성 미생물에 의해 완전히 소모된다. 때문에 산소가 부족한 조건하에서 호기성 미생물의 활동이 정지되고 혐기성 미생물의 호흡작용이 우세하여 혐기성 미생물의 활동이 증가한다.

29
비료를 엽면시비할 때 영향을 미치는 요인은 살포액의 pH, 살포액의 농도, 농약과의 혼합관계, 잎의 상태, 보조제의 첨가 등으로, 살포속도는 관계가 없다.
① 살포액의 pH는 미산성인 것이 흡수가 잘된다.
② 농도가 높으면 잎이 타는 부작용이 있으므로 규정 농도를 잘 지켜야 하며, 비료의 종류와 계절에 따라 다르지만 대개 0.1~0.3% 정도이다.
③ 살포액에 농약을 혼합하여 사용하면 일석이조의 효과를 얻을 수 있지만, 이때 약해를 유발하지 않도록 주의해야 한다. 그 밖에 전착제(展着劑)를 가용하면 흡수를 조장한다.

30
글레이(Glei)화 작용 : 지하 수위가 높은 저지대나 배수가 좋지 못한 토양 그리고 물에 잠겨 있는 논토양은 산소가 부족하여 토양 내 Fe, Mn 및 S이 환원상태가 되고 토양층은 청회색, 청색 또는 녹색의 특유한 색깔을 띠게 된다. 이러한 과정을 글레이화 작용이라 한다.

31
① 작토 환원층에 철분이 많으면 벼뿌리가 적갈색인 산화철의 두꺼운 피막을 형성한다.
- 노후답 : 작토층의 무기성분이 용탈되어 결핍된 토양
- 논토양의 토층분화 : 담수로 환원되면 $Fe^{3+} \rightarrow Fe^{2+}$, $Mn^{4+} \rightarrow Mn^{2+}$로 용해도가 증가하여 물을 따라 하층이동
- 무기성분의 용탈과 집적 : 이때 K, Ca, Mg, Si, P, 점토도 용탈되어 심토의 산화층에 집적
- 담수하의 작토 환원층에서 황산염이 환원되어 황화수소가 생성

32
땅속에 은둔하고 있는 해충의 유충이나 번데기를 지표에 노출시켜 얼어 죽게 한다.

33
모시풀은 자웅동주식물이며, 8시간 이하의 단일조건에서는 완전자성(完全雌性, 암꽃)이고, 14시간 이상의 장일에서는 완전웅성(完全雄性, 수꽃)이 된다.

37
한해를 줄이기 위해서는 뿌림골을 낮게 해야 한다.

38
연작장해는 동일한 작물재배에 따른 토양양분의 불균형적인 소모, 토양 반응 이상, 토양의 물리성 악화, 식물 유래 유해물질의 집적 및 병해충 다발생 등이 있는데 담수조건에서 재배를 하게 되면 토양에 대한 해가 없어 영년 연작이 가능하다.

39
④ 시설원예의 토양은 질소질 비료의 과다사용으로 아질산이 집적되어 토양 중 염류농도가 높다.
①·③ 염류의 과잉집적은 토양의 입단구조를 파괴하고 토양공극을 메워 통기성과 투수성의 불량을 초래한다.

② 시설하우스는 한두 종류의 작물만 계속하여 연작하면서 사용하는 비료량에 비하여 작물에 흡수 또는 세탈되는 비료량이 적어 토양 중 염류가 과잉집적되므로 토양이 산성화된다.

40
피복작물은 강우의 지면타격으로부터 토양을 보호하고, 토양의 비료성분을 체내에 저장하며, 토양의 입단구조를 개선하고, 물의 침투율을 높인다. 이외에도 토양양분의 유실 및 지하수의 오염 방지, 토양침식 방지, 토양의 이화학성 및 생물성의 개선, 유기물 공급, 잡초억제 등 다면적인 기능을 가지고 있다.

41
과수원의 토양 관리
- 청경법 : 과수원 토양에 풀이 자라지 않도록 깨끗하게 김을 매주는 방법
- 부초법 : 과수원의 토양을 짚이나 다른 피복물로 덮어주는 방법
- 초생법 : 과수원의 토양을 풀이나 목초로 피복하는 방법

42
토양유실예측공식(USLE)
연간 단위면적에서 일어나는 평균 토양유실량을 예측하는 공식으로 $A = R \cdot K \cdot LS \cdot C \cdot P$로 계산한다. 여기서, R : 강우인자, K : 토양의 수식성인자, LS : 경사인자, C : 작부인자, P : 토양관리인자이다.

44
연풍의 영향
- 증산작용을 촉진시켜 양분흡수를 증대시킨다.
- 그늘진 잎의 일사를 조장함으로써 광합성을 증대시킨다.
- 바람은 공기를 동요시킴으로써 이산화탄소 농도의 저하를 경감하고 광합성을 조장한다.
- 화분(꽃가루)의 매개를 조장하여 풍매화의 결실을 좋게 한다.
- 한여름에는 지온을 낮게 하고, 봄과 가을에는 서리를 막는 효과가 있으며, 수확물의 건조를 촉진하는 역할을 한다.
- 잡초의 씨나 병원균을 전파하고, 건조할 때에는 더욱 건조상태를 조장하며, 저온의 바람은 작물체에 냉해를 유발하기도 한다.

※ 풍해의 특징(풍속이 4~6km/h 이상일 경우)

기계적 장해	생리적 장해
• 절상, 열상, 낙과, 도복, 탈립 등이 초래되고 2차적인 병해와 부패가 일어난다. • 화곡류에서는 도복으로 수발아와 부패짚이 발생하고 수분, 수정의 장해로 불임립이 발생한다. • 벼의 경우 습도 60% 이하에서는 풍속 10m/sec에서 백수가 발생한다.	• 바람에 의한 상처로 호흡이 증가하여 체내 양분의 소모가 증가한다. • 풍속 2~4m/sec 이상의 경우 숨구멍이 닫혀 이산화탄소의 흡수가 감소되어 광합성이 감퇴된다. • 증산작용이 왕성해져 작물을 마르게 한다. • 작물의 체온을 저하시켜 해를 입힌다.

45
호프는 약료작물이다.

46
토성이란 토양입자의 크기와 점토함량에 따른 토양의 분류 기준이다.

47
장해형 냉해
생식세포의 감수분열기에 냉온 영향을 받아 생식기관 형성이 부진하거나 불임현상이 초래되는 유형의 냉해이다.

48
1991년 농림축산식품부 농산국에 유기농업발전기획단이 설치되었다.

49
지나친 경운은 떼알구조(입단)를 파괴한다.

51 육골분은 포유동물의 육가공공장이나 도축장에서 나오는 뼈가 붙은 고기조각이나 부스러기를 건열식(乾熱式)으로 처리하여 기름을 빼고 남은 고형분을 건조해서 분쇄한 것으로, 반추가축에 사용하는 것을 제외하고 유기사료로 사용이 가능하나 소에게 먹이면 광우병 등의 질병이 발생할 수 있다. 육골분을 초식동물의 먹이로 사용하는 것은 법으로 금지되어 있다.

52 비점오염원(非點汚染源)이라 함은 도시, 도로, 농지, 산지, 공사장 등으로서 불특정 장소에서 불특정하게 수질오염물질을 배출하는 배출원을 말한다.

53 식생이 무성하면 뿌리의 호흡이 왕성하고 바람을 막아서 지면에 가까운 공기층의 이산화탄소 농도를 높게하고 지표에서 떨어진 공기층은 잎의 왕성한 광합성 때문에 이산화탄소 농도가 낮아진다.

54 현재 국민들의 환경보전의 필요성에 대한 인식이 높아졌으며, 소비자들의 건강과 환경보전을 위한 무공해 및 안전식품 선호도가 높아지게 되었다.

55 테트라졸륨 용액에 콩 종자를 담그면 종자 전체에 색깔이 나타난다.

56 질소 다용·칼륨, 규산 부족 등이 도복을 유발하므로 질소 편중의 시비를 피하고 칼륨·인산·규산·석회 등을 충분히 사용한다.

57 생장촉진제 처리 과실은 육질이 무르고 생리장해가 발생할 수 있으며 저장기간이 짧다.

58 ① 장기적으로 토양비옥도를 유지한다.

59 엽삽은 잎을 묘상에 꽂아 뿌리를 내리게 하는 꺾꽂이 방법으로 베고니아, 산세비에리아, 바이올렛 등에 이용한다.

제5회 최근 기출복원문제

p 197 ~ 204

01	02	03	04	05	06	07	08	09	10	11	12	13	14	15
③	③	①	④	①	②	①	④	②	①	④	②	④	②	③
16	17	18	19	20	21	22	23	24	25	26	27	28	29	30
④	②	①	②	④	①	③	③	②	③	②	④	③	③	①
31	32	33	34	35	36	37	38	39	40	41	42	43	44	45
①	③	①	④	④	②	①	④	③	①	④	②	②	②	②
46	47	48	49	50	51	52	53	54	55	56	57	58	59	60
④	④	④	②	④	④	②	②	②	②	②	②	①	①	③

01 **식량(식용)작물의 분류**
벼, 보리, 밀, 콩 등과 같이 주로 식량으로 재배되는 작물들로, 보통작물이라고도 한다.
• 벼 : 논벼(수도), 밭벼(육도)
• 맥류 : 보리, 밀, 호밀, 귀리 등
• 잡곡 : 옥수수, 수수, 조, 메밀, 기장, 피 등
• 콩류 : 콩, 팥, 녹두, 완두, 강낭콩, 땅콩 등
• 서류 : 감자, 고구마, 카사바, 토란, 돼지감자 등

02 **Vavilov의 작물의 기원지** : 중국, 인도·동남아시아, 중앙아시아, 코카서스·중동지역, 지중해 연안지역, 중앙아프리카지역, 멕시코·중앙아메리카지역, 남아메리카지역

03 LIEBIG는 1840년에 무기물이 식물의 생장에 이용될 수 있다는 무기영양설(無機營養說)을 제창했으며 1843년에 식물의 생육은 다른 양분이 아무리 충분해도 가장 소량으로 존재하는 양분에 의해서 지배된다는 최소량의 법칙을 제창하였다.

04 **작물수량을 최대로 올리기 위한 주요한 요인** : 유전성, 환경조건, 재배기술

05 ② 발아시 : 최초의 1개체가 발아한 날
③ 발아전 : 파종된 종자의 약 80%가 발아한 날
④ 발아세 : 치상 후 중간조사일까지 발아한 종자의 비율

06 수분은 어느 물질보다도 작물체 내에 많이 함유되어 있고, 작물체의 2/3 이상을 구성하며, 식물체 내의 물질분포를 고르게 하는 매개체가 된다.

07 ① 키가 크고 줄기가 약한 품종일수록 도복이 심하다.

08 ①·②·③ 라이그래스, 호밀, 옥수수는 화본과 사료작물이다.
두과 사료작물 : 질소고정에 의하여 토양의 비옥토를 증진시킨다.
예 알팔파, 화이트클로버, 레드클로버, 동부 등

09 **교잡육종법**
• 교잡을 통해서 육종의 소재가 되는 변이를 얻는 방법이다.
• 자기 꽃가루받이를 하는 자가 수정 작물의 개량에 가장 많이 쓰이는 방법이다.

10 **칼륨(K)**
• 광합성, 탄수화물 및 단백질 형성, 세포 내의 수분 공급, 증산에 의한 수분 상실의 제어 등의 역할을 하며, 여러 가지 효소 반응의 활성제로서 작용
• 결핍되면 생장점이 말라 죽고, 줄기가 연약해지며, 잎의 끝이나 둘레가 누렇게 변하고 결실이 저해됨

11 **노력분배의 합리화** : 여러 작물을 재배하게 되면 노력의 시기적인 집중화를 경감하고, 노력분배를 시기적으로 합리화할 수 있다.

12 **답전윤환**
논 또는 밭을 논상태와 밭상태로 몇 해씩 돌려가면서 벼와 밭작물을 재배하는 방식으로, 연작장해를 막기 위해 사용되는 방법이다.

13 광합성은 청색광과 적색광에서 가장 활발하게 일어나며, 청색광의 파장은 450nm(400~490nm), 적색광의 파장은 670nm(630~680nm)이다.

14 ① 생존 연한에 따른 분류 : 한해살이 작물, 두해살이 작물, 여러해살이 작물
③ 생육 적온에 따른 분류 : 발아나 생육에 적합한 온도 범위가 어느 정도인지에 따라 저온성 작물, 고온성 작물 등
④ 생육 형태에 따른 분류 : 자라는 모양에 따라 주형 작물(벼, 보리와 같이 여러 포기가 합쳐져 하나의 큰 포기를 형성하는 작물), 포복형 작물(고구마처럼 줄기가 땅을 기어서 토양 표면을 덮는 작물)

15 유기염소계농약 또는 유기수은제는 화학적으로 안정하여 생분해가 되지 않기 때문에 잔류성이 크고 잔류독성이 강하다.

16 ④ 경지정리를 잘하여 배수가 잘되게 해야 한다.

17 ① 단초전정 시 결과모지를 전정할 때 남기는 마디 수는 대개 1~3개이다.
③ 세부전정은 주지 제거가 끝난 후 주지의 선단을 강하게 절단전정하여 매년 60cm 이상의 가지가 신장하도록 하고, 과실이 맺히지 않도록 하는 방법이다.
④ 큰 가지 전정은 결실성이 낮거나 햇빛의 투과를 막는 큰 가지, 기계적 상처를 입은 큰 가지 등을 제거하는 방법이다.

18 ① 식물체 내의 함유수분은 흡수한 수분량 또는 증산량에 비해 극히 적은 양이다.

20 **고온발효 퇴비의 장점**
• 흙의 산성화를 억제한다.
• 작물의 토양 전염병을 억제한다.
• 흙의 유기물 함량을 유지·증가시킨다.

21 ④ 용해는 화학적 풍화작용이다.
물리적 풍화작용 : 물리적 풍화는 광물에 화학적 변화 없이 기계적인 파쇄에 의하여 크기가 작아지는 것으로, 원동력이 되는 요인은 물과 바람의 압력 및 충격, 온도의 변화, 동결의 작용, 염류의 작용, 생물의 작용 등이다.

22 풍화에 강한 것은 석영, 자철광, 점토광물 등이고, 풍화에 약한 것은 석고, 백운석 등이다.

23 **입자밀도(진밀도)** : 토양 입자의 단위 용적당 무게를 말하며 일반적인 무기질토양의 평균비중은 2.65이다.

24 토양온도는 북반구에 있어서 남향이나 동남향의 경사면 토양은 평탄지나 북향면에 비하여 아침에 빨리 더워지며 평균 온도가 높은 것이 보통이다.

25 **질산환원작용** : 질산화 작용과는 반대로 질산이 환원되어 아질산으로 되고, 다시 암모니아로 변화하는 작용

27 **토양 중에 함유된 원소의 순위**
$Si > Al > Fe > Ca > Mg > Na > K$

28 농지에 시용한 질소비료는 질산태 질소로 변화하는데, 질산이온은 마이너스 전기를 띠기 때문에 토양 콜로이드에 흡착되지 않고 식물의 뿌리에도 흡수되기 쉽지만 동시에 물에 용해되어 유출되기도 쉽다. 질산태 질소는 지표수를 오염시킬 뿐만 아니라 지하수 속으로도 용출되어 질산염 오염을 일으키기도 하는데, 질산염에 오염된 물을 마신 경우 성인에게는 그다지 유해하지 않지만 유아에게는 청색증을 일으킬 수 있다.

29 토양의 전기전도도는 토양에 포함된 이온과 염류의 농도를 나타내는 지표이다.

30 **토성** : 토양입자의 성질에 따라 구분한 토양의 종류를 토성이라고 한다. 보통은 점토함량뿐만 아니라 미사(微砂)·세사(細砂)·조사(粗砂)의 함량도 고려하여 토성을 더 세분하고 있다.

31 일반적으로 고도로 분해된 유기물이 많이 함유된 토양은 어두운색을 띤다. 산화철 광물이 풍부하면 적색을 띤다.

32 ①·② 산성비료, ④ 알칼리성 비료

34 **점토 함량에 따른 토성의 분류** : 식토 > 식양토 > 양토 > 사양토 > 사토

35 **작물 생육에 해로운 토양미생물의 작용**
• 식물에 병을 일으키는 미생물이 많다.
• 탈질작용을 일으킨다.
• 황산염을 환원하여 황화수소 등의 유해한 환원성 물질을 생성한다.
• 작물과 미생물 간에 양분의 쟁탈이 일어난다.

36 이타이이타이(Itai-Itai)병은 '아프다 아프다'라는 일본어에서 유래된 것으로, 카드뮴 중독으로 인한 공해병을 말한다.

38 충적토는 토양의 생성작용에 의하여 크게 변화하지 않는 하천의 충적층과 관련된 토양으로서 범람원, 삼각주, 선상지에서 주로 나타난다. 우리나라 논토양의 대부분을 차지하며 토양단면은 층상을 이루고 있다.

39 ① 양질의 점토함량이 많은 질흙을 객토한다.
② 암거배수나 명거배수를 하여 투수를 좋게 한다.
③ 노후화답의 개량 : 작토층의 철 부족을 보완하기 위하여 철을 공급한다. 또한 용탈된 질소, 인산, 칼륨, 석회, 마그네슘, 망간, 규산 등을 공급하여야 한다. 철이 많은 산 흙이나 내, 못, 늪 등에 가라앉은 흙으로 객토를 한다.

40 • 작토층의 부피 = $1ha \times 10cm = 10,000m^2 \times 0.1m$
$= 1,000m^3 (\because 1ha = 10,000m^2)$
• 용적밀도 = $1.2g/cm^3 = 1,200kg/m^3$
$\therefore$ 작토층 총질량 = $1,200kg/m^3 \times 1,000m^3$
$= 1,200,000kg$

41 **GAP(Good Agricultural Practices, 우수농산물관리제도)**
농산물의 안전성을 확보하고 농업환경을 보존하기 위하여 농산물의 생산, 수확 후 관리 및 유통의 각 단계에서 재배포장 및 농업용수 등의 농업환경과 농산물에 잔류할 수 있는 농약, 중금속, 또는 유해생물 등의 위해 요소를 적절하게 관리하여 소비자에게 그 관리사항을 알 수 있게 하는 체계이다.

42 **GMO(Genetically Modified Organism)**
GMO는 생명공학 기술을 이용하여 유전자변형을 가한 농수물을 말한다.

43 **수막하우스** : 비닐하우스 안에 적당한 간격으로 노즐이 배치된 커튼을 설치하고, 커튼 표면에 살수하여 얇은 수막을 형성하는 보온시설로, 주로 겨울철 실내온도 하강을 막기 위해 사용한다.

44 화곡류의 채종 적기는 황숙기이고, 십자화과 채소류는 갈숙기가 적기이다.

45 **세포융합** : 서로 다른 두 종류의 세포를 융합시켜 각 세포의 장점을 모두 지니는 새로운 잡종 세포를 만드는 기술

46 **멘델의 유전법칙**
• 우열의 법칙 : 서로 대립하는 형질인 우성 형질과 열성 형질이 있을 때 우성 형질만이 드러난다.
• 분리의 법칙 : 순종을 교배한 잡종 제1대를 자가교배 했을 때 우성과 열성이 나뉘어 나타난다.
• 독립의 법칙 : 서로 다른 대립형질은 서로에게 영향을 미치지 않고 독립적으로 발현한다.

47 ① 토양수분이 과도해지면 토양공기가 부족해진다.

49 **유전적 퇴화의 원인** : 자연돌연변이, 자연교잡, 이형종자의 기계적 혼입, 미고정형질의 분리, 자식 약세, 근교 약세, 역도태 등

50 ② 굴나방 : 잎을 가해하는 해충
③·④ 복숭아심식나방, 복숭아명나방 : 과실을 가해하는 해충

51 먹이 습성을 이용하여 제초제를 대용한 왕우렁이 농법은 논농사에서 빼놓을 수 없는 제초제를 생물적 자원으로 대체함으로써 토양 및 수질 오염 방지와 생태계 보호 등 친환경 농업 육성에 기여할 수 있다.

53 농업과학 연구원에서 개발한 난황유는 유채기름(채종유, 카놀라유)이나 해바라기유 등 식용유를 계란노른자로 유화시킨 것으로, 가정에서 직접 제조하여 각종 식물에 발생하는 흰가루병과 노균병 및 응애 등의 예방 목적으로 활용하는 병해충 관리자재이다.

54 **서까래(Rafter)**
지붕위의 하중을 지탱하며 왕도리, 중도리 및 갓도리 위에 걸쳐 고정하는 부재를 말한다. 보통 45cm 간격으로 설치한다.

55 종자갱신은 우량품종의 퇴화를 막기 위한 조치로서, 주요 농작물의 품종 중 우수한 것으로 인정되어 장려 품종으로 결정된 것은 국가사업으로 퇴화를 방지하면서 체계적으로 증식시켜 농가에 보급하고 있다.

56 **농림축산식품부령으로 정하는 제1종 가축전염병**
구제역, 고병원성 조류인플루엔자, 그 밖에 농림축산식품부장관이 정하여 고시하는 가축전염병

57 비단백태질소(NPN ; Nonprotein Nitrogen)

58 축사의 바닥은 부드러우면서도 미끄럽지 아니하고, 청결 및 건조하여야 하며, 충분한 휴식공간을 확보하여야 하고, 휴식공간에서는 건조 깔짚을 깔아 주어야 한다.

59 돼지의 임신기간은 114일이며 3~7마리의 새끼를 낳는데, 다산종인 경우는 8~12마리의 새끼를 낳는다.

60 유기농업적 관점에서의 잡초 제어법은 화학 제초제를 사용하지 않는 것이다.

제6회 최근 기출복원문제 p 205 ~ 226

01	02	03	04	05	06	07	08	09	10	11	12	13	14	15
②	②	②	①	④	①	①	①	①	③	①	④	②	③	④
16	17	18	19	20	21	22	23	24	25	26	27	28	29	30
①	④	③	①	②	③	③	②	③	④	③	①	①	②	④
31	32	33	34	35	36	37	38	39	40	41	42	43	44	45
④	②	①	①	③	③	①	④	①	①	②	②	②	④	①
46	47	48	49	50	51	52	53	54	55	56	57	58	59	60
④	①	③	①	④	①	②	②	④	②	①	③	④	①	②	①

01 **화곡류**
• 미곡 : 벼
• 맥류 : 보리, 밀, 귀리, 호밀
• 잡곡 : 조, 옥수수, 기장, 피, 메밀

02 **식물분류의 단계**
계 → 문 → 강 → 목 → 과 → 속 → 종

03 De Candolle
작물 야생종의 분포를 광범위하게 조사하고 유물, 유적, 전설 등에 나타난 사실을 기초로 고고학, 역사학 및 언어학적 고찰을 통하여 재배식물의 조상형이 자생하는 지역을 기원지로 추정하였다. 1883년에는 '재배식물의 기원'을 저술하였다.

04 ② 적파 : 일정한 간격을 두고 여러 개의 종자를 한 곳에 파종하는 방법
③ 골뿌림(조파) : 종자를 줄지어 뿌리는 방법
④ 흩어뿌림(산파) : 종자를 포장 전면에 흩어 뿌리는 방식으로 노력이 적게 드나 종자 소비량이 가장 많음

05 **주요온도** : 작물 생육에 영향을 주는 최저, 최적, 최고의 3온도이며, 각각 작물과 생육시기에 따라 다르다.

06 • 양분흡수 : 생장점
• 수분흡수 : 근모부

07 종자의 발아조건은 수분, 산소, 온도 그리고 빛이지만, 빛의 경우 식물의 종류에 따라 발아에 영향을 주는 정도가 다르다.

08 **도복의 유발 조건**
• 품종 : 키가 크고 대가 약한 품종일수록 도복이 심하다.
• 재배조건 : 대를 약하게 하는 재배조건은 도복을 조장한다. 밀식·질소다용·칼륨부족·규산부족 등은 도복을 유발한다.
• 병충해 : 벼에 잎집무늬마름병의 발생, 가을멸구의 발생이 많으면 대가 약해져서 도복이 심해진다.
• 환경조건 : 도복의 위험기에 비가 와서 식물체가 무거워지고, 토양이 젖어서 뿌리를 고정하는 힘이 약해졌을 때 강한 바람이 불면 도복이 유발된다.

09 **발아촉진물질** : 지베렐린, 에스렐, 질산염 등

10 아미노산은 단백질의 구성성분인 질소화합물이다.

11 **휘묻이(선취법)** : 보통법, 선취법, 파상취목법, 당목취법, 주립취목법

12 **작물수량을 최대로 올리기 위한 주요한 요인** : 유전성, 환경조건, 재배기술

13 ③ 대기 중 이산화탄소의 농도는 약 0.03%로, 이는 작물이 충분한 광합성을 수행하기에 부족하다. 광합성량을 최고로 높일 수 있는 이산화탄소의 농도는 약 0.25%이다.
①·② 대기 중에는 질소가스(N_2)가 약 79.1%를 차지하며 근류균과 *Azotobacter* 등이 공기 중의 질소를 고정한다.
④ 호흡작용에 알맞은 대기 중의 산소 농도는 약 20.9%이다.

14 **우리나라가 원산지인 작물** : 감(한국, 중국), 인삼(한국), 팥(한국, 중국)

15 습해 대책 : 배수, 이랑만들기, 토양개량, 시비, 과산화석회의 사용, 병충해 방제의 철저, 내습성 작물 및 품종의 선택

16 ② PAN(과산화아세틸질산염) : 탄화수소·오존·이산화질소가 화합해서 생성된다.
③ 아황산가스 : 중유·연탄이 연소할 때 황이 산소와 결합하여 발생한다.
④ 일산화질소 : 각종 배출가스에 포함되어 있으며, 공기와 결합하여 이산화질소를 생성한다.

17 토양을 갈아 일으켜 흙덩이를 반전시키고, 대강 부스러뜨리는 작업을 경운(Plowing)이라고 한다. 경운은 토양의 물리화학성을 개선하고 잡초와 땅속의 해충을 경감시키는 효과가 있다.

18 토양공극
• 비모관공극(대공극, 입단과 입단 사이) : 배수구 역할과 공기의 유동
• 모관공극(소공극, 입자와 입자 사이) : 식물이 이용할 수 있는 유효수분을 보유

19 ②는 교호작에 관한 설명이다.
혼 작
• 생육기간이 거의 같은 두 종류 이상의 작물을 동시에 같은 포장에 섞어서 재배하는 것을 혼작(섞어짓기)이라고 한다.
• 콩밭에 수수나 옥수수를 일정한 간격으로 질서 있게 점점이 혼작하면 점혼작이 되며, 콩이 주작물이고, 수수·옥수수가 혼작물이다.
• 콩밭에 수수·조 등이나, 목화밭에 참깨·들깨 등을 질서 없이 혼작하면 난혼작이 된다.

20 광합성에 영향을 미치는 요인
• 빛의 세기 : 빛의 세기가 강할수록 광합성량이 증가하지만, 광포화점을 지나면 일정하다.
• 이산화탄소의 농도 : 이산화탄소의 농도가 증가할수록 광합성량이 증가하지만, 농도 0.1%부터는 일정하다.
• 온도 : 온도가 높을수록 광합성량도 증가하고 35~38℃에서 가장 활발하다. 그러나 40℃ 이상이나 10℃ 이하가 되면 급격히 감소한다.

21 ③ 햇빛을 잘 반사시키도록 알루미늄을 입힌 필름을 멀칭하면 열매채소와 과일의 착색이 잘 된다.

22 ① 화강암 : 심성암 중에서 가장 넓게 분포하며, 우리나라에서는 2/3를 차지한다. 풍화 후에는 양질이나 사질토가 된다.
② 석회암 : 우리나라 중부 이북(충북 단양)에 많으며, 탄산수에 의해 쉽게 용해된다.
④ 석영조면암 : 성분은 화강암과 비슷하며, 화강암에 비해 풍화가 용이하다.

23 탄산화 작용은 대기 중의 이산화탄소가 물에 용해되어 일어난다. 물에 산이 가해지면 암석의 풍화 작용이 촉진된다.

24 ① Kaolinite : 대표적인 1 : 1 격자형 광물로 고령토라고도 하며, 우리나라 토양 중 점토광물의 대부분을 차지하고 있다.
② Illite : 2 : 1형 점토광물로서 운모 점토광물이 풍화되는 동안 K, Mg 등이 용탈되어 생기는 비팽창형 광물
③ Vermiculite : 규산층과 알루미늄층이 2 : 1로 형성된 팽창판자형 2차 토양광물

27 Rhizobium(리조비움속) : 콩과 식물의 뿌리에 공생하며 공기 중의 질소를 고정하는 역할을 하는 박테리아이다.

28 점토나 부식은 입자가 잘고, 입경이 $1\mu m$ 이하이며, 특히 $0.1\mu m$ 이하의 입자는 교질(Colloid)로 되어 있다. 교질입자는 보통 음전하를 띠고 있어 양이온을 흡착한다. 토양 중에 교질입자가 많으면 치환성 양이온을 흡착하는 힘이 강해진다.

29 탈질작용
질산화 작용에 의해 생성된 NO_2^-와 NO_3^-가 환원층에 들어가면 탈질세균의 작용으로 N_2O나 N_2로 되어 대기중으로 날아가 버리는 작용이다.

30 침식에 대한 대책으로는 토양 표면의 피복, 토양개량, 등고선 재배, 초생대 재배, 배수로 설치 등이 있다.

31 pH 7을 기준(중성)으로 그 이하면 산성, 그 이상이면 알칼리성이라 한다.

32 토양의 입단화는 토양입자가 지렁이의 소화기관을 통과할 때 석회석에서 분비되는 탄산칼슘 등의 응고에 의해 이루어지며, 토양의 물리성을 개량하여 식물과 농작물의 생육에 알맞은 환경을 만들어 준다.

33 토양산도 교정 및 칼슘, 마그네슘의 비료원으로 사용되는 물질을 석회물질이라 하며 탄산석회($CaCO_3$), 생석회(CaO), 소석회($Ca(OH)_2$), 석회석분말, 고토(MgO), 고토석회($CaMg(CO_3)_2$) 및 부산물 석회 등을 말한다.
※ 탄산(H_2CO_3)은 이온화 정도가 작은 휘발성의 약한 산이다.

34 토양의 3상은 액상, 기상, 고상이다.

35 수은(Hg)은 미나마타(Minamata)병의 원인물질로 인체에 대한 유독성이 알려졌다.

36 글레이(Glei)화 작용
• 지하 수위가 높은 저지대나 배수가 좋지 못한 토양 그리고 물에 잠겨 있는 논토양은 산소가 부족하여 토양 내 Fe, Mn 및 S이 환원상태가 되고 토양층은 청회색, 청색 또는 녹색의 특유한 색깔을 띠게 된다. 이러한 과정을 글레이화 작용이라 한다.
• 환원상태의 토양은 낮은 산화환원전위를 가지고 청회색을 띠지만, Fe의 붉은 반점은 나타나지 않는다.
• 혐기상태가 발달함에 따라 탈질작용, 아질산의 발생, 황화물과 메탄의 생성 등이 일어나며, 그에 따라 전위차는 더욱 낮아지게 된다.
• 환원상태에서 Mn도 미생물에 의하여 환원되어 어두운 갈색의 반점으로 나타난다.

37 토양 산성화의 원인
• 무기산(HNO_3, H_3PO_4, H_2SO_4) 등의 해리로 H^+ 방출
• 토양수분은 공기의 CO_2와 평형상태에 있게 되며, 물에 녹아 탄산이 되고 해리하여 H^+ 방출
• 유기물이 분해될 때 생기는 유기산이 해리되어 H^+ 방출
• 식물의 뿌리에서 양분을 흡수하기 위해 H^+ 방출
• 산성 비료, 인분 등으로 인한 토양의 산성화
• 염기가 용탈되거나 유실되어 토양의 산성화 진행

38 산화 상태인 밭토양의 유기물 분해 속도가 논토양보다 빠르다.

40 10a = 1,000㎡
1,000㎡ × 0.1m(객토심) = 100㎥
∴ 100㎥ × 1.2g/㎤(밀도) = 120톤

41 메벼는 염수선 비중을 1.13(물 20L + 소금 4.24kg), 찰벼는 비중 1.04(물 20L + 소금 1.36kg)에서 가라앉는 볍씨를 사용한다.

42 ① 등고선에 따라 이랑을 만들어 유거수의 속도를 완화시키고 저수통역할을 하게 한다.
③ 비에 의한 침식을 막기 위하여 경사지에 목초 등을 밀생시키는 방법을 초생법이라고 한다. 과수원이나 계단밭 등의 경사면에는 연중 초생상태로 두는 경우가 많으나, 밭의 경우에는 밭이랑 등에 일정 기간만 초생법을 이용하거나 풀과 작물의 돌려짓기 등을 한다.
④ 물이 흐를 수 있는 도랑을 만들어 물의 유거 및 토양 유실을 감소시킬 수 있다.
※ 경사도별 작물재배법
  • 5℃ 이하 : 등고선 재배 – 토양보전 가능
  • 5~15℃ : 승수구 설치, 초생대 재배
  • 15℃ 이상 : 계단식 개간 재배

43 • 수중에서 발아되지 못하는 종자 : 퍼레니얼라이그래스, 가지, 귀리, 밀, 무 등
• 수중에서도 잘 발아되는 종자 : 상추, 당근, 셀러리

44 ① 단교배
② 여교배
③ 3원교배

45 유기농업의 추구 내용
• 환경생태계의 보호
• 토양 쇠퇴와 유실의 최소화
• 환경오염의 최소화
• 생물학적 생산성의 최적화
• 자연환경의 우호적 건강성 촉진

46 수수, 고구마, 양파는 연작의 피해가 적고, 사탕무, 수박, 가지, 완두 등은 5~7년 휴작을 요하는 작물이다.

47 초생 재배 : 목초·녹비 등을 나무 밑에 가꾸는 재배법으로 토양침식이 방지되고, 제초노력이 경감되며, 지력도 증진된다.

48 조사료는 용적이 크고 거칠어서 단위(單胃) 동물에 급여는 제한되고 반추동물에 주로 이용할 수 있다. 산양은 조사료의 이용성이 대단히 우수하여 산야초를 비롯하여 들판이나 논둑, 강변 등에서 계절마다 자라는 2만여 가지의 풀 중 독초를 제외한 나머지 90% 이상을 조사료로 이용할 수 있다.

49 우리나라 플라스틱 외피복재 중 가장 많이 사용되는 것은 PE(70% 이상)이다.

50 기생성 곤충과 포식성 곤충
• 기생성 곤충 : 침파리, 고치벌, 맵시벌, 꼬마벌
• 포식성 곤충 : 풀잠자리, 꽃등에, 됫박벌레, 딱정벌레, 팔라시스이리응애

52 볍씨를 선별하기 위해서는 달걀이 뜰 정도로 소금을 녹인 다음 그 염수에 2일간 냉침한다.

53 ① 소경 농업 : 문화가 발달되기 이전의 농업 형태로서 쟁기나 가축을 이용하지 않은 것은 물론, 비료도 사용하지 않았다. 지력의 소모가 빠른 만큼 새로운 토지를 찾아서 옮기는 이른바 약탈농법이다.
② 원경 농업 : 작은 면적의 농경지를 집약적으로 경영하여 단위면적당 채소, 과수 등의 수확량을 많게 하는 농업 형태이다.
③ 포경 농업 : 유축 농업 또는 혼동 농업과 비슷한 뜻으로, 식량과 사료를 서로 균형 있게 생산하는 농업 형태이다.

54 생리적 퇴화
적합하지 않은 재배 환경 및 조건으로 인해 생리적으로 열세화하여 품종 성능이 저하되는 것을 말하며, 적절한 채종지를 선정하거나 재배조건을 개선함으로써 방지할 수 있다.

55 봉지씌우기는 과실의 착색 증진, 병·해충 방지, 숙기지연, 동녹 방지에 쓰인다.

56 질소기아현상
C/N율이 높은 유기물(톱밥, 수피, 볏짚) 분해 시 질소성분(단백질)이 소모되는데, 작물이 흡수해야 할 질소를 미생물이 이용하기 때문에 작물에 일시적으로 질소가 부족해지는 현상이다.

57 ④ 돼지 식육의 경우 입식 후 출하 시까지(최소 5개월 이상)

58 유기축산물의 생산을 위한 가축에게는 100% 비식용 유기가공품(유기사료)을 급여하여야 하며, 유기사료 여부를 확인하여야 한다(인증기준의 세부사항 – 친환경농축산물 및 유기식품 등의 인증에 관한 세부실시요령 [별표 1]).

59 IFOAM(International Federationof Organic Agriculture Movements) 국제유기농업운동연맹은 전세계 110개국의 750개 유기농 단체가 가입한 민간단체이다.

60 농약이 갖추어야 할 조건
• 효력이 정확하여야 한다.
• 작물에 대한 약해가 없어야 한다.
• 사람과 가축에 대한 독성이 적어야 한다.
• 수질을 오염시키지 않아야 한다.
• 토양이나 먹이사슬 과정에 축적되지 않도록 잔류성이 적어야 한다.
• 농약에 대해 방제 대상 병해충이나 잡초의 저항성이 유발되지 않아야 한다.
• 다른 약제와 혼합하여 사용할 수 있어야 한다.
• 품질이 일정하고 저장 중 변질되지 않아야 한다.
• 사용법이 간편하여야 한다.
• 값이 싸야 한다.

01 농업의 형태 : 포경, 곡경, 원경, 소경

02
- 비료의 3요소 : 질소, 인산, 칼륨
- 비료의 4요소 : 질소, 인산, 칼륨, 칼슘

03 염기포화도 = (치환성 염기량 / 양이온 치환용량) × 100

04 시설원예지의 토양관리 : 담수 세척, 객토 또는 환토, 비종 선택과 시비량의 적정화, 퇴비·구비·녹비 등 유기물의 적정 사용

05 종자의 퇴화 : 유전적 퇴화, 생리적 퇴화, 병리적 퇴화

06 경운의 효과 : 토양의 물리성 개선, 파종 및 옮겨심기 작업 용이, 토양 수분 유지에 유리, 잡초 발생 억제, 해충 발생 억제, 토양 유실 감소, 비료·농약의 사용효과 증대

07 열해의 원인 : 유기물의 과잉소모, 질소대사의 이상, 철분의 침전, 증산 과다

08 생력 재배의 효과 : 농업노력비의 절감, 단위수량의 증대, 지력의 증진, 적기적 작업, 재배방식의 개선 등

09 답전윤환의 효과 : 지력 증강, 기지 회피, 잡초 감소, 벼의 수량 증가, 노력 절감

10 탄산 시비 : 작물의 증수를 위하여 작물 주변의 대기 중에 인공적으로 이산화탄소를 공급해 주는 것을 탄산 시비 또는 이산화탄소 시비라고 한다.

11 요수량 = (증발산량/건물량)

12 공극률(%) = 100 × (1 − 용적밀도/입자밀도)

13
- 수중에서 발아되지 못하는 종자 : 퍼레니얼라이그래스, 가지, 귀리, 밀, 무 등
- 수중에서도 잘 발아되는 종자 : 상추, 당근, 셀러리

14 탈질작용 : 질산태 질소가 유기물이 많고 환원상태인 조건에서 미생물에 의해 산소를 빼앗겨 일산화질소나 질소가스가 되어 공중으로 흩어지는 것

15 윤작의 효과 : 토양의 유기물 함량 증가, 질소 함량 증가, 토양 개량, 토양양분의 균형 유지, 병충해 증감, 토양 유실 방지, 생물 다양성 증진 등

16 증산에 영향을 주는 환경요인 : 광도, 상대습도, 온도, 바람

17 냉해 : 여름작물의 생육적온보다 낮은 온도로 인한 피해

18 멀칭을 하는 목적 : 지온의 조절, 토양의 건조 예방, 토양의 유실 방지, 비료성분의 유실 방지, 잡초의 발생 억제효과

19 토양의 3상 : 고상(50%), 액상(25%), 기상(25%)

20 토양수의 분류 : 결합수, 흡습수, 모관수, 중력수 등

21 암석의 풍화 : 물리적 풍화작용(암석의 압력 변화, 온도 변화, 염류작용, 생물작용), 화학적 풍화작용(용해작용, 가수분해, 산화작용, 수화작용, 환원작용, 착체 형성), 생물학적 풍화작용(식물의 유기적 작용은 암석의 물리적 · 화학적 풍화를 가속화시킴)

22 토양의 생성작용 : 포드졸화 작용, 라토졸화 작용, 글레이화 작용, 염류화 작용, 석회화 작용, 점토화 작용, 부식집적작용

23 양이온 치환용량의 의의 : 작물의 생육에 필요한 유효 영양 성분인 K^+, NH_4^+, Ca^{2+}, Mg^{2+} 등의 보유량은 양이온 치환용량이 크면 클수록 많으므로 비옥한 토양일수록 양이온 치환용량이 크다고 할 수 있다.

24 토양미생물의 종류 : 사상균, 방사상균, 세균, 조류

25 점토 함량에 따른 토성의 분류 : 사토 < 사양토 < 양토 < 식양토 < 식토

26 품종 보호요건 : 신규성, 구별성, 균일성, 안전성

27 식토의 특징 : 점토의 비율이 높아서 점토의 성질이 뚜렷하게 나타나는 토양으로, 토기 · 투수가 불량하고, 유기질의 분해가 더디며, 습해나 유해물질에 의한 피해를 받기 쉽고, 점착력이 강하며, 건조하면 굳어져서 경작이 곤란하다.

28 멘델의 유전법칙 : 우열의 법칙, 분리의 법칙, 독립의 법칙

29 묘목의 선택 시 유의사항 : 품종이 정확하고 병해충 피해가 없는 묘목, 뿌리가 많이 나고 웃자라지 않은 묘목, 과수규격 종묘 보증표지가 부착된 묘목

30 발아의 온도 : 발아에 필요한 최저온도는 0~10℃, 최적온도는 20~30℃, 최고온도는 35~50℃인데, 저온작물은 고온작물에 비하여 발아온도가 낮다.

31 작부체계 : 연작, 윤작, 간작, 혼작, 교호작, 주위작, 단작 등

32 삼한시대의 오곡 : 보리, 기장, 피, 콩, 참깨

33 수도용 상토의 특징 : 상토의 질이 고르고 좋아야 한다, 양분의 흡수력이 적당해야 한다, 이 · 화학성이 좋아야 한다, 작업성과 경제성이 좋아야 한다, 완충력이 커야 한다.

34 국제유기농업운동연맹(IFOAM) : 유기농업을 하고 있는 농가나 유기농산물로서 판매되고 있는 농 · 축산물을 생산하는 생산자가 준수해야 할 기준이며, 각국은 이 기준에서 크게 벗어나지 않는 한 독자적인 기준을 첨가하여 규정을 제정하도록 되어 있다.

35 습해 대책 : 배수, 정지, 토양 개량(객토), 과산화석회의 시용

36 토양 속 지렁이의 효과 : 유기물질의 분해와 재분배, 식물 성장효과, 통기성과 배수 원활, 산성토양의 개량효과

37 건토효과 : 토양을 건조시킨 후 가수하면 미생물의 활동이 촉진되어 유기태 질소의 무기화가 촉진되는 것

38 초생 재배법 : 목초 · 녹비 등을 나무 밑에 가꾸는 재배법으로 토양침식이 방지되고, 제초노력이 경감되며, 지력도 증진된다.

39 경사지 토양유실을 줄이기 위한 재배방법 : 등고선 재배, 초생대 재배, 부초 재배, 계단식 재배

40 • 제1종 가축전염병 : 구제역, 뉴캐슬병, 돼지열병, 고병원성 조류인플루엔자
• 제2종 가축전염병 : 탄저, 돼지오제스키병, 추백리, 브루셀라병, 가금콜레라, 광견병
• 제3종 가축전염병 : 저병원성 조류인플루엔자, 부저병